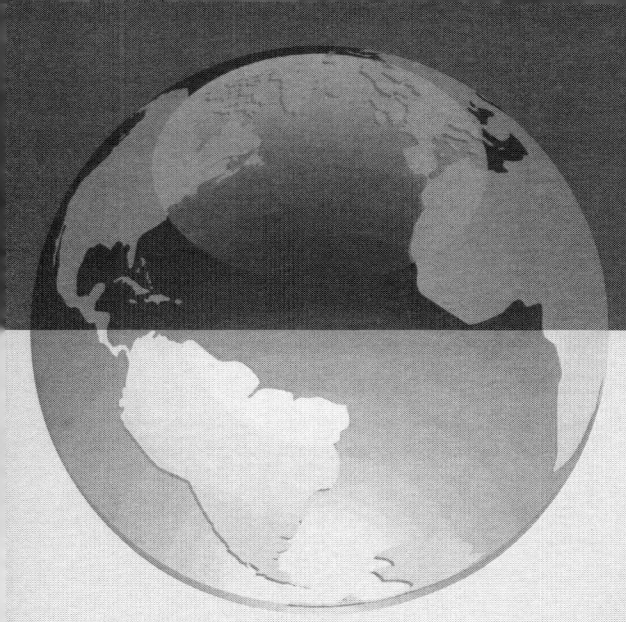

中國出納實務教程

(第二版)

主　編　胡世強、楊明娜、劉金彬、王積慧

財經錢線

我們在《出納實務》的基礎上，結合最近幾年來的研究成果與教學實踐情況，遵循教學規律，按照應用型會計專門人才培養目標的要求，重新編排體系，編寫了一本全新的、與課程配套的出納實務專業教材。

本教材是《出納實務》的升級版，繼承了它的先進理念和科學合理的內容；同時增添了新的研究成果與內容，並對教材體系進行了重新編排，更加注重在會計、出納理論的指導下，強化職業技能的應用與實驗，教材每一章後面都有配有思考題、討論題，並安排了強化出納技能的實驗項目。

這次出版的《出納實務教程（第二版）》對第一版的部分內容進行了修訂，特別是根據電子網路技術的高速發展，互聯網支付結算的不斷創新與廣泛應用，增加了互聯網結算方式等相關內容。

本教材分為四篇十章：第一篇為理論篇（含第一章緒論），第二篇為技能篇（含第二章八種出納技能），第三篇為規範篇（含第三、四章現金和銀行存款管理規範），第四篇為實務篇（含第五至十章，包括發票、現金、銀行存款、銀行支付結算、辦稅、票據等實務）。

本教材創新點在於將出納理論、知識、方法形成了較完善的體系，系統、全面地研究與總結中國出納的基本理論與方法，結合中國會計、金融、稅收等改革最新成果及最新法規，融入國內外最新出納與會計的理論與方法；同時我們在深入研究中國出納實務課程教學的現狀及發展趨勢，分析學生學習出納實務知識與技能的特點基礎之上，緊密結合出納實際工作和會計改革實際編寫了本教材。

本教材的特色是針對性強和適應度高。本教材針對應用型高校培養高素質、應用型的會計學、財務管理專業人才目標，適應該專業本科教學的實際情況，特別注重出納理論對出納實踐的指導作用，不僅對專業課程教學具有積極意義，而且促進了應用型會計專業人才培養目標的實現；教材中概念準確、清晰，結構合理，層次

分明、條理清楚、深入淺出、通俗易懂、講求實效，特別是每一章後面的實驗項目，對出納技能的養成具有積極的引導與示範效用。

本教材不僅能夠滿足會計學專業、財務管理專業以及其他相關專業學生學習出納實務課程之需要，而且對指導出納實際工作作用明顯、有效，故也可作為廣大會計人員的參考用書。

本次修訂工作由成都大學胡世強教授和王積慧高級會計師完成。

由於編者水平有限，加之中國會計、金融、稅收等改革正在深入進行，書中難免有疏漏和不足之處，懇請廣大讀者批評、指正。

胡世強

目錄

第一篇　理論篇

第一章　緒論　3

第一節　出納的內涵與外延　3
第二節　出納理論基礎　7
第三節　出納工作的內容及核算方法　11
第四節　出納人員與出納機構　13
第五節　出納的工作流程　17
思考題　21
討論題　21

第二篇　技能篇

第二章　出納的基本技能　25

第一節　人民幣真假識別技能　25
第二節　點鈔技術　41
第三節　數字的書寫與計算技能　45
第四節　出納憑證填制和審核技能　49
第五節　出納帳的設置與核算技能　50

第六節	出納發生錯誤查找和更正技能	56
第七節	出納的保管技能	59
第八節	辦理銀行票據和結算憑證技能	64

附錄：手工點鈔評分與考核標準　　64

思考題　　65

討論題　　65

實驗項目　　65

　　一、鈔幣真偽識別技能　　65

　　二、點鈔實驗　　66

第三篇　規範篇

第三章　現金管理規範　　70

第一節	國家現金管理的基本規定	70
第二節	現金內部控製製度	73

思考題　　78

討論題　　78

第四章　銀行存款管理規範　　79

第一節	銀行存款管理的基本內容	79
第二節	銀行結算帳戶管理規範	80
第三節	銀行存款內部控製製度	89
第四節	銀行支付結算規範	91

思考題　　98

討論題　　98

第四篇　實務篇

第五章　發票管理實務　102

第一節　增值稅發票管理　102
第二節　普通發票管理　110
第三節　發票的領購與使用　123
第四節　發票的保管與繳銷　133
第五節　發票網上查詢與驗證　138
思考題　145
討論題　146
實驗項目　146
　　發票網上查詢與驗證　146

第六章　現金管理實務　147

第一節　現金出納憑證與帳簿　147
第二節　現金收付業務的處理　154
第三節　現金結算實務　157
思考題　163
討論題　163
實驗項目　163
　　登記現金日記帳　163

第七章　銀行存款管理實務　165

第一節　銀行存款出納憑證與帳簿　165

第二節	銀行存款核算實務	167
第三節	銀行存款餘額調節表編制實務	175
第四節	銀行借款辦理實務	177
思考題		181
討論題		181
實驗項目		181
	登記銀行存款日記帳	181

第八章　銀行支付結算實務　　184

第一節	銀行匯票結算方式	184
第二節	商業匯票結算方式	191
第三節	銀行本票結算方式	200
第四節	支票結算方式	205
第五節	信用卡結算方式	209
第六節	匯兌結算方式	213
第七節	托收承付結算方式	217
第八節	委託收款結算方式	221
第九節	互聯網支付結算方式	224
思考題		228
討論題		228
實驗項目		228
	辦理銀行匯票結算	228
	填制支票	229

第九章　出納辦稅實務　　231

| 第一節 | 企業納稅基本知識 | 231 |

第二節	與企業關係密切的常見稅種及分類	234
第三節	辦理稅務登記	239
第四節	納稅申報	250
第五節	稅款繳納	255
思考題		260
討論題		261
實驗項目		261
	網上報稅	261

第十章　票據和結算憑證式樣　262

第一節	銀行匯票及相關憑證式樣	262
第二節	商業匯票及相關憑證式樣	268
第三節	銀行本票及相關憑證式樣	273
第四節	支票及相關憑證式樣	275
第五節	信用卡及相關憑證式樣	279
第六節	匯兌結算憑證式樣	284
第七節	托收承付和委託收款結算憑證式樣	286

第一篇　理論篇

- 出納的內涵與外延
- 出納理論基礎
- 出納工作的內容及核算方法
- 出納人員與出納機構
- 出納的工作流程

第一章 緒論

● 第一節 出納的內涵與外延

一、出納的內涵

(一) 出納的含義

在現代經濟生活中，出納是所有企業、事業、機關、團體及組織等單位會計工作中最基礎，也是最具體的事務工作。它是利用貨幣形式對各單位的經濟活動過程中的現金及銀行存款收入、支出和結存的管理與核算活動，其目的是實現單位貨幣資金的良性循環和週轉，確保單位現金、銀行存款和有價證券及票據等財產的安全。具體來講，出納包括三層含義，即出納工作、出納核算和出納人員。

1. 出納工作

出納工作是指按照有關財經法規及規章製度，辦理本單位的現金收付、銀行結算、保管庫存現金、有價證券、財務印章及有關票據的具體工作。它是每個單位經濟工作的重要內容，也是會計工作中最具體的事務性工作。

2. 出納核算

出納核算是對出納工作的對象即貨幣資金及其運動進行的確認、計量、記錄和報告的財務處理活動，是會計核算的重要組成部分。

3. 出納人員

出納人員習慣上簡稱出納或出納員，是指擔任出納核算，從事出納工作的會計人員。

(二) 出納的意義

在市場經濟條件下，貨幣資金滲透於社會經濟生活的各個領域，它具有最易流

出納實務教程

動和最易被人們普遍接受的特點。無論是企業還是事業單位或是機關團體，任何單位的經濟活動都是以貨幣為交換手段來實現的，都必須通過出納進行現金或銀行存款的收支活動完成。由此可見，出納工作就是利用貨幣形式對各單位的經濟活動過程進行的貨幣資金的收入、支出和結存的核算。出納工作貫穿於會計工作的起始和終結，出納工作是單位會計的第一道關口，各單位的一切與貨幣資金有關的經濟活動首先都要經過出納這一「關口」。所以，選好出納人員，做好出納工作，正確進行出納核算，守住這一關口，對於確保單位的財產安全，搞好單位的整個會計工作直至做好單位的各項管理工作都有著十分重要的意義。

但是，在現實中，很多單位並沒有認識到這一點，普遍存在著對出納工作重視不夠的現象，認為出納是會計工作中最容易做的一項工作，所做的事不外乎是收收付付，點鈔開櫃，誰都能幹。只要是領導信任、責任心強的人都能擔任出納。所以，有的單位配備的出納不經過出納的會計專業培訓，素質差、業務能力較低，有的甚至缺乏最起碼的出納工作常識。平時單位對出納的職業道德也沒有引起足夠的重視，以至於貨幣收支手續不清，帳目不全，帳實不符，貪污盜竊的現象時有發生。因此，每個單位都必須配備合格的出納會計人員，加強出納核算，做好出納工作，促進整個財務會計核算水平和管理水平的不斷提高。

二、出納的外延

（一）出納工作的對象

出納對經濟業務的核算主要是通過確認、計量、記錄和報告等手段來完成的。出納工作的對象就是指出納所要核算和監督的內容。從上述出納的含義中我們可以看出，出納核算和監督的內容就是貨幣資金及其運動。出納工作的對象就是各單位的貨幣資金運動以及用貨幣形式表現的所有經濟業務活動。所以，出納的外延涉及各單位所有的現金和銀行存款及其運動形式，也可以說，只要存在貨幣資金及其運動，就必然有存在出納工作，必然要有出納人員進行出納核算。

貨幣資金就是廣義上的現金，是指各單位停留在貨幣形態上的那部分流動資產。從出納的角度來看，包括實際持有的庫存現金和銀行存款兩部分；從貨幣資金的具體形式看，包括鑄幣、紙幣、銀行存款、本票、支票、銀行匯票等；從實際工作來看，對貨幣資金的核算都是通過單位的出納人員來辦理的。所以說，出納工作的對象就是貨幣資金及其運動，並通過「現金」和「銀行存款」日記帳的收、支和結存來反應。其中，貨幣的收入和支出是貨幣資金運動的動態表現形式；貨幣的結存是貨幣資金運動的靜態表現形式。

出納工作的具體對象表現為以下四個方面：

1. 收入貨幣資金

貨幣資金收入即貨幣資金流入本單位。比如，企業收到投資者以現金或銀行存

款形式對企業的投資，企業向銀行等金融機構的借款、取得的各種現金收入等；事業單位取得的各項收費和行政單位取得的財政撥款都屬於貨幣資金收入的形式。貨幣資金收入一般都表現為單位庫存現金或銀行存款的增加。

2. 支出貨幣資金

支出貨幣資金即貨幣資金流出本單位。比如，企業向投資者分配利潤、歸還貸款、購買原材料、支付個人工資、繳納各種稅款；行政事業單位的各項經費開支都是貨幣支出的具體形式。貨幣支出一般表現為單位庫存現金或銀行存款的減少。

3. 貨幣資金在銀行的存入和提取

按照財務會計的規定，各單位的貨幣現金收支，必須實行收支兩條線，不得「坐支」。為了保證現金資產的安全和完整，不受損失，按照現金管理製度的規定，各單位庫存現金的存量不能超過銀行核定的限額，單位對業務收入和其他收入的現金，必須當日存入銀行。現金存入銀行，就表現為單位的庫存現金減少，銀行存款增加。單位支付差旅費和其他費用以及發放工資等需用的現金，不能從業務收入的現金中支取，應該向銀行提取現金後使用。向銀行提取現金，表現為庫存現金的增加，銀行存款的減少。因此，貨幣資金在銀行的存入和提取，也是出納反應和監督的重要內容。

4. 貨幣資金的結存

貨幣資金的結存，表現為各單位在某一時點上庫存現金和銀行存款的結存餘額。現金和銀行存款的餘額表示該單位目前所擁有的貨幣性資產的實際數量。從某種意義上講，現金和銀行存款的餘額，代表了該單位從事正常生產經營和其他業務活動的必備條件，反應了單位的某種財務狀況。

(二) 出納工作的特點

從以上出納的對象可以看出，每個單位的出納都是貨幣資金即現金和銀行存款運動的中轉站，單位的會計核算首先是從出納核算開始的，通過出納辦理每筆現金和銀行存款的收付業務，並為其他業務核算奠定基礎。這樣，就形成了出納工作和出納會計核算的明顯特點。

1. 基礎性

出納工作是整個會計工作最基礎的環節，出納是會計人員的基本組成部分。任何從事過會計工作或有經濟頭腦的人都明白，出納工作是會計核算工作的起點，也是最基礎的環節。每個單位都必須配備出納。這是因為企事業單位的資金運動都必須是從現金或銀行存款的收付業務開始；通過出納業務和出納會計核算，不僅為其他會計核算提供了會計憑證等重要依據，而且還為單位的最終核算奠定了基礎。所以，企事業單位的會計核算是從出納業務核算開始的。出納是整個會計工作的前哨陣地和基礎工作，沒有出納業務，就無法組織本單位的會計核算。出納是會計隊伍中不可缺少的組成人員，許多會計人員參加工作首先是從出納工作崗位做起的。正是因為出納具有基礎性的特點，說明了出納工作的重要性；做好單位的出納工作和

配備合格的出納，就等於奠定了做好本單位財務會計工作的基礎，單位財務會計工作就可以收到事半功倍的效果。

2. 頻繁和大量存在性

貨幣資金滲透於社會經濟生活的各個領域，最易流動和最易被人們普遍接受。企事業單位經濟業務的頻繁出現導致現金和銀行存款業務頻繁發生、大量存在，而且在許多情況下都是借助於各單位的出納業務來完成的。因此，出納工作比其他會計業務更容易發生。頻繁、具體和大量存在，是出納工作的主要特點。

3. 責任性

從系統論的觀點出發，出納工作是會計工作這個大系統的一個子系統，是會計核算體系的有機組成部分，而且責任非常重大。前面已經談到，出納業務是會計工作的最基礎的工作，現金和銀行存款收入與付出又很頻繁，工作量較大，涉及的人員多，容易產生收付數額方面的差錯，特別要求出納員細心辦理並承擔相應的責任；同時，出納員保管著單位的貨幣性財產，擔負著保證單位的貨幣財產安全責任，是單位的管家之一。從出納的實際工作來看，出納的職位不高、權力不大，會計技能也要求不太高，但是責任卻非常大。所以，出納人員一定要有較強的責任心。

4. 專業性

出納工作作為會計工作的一個重要崗位，有著專門的工作技能和規則，憑證如何填，出納帳怎樣記都很有學問，就連保險櫃的使用與管理也是很講究的。出納人員必須經過出納專業培訓和職業教育，掌握出納工作的專業知識和技能，並在實踐工作中不斷累積經驗，掌握其工作要領，提高專業水平，熟練使用現代化辦公工具，做一個合格的出納人員。

5. 政策性

出納是一項政策性非常強的經濟工作，每一個環節、每一項業務處理都必須嚴格按照國家的財經法規辦事。例如，辦理現金收、付、存必須遵循現金管理規定；辦理銀行結算業務必須根據國家的支付結算辦法和票據法等規定進行；在具體核算各項出納業務時必須遵循《中華人民共和國會計法》（以下簡稱《會計法》）、《會計基礎工作規範》《企業會計準則》《支付結算辦法》以及各種財經法規。出納人員不掌握這些政策法規，就做不好出納工作；不按這些政策法規辦事，就違反了財經紀律。

6. 時間性

出納工作具有很強的時間性，何時發放職工工資，何時核對銀行對帳單等，都有嚴格的時間要求，一天都不能延誤。因此，出納員心裡應有個時間表，及時辦理各項工作，保證出納工作質量。

（三）出納工作的任務

出納工作的任務是由出納工作的對象即出納反應和監督的內容所決定的，但同時又受國家的現金管理規定和銀行支付結算辦法的制約。出納工作要維護黨和國家的各項法規和財經政策、製度，出納工作通過記帳、算帳、報帳、用帳等手段，做好貨

幣資金的核算，加強現金和銀行存款的管理，嚴格控製貨幣支出，節約使用現金，保證單位的貨幣資金的安全和完整。歸納起來，出納工作的基本任務有以下四個方面：

1. 如實反應貨幣資金收付存狀況

真實性是會計信息質量的第一個特徵，也是出納工作的首要任務。出納要正確、及時地記錄、計算貨幣資金的來龍去脈，全面反應各單位在一定時期內現金和銀行存款的增加、減少和結存的全貌，並定期編制出納收支報表。

2. 實行出納監督——監督單位依法處理與貨幣資金有關的業務

從宏觀角度上講，出納是國家整個貨幣管理體系中的一個子體系，是國家管理貨幣的一種工具。從微觀上講，它不僅要及時反應各單位的貨幣收支、結存活動，而且要檢查和監督。所以，出納的第二個任務就是在如實反應現金及銀行存款收付變化的同時，以黨和國家的方針政策、法律法令及財經紀律為依據，實行出納監督。監督企事業單位是否嚴格遵守現金管理和銀行支付結算規定；是否遵守費用、成本開支標準和範圍；是否設有小金庫等。

3. 正確處理各種經濟關係

在貨幣資金及運動中，企事業單位要與許多單位或個人發生現金和銀行存款的經濟往來。例如，企業與稅務部門無償納稅的經濟關係，與銀行的資金借貸關係和貨幣結算關係，與其他單位之間的商品買賣與貨幣結算關係；企事業單位內部各部門之間貨幣資金的分配和結算關係，企事業單位與內部職工的關係，包括支付職工工資、職工報銷各種費用等都要涉及現金或銀行存款的收付。如何正確處理好這些經濟關係並監督這些關係正常的發展，也是出納的基本任務之一。

4. 保證貨幣資金的合理使用和安全、完整

貨幣資金是企業、事業等單位的支付手段，也是各單位經營資金的重要組成項目。出納工作的任務之四就是防止貪污盜竊，制止鋪張浪費，確保單位的現金和銀行存款的安全、完整。

第二節　出納理論基礎

出納工作是會計工作的重要組成部分。出納人員也是會計人員的重要組成人員。所以出納的理論基礎是會計理論基礎範圍內的，但由於出納工作的特殊性，其理論基礎也有其特殊性。

一、會計的理論框架

根據中國《企業會計準則——基本準則》的規範，中國構建的是以會計假設、財務報表構成要素、會計信息質量要求、會計確認、會計計量、會計基礎、財務報

表為核心的會計理論框架結構。

（一）會計假設

會計的基本假設是指會計存在、運行和發展的基本假定，是進行會計工作的基本前提。它是對會計核算的合理設定，是人們對會計實踐進行長期認識和分析後所做出的合乎理性的判斷和推論。會計要在一定的假設條件下才能確認、計量、記錄和報告會計信息，所以會計假設也稱為會計核算的基本前提。

《企業會計準則——基本準則》確定了四項會計假設：會計主體、持續經營、會計分期和貨幣計量。

（二）財務報表構成要素

財務報表的構成要素：資產、負債、所有者權益、收入、費用、利潤以及利得和損失。

資產是企業過去的交易或者事項形成的、由企業擁有或控制的、預期會給企業帶來經濟利益的資源。

負債，是指企業過去的交易或者事項形成的、預期會導致經濟利益流出企業的現時義務。

所有者權益是指企業資產扣除負債後由所有者享有的剩餘權益。

收入是指企業在日常活動中形成的、會導致所有者權益增加的、與所有者投入資本無關的經濟利益的總流入。

費用是指企業在日常活動中發生的、會導致所有者權益減少的、與向所有者分配利潤無關的經濟利益的總流出。

利潤是指企業在一定會計期間的經營成果。

利得是指由企業非日常活動所形成的、會導致所有者權益增加的、與所有者投入資本無關的經濟利益的流入。

損失是指由企業非日常活動所發生的、會導致所有者權益減少的、與向所有者分配利潤無關的經濟利益的流出。

（三）會計信息質量要求

會計信息質量要求是對企業財務會計報告所提供的會計信息質量的基本要求，也是這些會計信息對投資者等會計信息使用者進行決策應當具備的基本質量特徵。根據企業會計基本準則的規定，企業會計信息質量要求包括可靠性、相關性、可理解性、可比性、實質重於形式、重要性、謹慎性和及時性八個方面。

（四）會計確認與會計計量

（1）會計確認是指確定將交易或事項中的某一項目作為一項會計要素加以記錄和列入財務報表的過程，是財務會計的一項重要程序。會計確認主要解決某一個項目應否確認、如何確認和何時確認三個問題，包括在會計記錄中的初始確認和在會計報表中的最終確認。中國的《企業會計準則——基本準則》採用了國際會計準則的確認標準。

（2）會計計量是指為了在會計帳戶記錄和財務報表中確認、計列有關會計要素，而以貨幣或其他度量單位確定其貨幣金額或其他數量的過程。《企業會計準則——基本準則》規範了五個會計計量屬性：歷史成本、重置成本、可變現淨利值、現值、公允價值。

(五) 會計基礎

財務會計核算是建立在一定的會計基礎之上，企業應當以權責發生制為基礎進行會計確認、計量、記錄和報告。

權責發生制又稱應收應付制，是以收入和費用是否已經發生為標準來確認本期收入和費用的一種會計基礎。權責發生制要求：凡是當期已經實現的收入和已經發生或應當負擔的費用，不論款項是否收付，都應當作為當期的收入和費用計入利潤表；凡是不屬於當期的收入和費用，即使款項已在當期收付，也不應當作為當期的收入和費用。

權責發生制是與收付實現制相對的一種確認和記帳基礎，是從時間選擇上確定的基礎，其核心是根據權責關係的實際發生和影響期間來確認企業的收入和費用。建立在該基礎上的會計模式可以正確地將收入與費用相配比，正確地計算企業的經營成果。

(六) 財務報表

財務報表又稱會計報表，是指企業對外提供的、以日常會計核算資料為主要依據，反應企業某一特定日期的財務狀況和某一會計期間的經營成果、現金流量等會計信息的文件，是對企業財務狀況、經營成果和現金流量的結構性表述。目前中國建立的是以資產負債表為核心的報表體系，包括資產負債表、利潤表、現金流量表、所有者權益變動表以及附註。

二、出納的理論基礎

(一) 會計假設

1. 出納服務的會計主體唯一性

現代經濟的發展和會計環境的變化促進了會計主體假設的拓展：產生了多層次、多方位的會計主體。比如，企業合併業務導致了企業集團的出現，並分別形成了母、子公司，會計為之服務的主體就具有雙重性，會計核算的空間範圍已經處於一種模糊狀態。這些理論的拓展在高級財務會計中必須加以研究。作為母公司的會計人員既要為具有法人地位的母公司服務，同時又要為不具有法人地位的集團公司服務。所以它產生了超越前述空間主體假設的新的會計業務，比如合併報表、分部報告等。這些都必須在會計核算中予以體現。

但對於出納核算而言，必須保持服務會計主體的唯一性，不能產生多層次、多方位的會計主體，否則企業的貨幣資金將無法準確核算與有效管理。

2. 貨幣計量的超然性

會計核算中，我們強調以貨幣作為主要計量手段，輔之其他計量手段；同時強調貨幣幣值的穩定性。

但在市場經濟的發展變化中，貨幣的幣值不變也由於持續的物價變動而動搖，因此出現了物價變動會計；而在記帳本位幣製度下的一種貨幣被另一種貨幣所計量已成為現實，以及外幣折算等也超越了貨幣計量假設。

出納工作在計量中使用唯一的計量尺度及貨幣，不得採用其他計量尺度；同時無論物價如何變動以及記帳本位幣如何變化，對出納核算而言是沒有任何實質性影響的，它都會按實際發生的貨幣金額進行核算。

（二）會計信息質量要求

對於出納核算而言，更強調可靠性與及時性這兩個會計信息質量要求。

1. 可靠性

可靠性是指企業應當以實際發生的交易或者事項為依據進行會計確認、計量和報告，如實反應符合確認和計量要求的各項會計要素及其他相關信息，保證會計信息真實可靠、內容完整。出納核算更注重真實性和可驗證性兩個方面。

（1）真實性是指出納人員必須以企業實際發生的貨幣資金業務為依據進行出納會計核算。

（2）可驗證性是指會計數據和會計記錄具有可驗證的證據，特別是填制原始憑證的可驗證度。

2. 及時性

及時性是指企業對於已經發生的交易或者事項，應當及時進行會計確認、計量和報告，不得提前或者延後。

出納核算的時效性非常重要，所以該要求對出納工作具有較大的約束力。

及時性要求企業在出納核算中應當在貨幣資金業務發生時及時進行，不得提前或延後，並按規定的時間提供會計信息，以便會計信息得到及時利用。及時性要求有如下三層含義：

一是要求及時收集貨幣資金信息，即在貨幣資金業務發生後，出納人員應當及時收集整理各種原始單據和憑證。

二是要求及時處理貨幣資金信息，即按會計準則的規定，及時對這些貨幣資金進行確認、計量、記錄，及時編制出納報表。

三是要求及時傳遞貨幣資金信息，便於企業有效管理貨幣資金，促進貨幣資金的流動。

（三）會計確認與會計計量

（1）在企業會計實務中，一般情況下，出納人員只確認庫存現金與銀行存款，其他的會計要素都是由會計人員進行確認的。而對貨幣資金的確認是建立在收付實現制基礎上的。

（2）會計計量屬性的超然性。在會計核算中有五種計量屬性，但對於出納而言，無論採用何種計量屬性，出納人員都只能按其實際收到或付出的貨幣資金額進行核算，它超然於五種計量屬性之上。

（四）會計基礎

總體來講，會計核算是以權責發生制為基礎的，但對於出納而言，應當是以現金收付實現制為核算基礎，只能按其實際收到或付出的貨幣資金額為核算對象，確認其庫存現金和銀行存款的增加與減少。

（五）財務報表

出納核算與企業定期編制的對外財務報表並無直接聯繫，出納編制的報表並不對外，是典型的內部報表，主要是現金、銀行存款的日報、旬報、月報等貨幣資金報表。所以出納報表是以管理與控製理論為基礎編制的，而且是根據現金收付制直接編制完成的，報表使用者主要是企業的高層管理者。

第三節　出納工作的內容及核算方法

一、出納工作的內容

出納工作是整個會計工作的重要組成部分，其主要內容包括以下七個方面：

（一）做好現金收付的核算與管理

這項工作包括：嚴格按照國家現金管理製度的要求，根據會計稽核人員審核簽章的收、付款憑證，進行復核，辦理各款項現金的收入與支出。出納要嚴格執行單位內部有關現金管理的具體規定，沒有領導的審核批准及簽名蓋章，不得隨意收支現金。同時，編制現金日報表、現金旬報表、現金月報表等。

（二）做好銀行存款的收付核算與管理

這項工作包括：嚴格按照銀行《支付結算辦法》的各項規定，按照審核無誤的收入支出憑證，進行復核，辦理銀行存款的收付，經常與銀行傳遞來的對帳單進行核對，並編制銀行存款餘額調節表。

（三）設置並登記出納帳

各單位的出納工作都必須設置現金日記帳和銀行存款日記帳，並按照現金和銀行存款收入、支出的相關憑證，按照會計的記帳規則，逐筆序時登記現金和銀行存款出納帳。現金帳要每日結出餘額，與實際庫存現金核對，銀行存款也要每天結出餘額，經常與銀行存款對帳單核對，保證帳證、帳帳、帳實相符。

（四）保管好庫存現金、金銀和各種有價證券以及印章、空白支票和收據

這項內容包括：按照庫存現金管理限額的規定，預留庫存現金數量並保管好庫存現金，經常與日記帳餘額核對，不得挪用庫存現金，或用白條抵庫，如有短缺，

出納實務教程

出納人員要負責賠償或出具報告報批處理；按照金銀管理的有關規定保管好金銀財產；注意防盜，確保現金、金銀與各種有價證券、印章、空白收據、空白支票等財產的安全和完整。對於出納會計分管的印鑑，必須按規定用途使用並妥善保管；對於空白支票等專用票據應嚴格管理，一般應專設登記簿進行領用和註銷登記；對於單位庫存現金保險櫃密碼、開戶帳號及取款密碼等，更應該嚴肅紀律，不得洩露秘密，更不能轉交他人。

（五） 與稅務部門建立良好的經濟關係

在實際工作中，企業的報稅、納稅等工作，有的是會計在做，但目前多數單位都是出納在從事這些工作。這些工作主要包括稅務登記、報稅、繳納稅款等。

（六） 擬定和改進單位的貨幣資金收入付出業務管理的辦法

根據出納工作的經驗和教訓，提出改進出納工作及其他相關工作的建設性意見，為擬定和改進單位的貨幣資金收入付出業務管理辦法提供第一手資料。

（七） 檢查、監督本單位執行國家的財經紀律情況，保證出納工作的合法性、合規性和合理性

出納在辦理現金和銀行存款各項業務中要嚴格按照財經法規進行，違反規定的業務一律拒絕辦理。隨時檢查和監督財經紀律的執行情況，使單位的各項貨幣資金業務合法、合規、合理。

二、出納核算的方法

出納核算是單位會計核算的主要內容之一，出納核算方法是用來反應、監督和管理出納的對象，保證完成出納核算任務的手段。它是以貨幣為統一的計量尺度，對各單位的經濟交易或事項進行確認、計量、記錄和報告，以全面、系統、連續、綜合地核算與監督單位的現金和銀行存款等貨幣資金及其運動的方法。其目的是為單位內部管理者及其他會計核算提供準確、可靠的貨幣資金信息資料。它主要包括以下四種方法：

（一） 填制和審核各種憑證

這是一種為了監督各項貨幣資金的收付是否真實、正確而採用的專門方法。憑證是記錄貨幣收付業務，明確經濟責任的書面證明，也是登記帳簿的唯一依據。

任何一項貨幣收支活動的發生與完成，都要填制憑證。憑證可能是從外單位來的，也可能是本單位非出納人員填制的。這兩種情況下產生的憑證要在出納人員處辦理貨幣收支業務，出納必須進行嚴格的審核。只有經過嚴格審核並確認為合法的會計憑證，出納才能據以收付貨幣並作為登記帳簿的依據。另外一些憑證是由出納人員自己填制的。這些憑證出納必須按規定和要求認真、正確地填寫，並據以進行貨幣資金的收入、付出與結存業務，以及登記帳簿。通過如實填制和嚴格審核憑證，一是可以及時發現企事業單位的貨幣收支業務的有關問題並加以改正；二是才能保

證帳簿記錄的可靠性和真實性；三是才能保證單位貨幣資金的安全，減少損失，加強經濟核算。

(二) 設置和登記出納帳

出納掌管的帳簿主要是現金日記帳和銀行存款日記帳。會計核算採用的記帳方法是復式借貸記帳法，出納核算也不例外。但從出納工作的實際來看，出納在登記日記帳時，只在一個帳戶或幾個互不聯繫的會計帳戶記載，比如「庫存現金」「銀行存款」帳戶，形似單式記帳，但它反應的內容是復式的。現金和銀行存款日記帳是序時帳，俗稱「流水帳」。所以，出納人員根據經過審核無誤的、與現金和銀行存款有關的會計憑證，按先後順序逐日逐筆進行登記，並根據「昨日餘額＋本日收入額－本日付出額＝本日餘額」的公式，逐日結出餘額。其中，每日的現金餘額都要與庫存現金實存數核對，以檢查每日現金收付是否有誤，庫存現金是否真實；銀行存款餘額要定期與開戶銀行核對帳目，編制出銀行存款餘額調節表。

(三) 貨幣資金清查

貨幣資金清查是指通過實地盤點庫存現金和核對銀行存款帳目，保證帳款相符、帳帳相符的一種專門方法。

對庫存現金的清查是定期或不定期採用實地盤點法進行的。主要清查庫存現金有無挪用、貪污；有無假造用途，套取現金等現象。通過清查，發現問題、分析原因、追究責任、總結經驗、加強管理、保證現金安全無損。

對銀行存款的清查主要採用銀行帳（用銀行對帳單代替）與單位帳（銀行存款日記帳）核對的方法，對銀行存款的收支業務，逐日逐筆核對。如有未達帳項，應及時調整，並編制銀行存款餘額調節表，保證帳帳相符。

(四) 編制出納收支報表

編制出納收支報表是指定期以報表的形式，集中反應貨幣資金的動態與靜態狀況的一種專門方法。出納收支報表主要是庫存現金和銀行存款日報、旬報、月報等。它們是以日記帳為依據並做進一步的加工整理後，以表格的形式表現單位在某一個時期內貨幣資金運動的狀況即貨幣收付情況；同時也反應在某一時點上單位貨幣資金的靜態狀況即庫存現金和銀行存款的實際擁有數（期末餘額）。出納收支報表是各個單位經濟管理和會計核算的重要手段。

第四節 出納人員與出納機構

一、出納人員應具備的基本條件

由於出納職業的特殊性，出納人員整天和大量的金錢打交道，所以必須具有良好的職業道德，才能適應複雜的社會經濟環境，抵制金錢的誘惑；同時具有出納工

出納實務教程

作的基本知識和基本技能才能勝任繁瑣而細緻的出納工作。

（一）具有良好的出納職業道德

（1）愛崗敬業。出納人員要熱愛本職工作，安心於出納崗位，並為做好出納工作盡心盡力、盡職盡責，將身心與本職工作融為一體。

（2）誠實守信，不弄虛作假，不為利益與金錢所誘惑，保守本單位的商業秘密。

（3）廉潔自律，公私分明，不貪不占，遵紀守法，忠於職守。

（4）客觀公正，依法辦事，實事求是，不偏不倚。

（5）擁有良好的職業品質、嚴謹的工作作風，嚴守工作紀律，努力提高工作效率和工作質量。

（6）提高出納技能，努力鑽研出納業務，不斷提高理論水平和業務能力，使自己的知識和技能適應出納工作的要求。

（二）具有出納工作的基本資格

出納人員是會計人員的重要組成部分，應該具備會計人員的上崗資格及取得會計從業資格證書。

根據中國《會計法》的要求，會計人員上崗實行會計從業資格證書管理製度。出納人員和所有的會計人員一樣必須持有財政部門頒發的會計從業資格證書，未取得會計從業資格證書的人員不得從事出納工作。任何單位和個人不得聘用無會計從業資格證書的人員從事出納工作，不得偽造、轉借會計從業資格證書。

會計人員經省級財政部門批准的培訓點培訓，並參加省級財政部門組織的統一會計從業資格考試，合格後，由省級財政部門發給會計從業資格證書。

（三）具有出納工作的基本業務素質

出納工作是一項政策性和技術性並重的工作，出納人員必須具備一定程度的專業知識和基本技能，才能適應其出納工作。有關出納技能的內容將在第二章中專門介紹。

（四）不能擔任出納工作的人員

按照《會計基礎工作規範》的要求，會計機構負責人、會計主管人員的直系親屬不得在本單位會計機構中擔任出納工作。

二、出納工作的原則

出納工作的原則是出納人員開展工作必須遵循的一般規範。其主要原則有以下五個：

（一）依法辦事的原則

出納工作是一項政策性很強的工作，各單位一切現金和銀行存款及外匯的收付、結存，都必須以國家的法律、法令和製度為依據，絕不允許感情用事或以權謀私，

以錢謀私。

(二) 真實性原則

真實性是指出納在處理貨幣資金的收、付、存業務中，必須以企事業單位的客觀事實為依據，有真憑實據，出納核算的結果同企事業單位實際的現金和銀行存款等財產物資相符。

(三) 錢帳分管原則

錢帳分管就是指管帳（總帳）的會計人員不得同時兼管出納工作；而管錢的出納人員不得兼管收入、費用、債權債務帳簿和會計檔案工作。做到錢帳分管、責任明確，防患於未然。

(四) 服務與監督統一原則

出納工作的宗旨是為本單位的經濟活動服務，管好單位的貨幣資產；同時，在服務的基礎上，利用出納特殊的手段對本單位的經濟活動進行嚴格監督，以維護財經紀律。沒有服務就不可能有監督，沒有監督也就談不上更好的服務。因此，出納工作應注意服務與監督並重，堅持兩者有機統一的原則。

(五) 實行崗位責任制原則

出納工作涉及現金、銀行存款等貨幣資產的收入、支出與保管。而這些工作與整個單位的經濟效益、職工的個人利益有極大關係，也容易出現差錯。一旦出現差錯，將造成不可挽回的損失。所以，各單位應該建立出納人員工作崗位責任制，明確出納人員的行政責任、經濟責任和法律責任，保證出納工作正常進行，保護單位的貨幣財產安全。

三、出納機構的設置與出納人員配備

(一) 出納機構的設置

必要的出納機構是合理組織出納工作、發揮出納職能、完成出納任務、提高出納工作質量的重要保證。每個單位由於實際情況不同，出納機構的設置及出納工作的組織也不盡相同，但是都應當結合自身的經濟活動規模、特點以及業務量的大小和會計人員的數量來設置符合本單位實際的出納機構，配備必要的出納人員，建立和健全出納規章製度和崗位責任制。

出納機構是整個會計機構的重要組成部分，所以出納機構都是設置在會計部門內。比如在公司的會計（財務）部門內專門設置處理出納業務的出納科、出納組、出納室；規模小的單位也可以只指定一名專職的出納人員。無論採用何種形式，因出納工作的特殊性，公司都要設立專門的出納辦公場所，習慣上稱出納室或出納工作室。

(二) 出納與會計的關係

出納工作是整個會計工作中的重要一環，出納人員又是會計人員不可缺少的部

分。可以這樣講，如果一個單位只有兩名會計人員，那麼其中一人必定是出納；如果只有一名會計人員（這種單位的會計做帳是委託持有代理記帳許可證的代理記帳機構進行的），那麼此人必定是出納。從廣義上講，會計包括了出納和狹義上的會計；從狹義上講，會計是相對出納以外的會計核算人員。財政部在《會計基礎工作規範》中規定，會計工作崗位一般可分為：會計機構負責人或者會計主管人員，出納，財產物資核算，工資核算，成本費用核算，財務成果核算，資金核算，往來結算，總帳報表，稽核，檔案管理等。在上述會計工作崗位中，除出納外，其他的崗位在企事業單位上一般都稱為會計。會計工作崗位，可以一人一崗、一人多崗或一崗多人。但出納分管單位的貨幣性資產，因而不得兼管帳目（日記帳除外）、稽核、檔案等。出納與會計是一個統一體下的兩個方面，既相互聯繫，又相互制約、相互監督。通俗地講，出納與會計就是管錢與管帳的關係，兩者是不相容的職務。所以，出納與會計崗位一定要分設並由不同的會計人員擔任，否則，後患無窮。通過兩者的互相牽制，從製度上、組織上保證貨幣性資產的安全。

在單位內部任用出納應該實行迴避製度，即會計負責人或會計主管人員的直系親屬不得在本單位會計機構中擔任出納工作。這裡需要迴避的直系親屬是：夫妻關係、直系血親關係、三代以內旁系血親以及配偶血親關係。

（三）出納人員的配備與分工

出納人員配備的多少，主要取決於本單位出納業務量的大小及繁簡程度。其設置的基本原則是：既滿足單位經濟活動及出納工作的需要，又要避免徒具形式、人浮於事。出納人員的配備可根據實際情況採用一人一崗、一人多崗、一崗多人等形式。

1. 一人一崗

一人一崗適用於規模不大、出納工作量不大的單位，可設置一名專職出納人員。

2. 一人多崗

在規模較小、貨幣資金業務又較少的單位，可設置兼職出納人員一名。比如，在無條件單獨設置會計機構的單位，至少應當在有關機構（如單位的辦公室、後勤機構）中配備兼職出納人員一名。但該出納人員不得兼管分類帳簿的登記工作，不得兼管稽核工作和會計檔案保管工作。

3. 一崗多人

在規模較大的單位，出納工作量較大，可設置多名出納人員，並指定一名總出納或出納組長。多名出納人員的具體分工應當根據本單位的實際情況進行，比如分設現金出納和銀行存款出納，或按經濟活動項目分別設置項目出納等。

第一章 緒論

 ## 第五節 出納的工作流程

出納人員每天要處理大量的貨幣資金業務,如何才能提高工作效率,保證出納工作質量?這就要求制定合理有效的工作流程,使得出納工作有條不紊地進行,確保單位貨幣資金的安全完整,滿足單位會計管理的要求。

(一) 貨幣資金收支的一般程序

出納人員在辦理貨幣資金的收支業務只有按照既定的流程處理業務,才能保證出納工作有條不紊地進行,保證出納工作的質量,保證單位貨幣資金的完好無缺。

1. 貨幣資金收入的處理程序

貨幣資金收入的處理程序可分為三個階段,即弄清收入金額及來源、清點收入金額、收入退回。

第一步,弄清收入金額及來源。出納人員收到每一筆貨幣資金,都必須弄清應當收到多少錢,錢從何處來,錢的性質是什麼。具體可根據不同情況處理:

(1) 確定收入的具體金額。如為現金收入,應當考慮庫存限額的要求;如為銀行存款,要與相應的銀行票據、單據相一致。

(2) 明確付款人。出納人員應當明確瞭解付款人的全稱和有關情況,對於收到的背書轉讓的支票、匯票等銀行票據以及其他代為付款的情況,應當由經辦人加以註明。

(3) 收到單位的各項收入款項,出納人員應當根據有關的銷售(或勞務)合同確定收款額是否按合同、協議執行,並對預收帳款、當期實現的收入和收回以前欠款分別進行處理,保證帳實一致。

(4) 對於收回的代墊付的款項,出納人員應當根據帳務記錄確定收款額是否相符。比如單位代職工墊付的個人所得稅、房租、保險費以及職工借款等。

第二步,清點收入金額。在瞭解了收入的來源及具體金額後,就進行清點核對,清點工作要細心,確保準確無誤。

(1) 現金的清點。出納人員在清點現金時,必須當著經辦人的面進行,如發現短缺,由經辦人負責,發現假鈔按國家規定處理。

(2) 銀行結算收入的清點。出納人員在收入銀行存款時,必須清點具體的銀行票據和單據,只有取得了銀行的有關收款憑證後,才能確認收入,進行帳務處理。

(3) 收入金額核對無誤後,出納人員方可按規定開具發票或收據,並在有關收款憑證上加蓋「現金收訖」或「銀行收訖」或「收訖」印章。

(4) 在清點核對並開出發票、收據後,再發現現金短缺或假鈔,就應當由出納人員負責了。

第三步,收入退回。如遇特殊原因導致收入退回,比如支票印鑒不清、收款單位

17

帳號錯誤等，出納人員應當及時與有關經辦人或對方單位聯繫，重新辦理收款業務。

2. 貨幣資金支出的處理程序

貨幣資金支出的處理程序可分為四個階段，即明確支出的金額、承受人及用途、付款審批，辦理付款，付款退回。

第一步，明確支出的金額、承受人及用途。

（1）出納人員支付每一筆資金都必須弄清資金的具體金額，合理安排資金。

（2）明確收款人。出納人員必須嚴格按照有關合同、協議、發票、收據等原始憑證上記載的收款人進行付款；對於代收款的，應當出具原收款人的證明材料並與原收款人核實後，方可辦理付款手續。

（3）明確付款用途。對於不合理、不合法的付款行為應當堅決抵制，並向有關領導匯報，行使出納人員的工作權力；用途不明的一律拒絕付款。

第二步，付款審批。

（1）由經辦人填制有關的付款單證，如借款單、報銷單或提供收款人的發票或收據等，註明付款的具體金額和用途，並對付款事項的真實性、準確性負責。

（2）有關證明人的簽章。當經辦人的付款用途涉及實物的，應當有倉庫保管人或實物負責人的簽收證明。

（3）有關領導的簽字。根據單位貨幣資金授權控製的規定，出納人員每付出一筆款項，都必須根據手續完備的付款單證付款，這些單證上都應當有領導的簽字。

第三步，辦理付款。

出納人員或審核會計對手續完備的付款單證進行審核後，出納人員就可以辦理付款了。

（1）進一步核算付款金額、用途及審批手續。

（2）現金付款必須與經辦人當面點清，在清點過程中出現現金短缺、假鈔由出納人員負責。

（3）銀行付款開具支票時，出納人員應當認真填寫各項內容，保證支票要素完整、印鑒清晰、書寫正確。

（4）付款金額經確認後，由收款人或經辦人在有關付款憑證上簽字，並由出納人員加蓋「現金付訖」或「銀行付訖」或「付訖」印章。

第四步，付款退回。

如遇特殊原因造成支票或匯款退回的，出納人員應當及時查明原因，如系我方責任造成的，應換開支票或重新匯款，不得借故拖延；如系對方責任引起的，應由對方重新辦理有關手續後再付款。

（二）出納的一般工作流程

由於各個單位的經濟活動及會計人員的配置不同，出納的工作流程也可能不同，下面介紹兩種基本的工作流程。

第一章 緒論

1. 出納與會計分開辦公的工作流程

有一些單位的出納和會計是分開辦公的，一般情況下，貨幣資金的收付業務都是先由出納進行處理後，再將收付款的原始憑證傳遞給會計，會計再據此編制記帳憑證、登記分類帳簿。這種情況下，出納的工作流程如圖1-1所示。

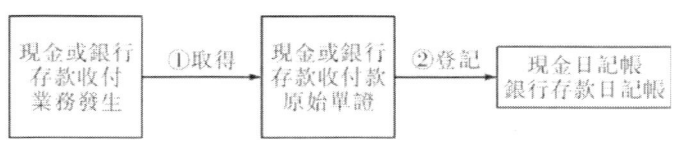

圖1-1　出納工作流程圖1

2. 出納與會計同時辦公的工作流程

很多單位的出納和會計是同時辦公的，所以貨幣資金的收付業務是由出納和會計同時處理的。一般情況下，都是先由會計對現金或銀行存款的收付原始單證進行審核，並根據這些收付款的原始憑證編制記帳憑證，再傳遞給出納人員；出納人員據此進行現金或銀行存款的收付，並登記現金日記帳和銀行存款日記帳，隨後再將這些記帳憑證返回給會計，會計再做帳務處理。這種情況下，出納的工作流程如圖1-2所示。

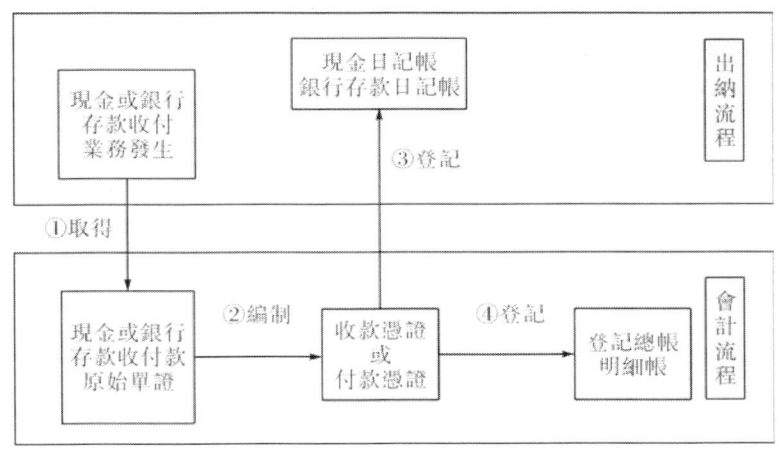

圖1-2　出納工作流程圖2

(三) 出納的帳務處理程序

出納的帳務處理程序與其他會計處理程序基本一致，相對而言要簡單一些。

第一，設置現金日記帳和銀行存款日記帳及有價證券等有關備查帳簿。

第二，根據與現金和銀行存款有關的經濟業務填制或審核原始憑證。

第三，直接根據原始憑證或根據會計轉來的記帳憑證登記現金日記帳、銀行存款日記帳和有關備查帳簿，每天都必須結出餘額。

第四，定期或不定期進行現金、銀行存款和有價證券的清查。比如庫存現金與

19

現金日記帳的核對、銀行對帳單與銀行存款日記帳的核對、現金日記帳、銀行存款日記帳與現金總帳、銀行存款總帳的核對等，保證帳實相符、帳帳相符。

第五，期末結帳，結出現金日記帳和銀行存款日記帳的期末餘額。

第六，編制出納報告。貨幣資金發生比較頻繁的單位，一般要求出納人員編制出納日報或周報、旬報等。每個單位都要編制出納月報。

第七，報告出納資料，定期按規定辦理移交。

（四）出納工作的時間日程安排

1. 每天的日程安排

（1）上班第一時間，檢查庫存現金、有價證券、印鑒及其他貴重物品。

（2）向有關領導及會計主管請示資金安排計劃。

（3）列出當天應當處理的事項，分清輕重緩急，合理安排時間順序。

（4）按順序辦理各項收付款業務。

（5）根據所有的貨幣資金收付原始憑證或會計轉來的收付記帳憑證登記現金日記帳和銀行存款日記帳，並結出當天的餘額。

（6）下班前出納人員必須做好下面幾件事：

①應清點庫存現金，並將其與現金日記帳餘額進行核對，保證現金實有數與現金日記帳餘額相符。

②在收到銀行對帳單當天，出納人員要將對帳單與銀行存款日記帳進行逐筆核對，編制銀行存款餘額調節表，保證銀行存款帳實相符。

③將多餘現金存入銀行。

④根據需要編制當天的現金和銀行存款日報表，報送有關領導。

⑤應整理好辦公用品，鎖好保險櫃及抽屜，保管好有關憑證，保持辦公場所整潔，無資料遺漏或亂放現象。

2. 其他時間安排

（1）每月初，結轉現金日記帳和銀行存款日記帳期初餘額，清點支票、有價證券或其他貴重物品結存數。

（2）平時，每天根據貨幣資金收支業務進行實物收付和帳務處理，登記現金日記帳、銀行存款日記帳及有關備查帳簿，並結存當天餘額，編制出納日報表。

（3）定期或不定期進行現金日記帳與現金總帳、銀行存款日記帳與銀行存款總帳核對，保證帳帳相符。

（4）定期或不定期接受會計人員或上級人員對現金和銀行存款的實地盤點檢查。

（5）月度或年度終了，出納人員結清現金日記帳和銀行存款日記帳，結存餘額，並與庫存現金、銀行存款餘額相符，與現金總帳、銀行存款總帳相符；對其保管的支票、發票、有價證券、重要結算憑證進行清點，按順序進行登記核對。

（6）編制月度、季度、年度出納報告。

（7）保管出納會計資料。

思考題

1. 出納在現代社會中具有什麼樣的意義？
2. 出納的內涵是什麼？
3. 出納工作的特點是什麼？工作內容包括哪些？

 討論題

1. 你對出納的認識有多少？什麼樣的人才能成為出納人員？應當具備什麼樣的基本素質才可以成為一名好的「管家」？

2. 你認為在企業中應當怎樣設置出納機構和配備出納人員才能滿足企業對出納工作的需求，並能夠保證企業貨幣資金的安全完整？

第二篇　技能篇

- 人民幣真假識別技能
- 點鈔技術
- 數字的書寫與計算技能
- 出納憑證填制和審核技能
- 出納帳的設置與核算技能
- 出納發生錯誤查找和更正技能
- 出納的保管技能
- 辦理銀行票據和結算憑證技能

第二章　出納的基本技能

　　如前所述，現金和銀行存款幾乎滲透於社會經濟生活的各個方面，出納業務是實現商品生產與商品交換必不可少的經濟活動之一，是會計工作最基礎、最具體的崗位。貨幣資金的收付由於業務頻繁，手續瑣碎，重複勞動多，涉及面廣，接觸人員雜，極易出錯。因此，出納人員必須責任心強，工作態度認真，心細手快，收付準確。這對出納人員的基本技能提出了較高的要求。各單位絕不能輕視出納工作的基本技能，應該不斷加強出納基本技能的培訓與提高。下面從出納實際操作技能和技巧方面做介紹。

● 第一節　人民幣真假識別技能

　　各單位的出納人員幾乎每天都要收付人民幣（有外幣業務的還要收付外幣），學會和掌握人民幣真偽的識別技術不僅可以維護國家貨幣的安全和人民幣的信譽，還可以保護單位的現金安全，而且對出納人員而言，可以保護自己的合法權益，減少自己的經濟損失。所以，識別人民幣的真偽是出納人員的基本功之一，必須學會並熟練地掌握這種技能。

一、假人民幣的類型及特點

(一) 假人民幣的類型

　　假人民幣是指利用各種手段，仿照真人民幣的形象非法印刷、影印、描繪、加工製作的票幣。假人民幣包括偽造人民幣和變造人民幣兩種。

25

1. 偽造人民幣

偽造人民幣是指通過機械印刷、拓印、刻印、照相、描繪等手段製作的假人民幣。其中，電子掃描分色制版印刷的機制假人民幣數量最多，危害性最大。

2. 變造人民幣

變造人民幣是指在真人民幣的基礎上，採用挖補、揭頁、塗改、拼湊、移位、重印等多種方法製作，構成變態升值的假人民幣。

（二）假幣的特徵

1. 偽造假幣的特徵

（1）假幣紙張採用普通書寫紙，在紫外燈光照射下，票面呈藍白色熒光反應。

（2）有一種假幣水印為淺色油墨印蓋在幣紙正面或背面，還有一種假幣水印是將幣紙揭層後在夾層中涂上白色糊狀物，再在上面壓蓋上水印印模，水印輪廓模糊，沒有浮雕立體效果。假幣水印缺乏立體感，多為線條組成，或過於清晰，或過於模糊。

（3）假幣印刷採用膠版印刷，表面平滑，票面主要圖案無凹版印刷效果，墨色平滑不厚實；票面顏色較淺；票面主景線條粗糙，立體感差；票面線條均由網點組成，呈點狀結構；無紅、藍彩色纖維。

（4）假幣的安全線採用無色油墨印在票面正面紙的表面，迎光透視，模糊不清；縮微文字模糊不清；無磁性。

（5）假幣的古錢幣陰陽互補對印圖案錯位、重疊。

（6）假幣的膠印縮微文字模糊不清。

（7）假幣的凹印縮微文字模糊不清。

（8）假幣無隱形面額數字。

（9）假幣的光變油墨面額數字不變色。

（10）假幣無色熒光油墨印刷圖案，在紫外燈光照射下，無色熒光油墨「100」（或其他數字）較暗淡，顏色濃度及熒光強度較差。

（11）假幣的有色熒光油墨印刷圖案在紫外燈光照射下，色彩單一、較暗淡，顏色濃度及熒光強度較差。

（12）假幣無無色熒光纖維。

2. 變制假幣的特徵

變制假幣是在真人民幣的基礎上，經過人為的加工、變形而成的，即用紙進行粘補、拼湊。比如拼湊幣，是將真正的人民幣經過人為分割破壞後，再進行拼湊，以少拼多，達到多換的目的。

二、識別真假人民幣的基本方法

直觀地鑒定人民幣真偽，主要還是採用在實踐中總結出來的「一看、二摸、三

第二章　出納的基本技能

聽、四測」的方法。

（一）看

它包括看水印、看安全線、看光變油墨、看鈔面圖案色彩、看光彩光變數字。

1. 看水印

第五套人民幣有兩種水印：固定人像或花卉水印和固定數字水印。

（1）看固定人像或花卉水印，就是將人民幣迎光照看，十元以上的人民幣可在水印窗處看到人頭像或花卉水印。第五套人民幣各券別紙幣的固定水印位於各券別紙幣票面正面左側的空白處，迎光透視，可以看到立體感很強的水印。100元、50元紙幣的固定水印為毛澤東頭像圖案。20元、10元、5元、1元紙幣的固定水印分別為荷花、月季花、水仙花和蘭花花卉圖案。真幣水印生動傳神、立體感強。

（2）看固定數字水印，就是將人民幣迎光照看，在每種紙幣（1元紙幣除外）雙色橫號碼下方，可以看到透光性很強的與各幣面值一致的數字圖案白色水印。

真幣是在紙張抄造中形成的人像、花卉和數字水印，層次豐富，立體感很強。

2. 看安全線

第五套人民幣紙幣在各券別票面正面中間偏左，均有一條安全線。1999年版的100元、50元紙幣的安全線是微縮文字安全線，迎光透視，分別可以看到縮微文字「RMB100」「RMB50」的微小文字，儀器檢測均有磁性；20元紙幣，迎光透視，是一條明暗相間的安全線；10元、5元、1元紙幣安全線為全息磁性開窗式安全線，即安全線局部埋入紙張中，局部裸露在紙面上，開窗部分分別可以看到由微縮字符「￥10」「￥5」「￥1」組成的全息圖案，儀器檢測有磁性。2005年版人民幣的100元、50元和20元幣的安全線全部由1999年版的微縮文字安全線改為全息磁性開窗式安全線。

2015版的100元，採用了光變鏤空開窗安全線和磁性全埋安全線兩條安全線。光變鏤空開窗安全線線寬4毫米，位於票面正面右側。當觀察角度由直視變為斜視時，安全線顏色由品紅色變為綠色；當透光觀察時，可見安全線中正反交替排列的鏤空文字「￥100」。磁性全埋安全線採用了特殊磁性材料和先進技術，機讀性能更好。

而假幣的「安全線」或是用淺色油墨印成，模糊不清，或是用手工夾入一條銀色塑料線，容易在幣紙邊緣發現未經剪齊的銀白色線頭。第五套人民幣的安全線有微縮文字，假幣仿造的文字不清晰，線條活動容易抽出。

3. 看光變油墨

第五套人民幣100元和50元紙幣正面左下方的面額數字採用光變油墨印刷。將垂直觀察的票面傾斜到一定角度時，100元券的面額數字會由綠變為藍色，50元券的面額數字則會由金色變為綠色。

4. 看鈔面圖案色彩

看鈔面圖案色彩是否鮮明，線條是否清晰，對接圖案線是否對接完好，有無留

白或空隙。第五套人民幣1999年版紙幣的陰陽互補對印圖案應用於100元、50元和10元券中。這三種券別的正面左下方和背面右下方都印有一個圓形局部圖案。迎光透視，兩幅圖案準確對接，組合成一個完整的古錢幣圖案。2005年版的紙幣將陰陽互補對印圖案應用於100元、50元、20元和10元券中。20元、10元的陰陽互補對印圖案的位置還是在正面左下方和背面右下方；而100元和50元的陰陽互補對印圖案的位置由正面左下方和背面右下方移到毛澤東水印頭像的耳朵旁了。

2015版100元背面的膠印對印圖案由古錢幣圖案改為面額數字「100」，並由票面右側中間位置調整至右下角。面額數字「100」上半部顏色由深紫色調整為淺紫色，下半部由大紅色調整為橘紅色。線紋結構也得到調整。

5. 看光彩光變數字

光彩光變技術是國際鈔票防偽領域公認的前沿公眾防偽技術之一，公眾更容易識別。2015年版第五套人民幣100元紙幣在票面正面中部印有光彩光變數字。垂直觀察票面時，數字「100」以金色為主；平視觀察時，數字「100」以綠色為主。隨著觀察角度的改變，數字「100」顏色在金色和綠色之間交替變化，並可見到一條亮光帶在數字上下滾動。

（二）摸

由於5元以上面額人民幣採用了凹版印刷，線條形成凸出紙面的油墨道，特別是在盲文點、「中國人民銀行」字樣、第五套人民幣人像部位等。用手指撫摩這些地方，有明顯的凹凸感，較新鈔票用指甲劃過，有明顯的阻力。目前收繳的假幣使用的是膠版印刷，平滑，無凹凸手感。

（1）摸人像、盲文點、中國人民銀行行名等處是否有凹凸感。第五套人民幣紙幣各券別正面主景均為毛澤東頭像，採用手工雕刻凹版印刷工藝，形象逼真、傳神，凹凸感強，易於識別。

（2）摸紙幣是否薄厚適中，挺括度好。

（3）第五套人民幣2005年版的鈔票新增加了手感線，非常方便通過手摸識別真偽。

（三）聽

聽即通過抖動鈔票使其發出聲響，根據聲音來分辨人民幣真偽。人民幣的紙張，具有挺括、耐折、不易撕裂的特點。手持鈔票用力抖動、手指輕彈或兩手一張一弛輕輕對稱拉動，能聽到清脆響亮的聲音。假幣紙張發軟，偏薄，聲音發悶，不耐揉折。

（四）測

測即借助一些簡單的工具和專用的儀器來分辨人民幣真偽。如：

（1）借助放大鏡可以觀察票面線條清晰度、膠、凹印縮微文字等。用5倍以上放大鏡觀察票面，看圖案線條、縮微文字是否清晰乾淨。第五套人民幣紙幣各券別正面膠印圖案中，多處印有微縮文字，20元紙幣背面也有該防偽措施。100元微縮

文字為「RMB」和「RMB100」；50元為「50」和「RMB50」；20元為「RMB20」；10元為「RMB10」；5元為「RMB5」和「5」字樣，1元為「RMB1」字樣。

（2）用紫外燈光照射票面，可以觀察鈔票紙張和油墨的熒光反應。一是檢測紙張有無熒光反應。人民幣紙張未經熒光漂白，在熒光燈下無熒光反應，紙張發暗。假幣紙張多經過熒光漂白，在熒光燈下有明顯熒光反應，紙張發白發亮。二是人民幣有一到兩處熒光文字，呈淡黃色，假幣的熒光文字光澤色彩不正，呈慘白色。

（3）用磁性檢測儀可以檢測黑色橫號碼的磁性。

三、第五套人民幣各幣種主要的防偽特徵及識別

第五套人民幣分為1999年版、2005年版和2015年版三類，防偽特徵略有差異。

（一）第五套人民幣1999年版各幣種的防偽特徵及識別

1. 100元券和50元券的主要防偽特徵

100元券和50元券的防偽特徵主要有11種，如圖2-1和圖2-2所示。

（1）固定人像水印，位於鈔票正面左側，迎光透視，可以看到與主景人像相同、立體感很強的毛澤東頭像水印。真幣是在紙張抄造中形成的人像水印，層次豐富，立體感很強。而假幣是在紙張夾層中塗布白色漿料並模壓水印圖案，或直接在紙張表面蓋印淺水印圖案，層次及立體感較差。

（2）磁性縮微文字安全線。鈔票中的安全線，嵌於紙張內部，迎光透視，可以看到縮微文字「RMB 100」（100元券）或「RMB 50」（50元券）字樣，儀器檢測有磁性。而假幣則無磁性或磁性特徵不穩定。

（3）紅、藍彩色纖維，在紙張抄造中施放在紙漿裡，隨機分布，在票面上，可以看到紙張中的不規則的紅色和藍色纖維。而假幣則印刷於紙張表面。

（4）手工雕刻頭像。鈔票正面主景毛澤東頭像，採用手工雕刻凹版印刷工藝，形象逼真、傳神、凹凸感強，易於識別。假幣的頭像線條模糊，無凹凸感。

（5）光變油墨面額數字。在鈔票正面左下方有面額數字「100」和「50」字樣，隨著視角變化，顏色變化明顯。100元券，當與票面垂直角度觀察時為綠色，傾斜一定角度則變為藍色；50元券，當與票面垂直角度觀察時為金色，傾斜一定角度則變為綠色。而假幣則變色無規律或無變色效果。

（6）膠印縮微文字。在鈔票正面上方圖案中，多處印有膠印縮微文字，100元券是「100」「RMB100」字樣，50元券是「50」「RMB50」字樣。這些字樣在放大鏡下，字形清晰。而假幣的字形模糊。

（7）隱形面額數字。鈔票正面右上方有一裝飾圖案，將鈔票置於與眼睛接近平行的位置，面對光源作平面旋轉45度或90度，即可看到面額數字「100」或「50」，字形清晰。而假幣沒有隱形效果。

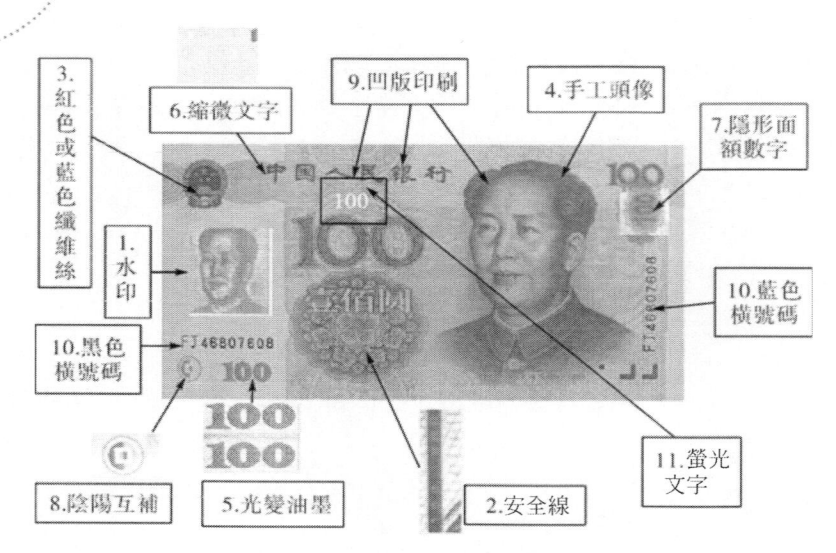

圖 2-1　100元券防偽特徵圖

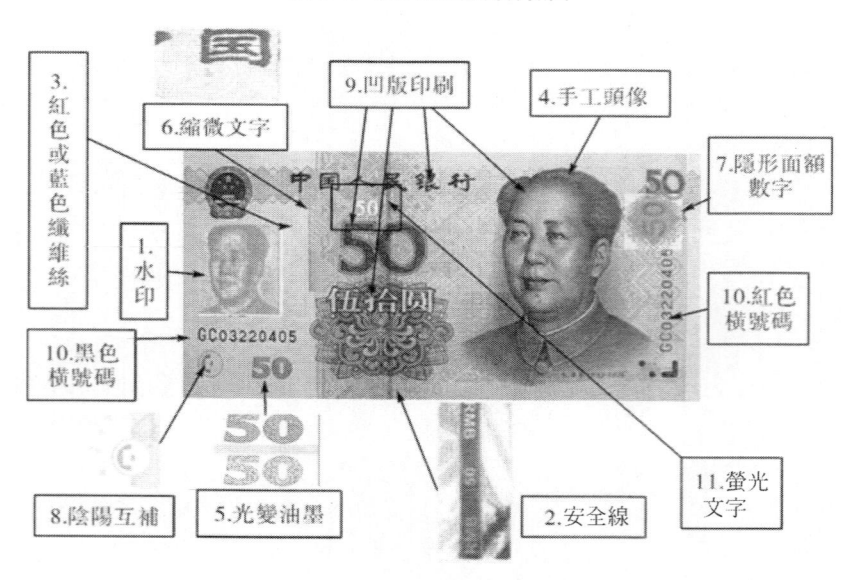

圖 2-2　50元券防偽特徵圖

（8）陰陽互補對印圖案。在真幣正面左下角和背面右下角均有一圓形局部圖案，迎光透視，可以看到正背面圖案組成一個完整的古錢幣圖案。而假幣正背面圖案錯位。

（9）雕刻凹版印刷。真幣正面主景毛澤東頭像、「中國人民銀行」行名、面額數字、盲文面額標記及背面主景圖案均採用雕刻凹版印刷，用手指觸摸有明顯的凹凸感。而假幣是全膠印，手感平滑。

（10）橫豎雙號碼。真幣正面採用橫豎雙號碼印刷，橫號碼為黑色，豎號碼為

第二章　出納的基本技能

紅色。而假幣的顏色與真幣有差異。

（11）熒光檢測。用簡單儀器進行熒光檢測，一是檢測紙張有無熒光反應，人民幣紙張未經熒光漂白，在熒光燈下無熒光反應，紙張發暗。假幣紙張多經過熒光漂白，在熒光燈下有明顯熒光反應，紙張發白發亮。二是在人民幣正面「中國人民銀行」的「人民」字樣下用簡單儀器進行熒光檢測，可看見「100」或「50」熒光數字字樣。

2. 20元券的主要防偽特徵

20元券的防偽特徵主要有9種，如圖2-3所示。

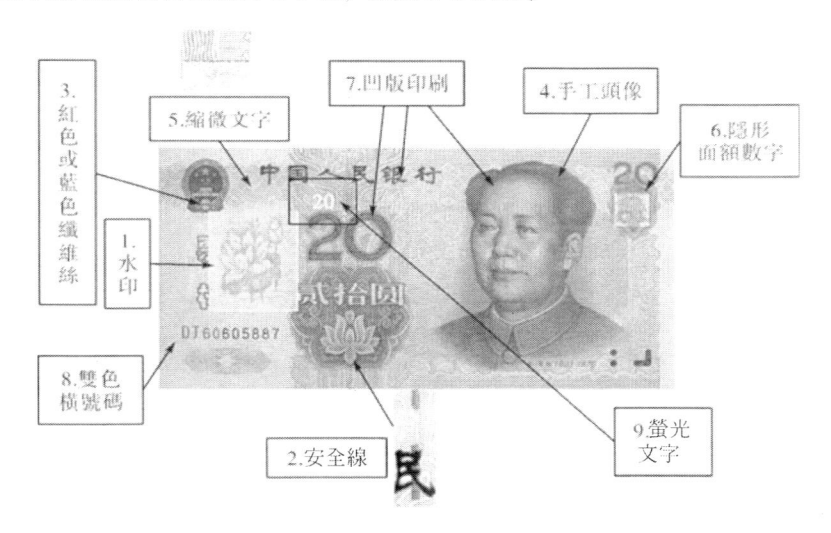

圖2-3　20元券防偽特徵圖

（1）固定花卉水印，位於鈔票正面左側，迎光透視，可以看到一朵荷花水印。真幣是在紙張抄造中形成的花卉水印，層次豐富，立體感很強。而假幣是在紙張夾層中塗布白色漿料並模壓水印圖案，或直接在紙張表面蓋印淺水印圖案，層次及立體感較差。

（2）安全線。鈔票中的安全線，嵌於紙張內部，儀器檢測有磁性。而假幣則無磁性或磁性特徵不穩定。

（3）紅、藍彩色纖維。防偽特徵與100元券相同。

（4）手工雕刻頭像。防偽特徵與100元券相同。

（5）膠印縮微文字。在鈔票正面下方圖案中，多處印有膠印縮微文字「RMB20」字樣。這些字樣在放大鏡下，字形清晰。而假幣的字形模糊。

（6）隱形面額數字。鈔票正面右上方有一裝飾圖案，將鈔票置於與眼睛接近平行的位置，面對光源作平面旋轉45度或90度，即可看到面額數字「20」，字形清晰。而假幣沒有隱形效果。

（7）雕刻凹版印刷。防偽特徵與100元券相同。

（8）雙色橫號碼。鈔票正面採用雙色橫號碼，號碼左半部為紅色，右半部為黑

31

色。而假幣號碼的顏色與真幣有差異。

(9) 熒光檢測。用簡單儀器進行熒光檢測，一是檢測紙張有無熒光反應。人民幣紙張未經熒光漂白，在熒光燈下無熒光反應，紙張發暗。假幣紙張多經過熒光漂白，在熒光燈下有明顯熒光反應，紙張發白發亮。二是人民幣正面「中國人民銀行」的「人民」字樣下用簡單儀器進行熒光檢測，可看見「20」熒光數字字樣。

3. 10元券和5元券的防偽特徵

10元券和5元券的主要防偽特徵分別是10種和9種，5元券沒有陰陽互補對印圖案這種防偽特徵，其他的防偽特徵都大同小異，如圖2-4和圖2-5所示。

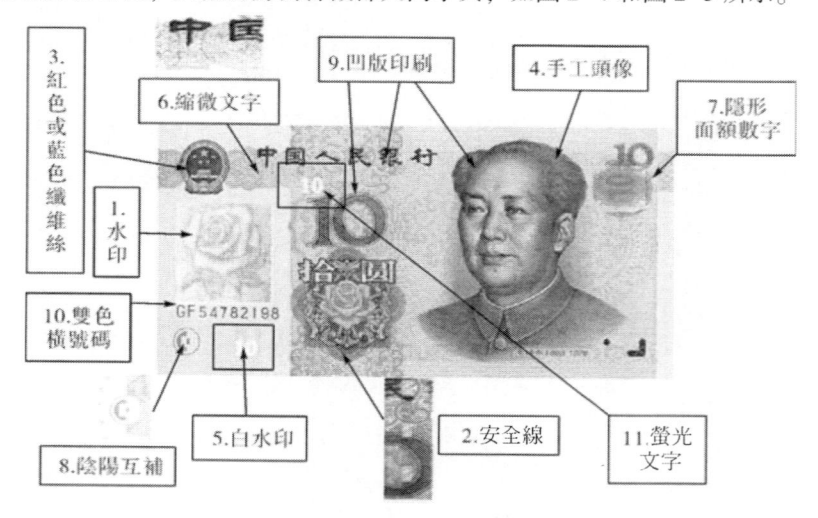

圖2-4　10元券防偽特徵圖

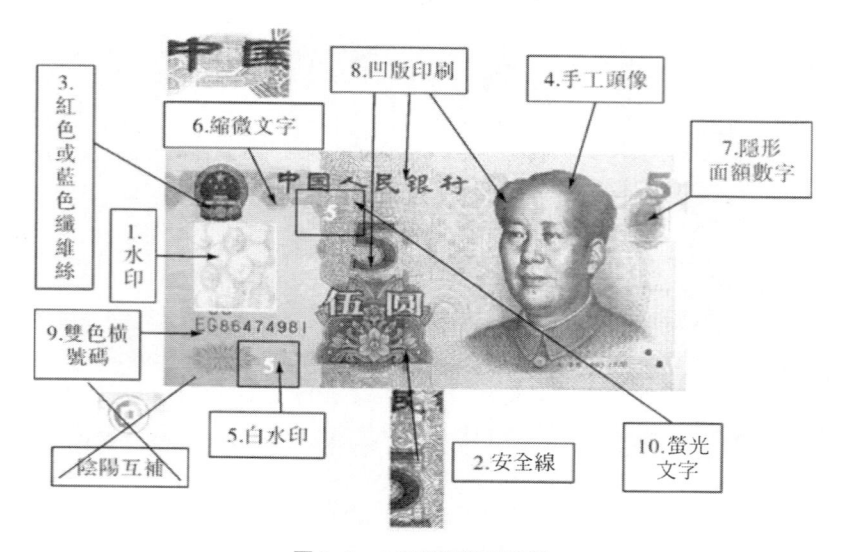

圖2-5　5元券防偽特徵圖

第二章　出納的基本技能

（1）固定花卉水印，位於鈔票正面左側空白處，迎光透視，10元券可以看到立體感很強的月季花水印，5元券可以看到水仙花水印。

（2）全息磁性開窗安全線。在鈔票的正中間偏左，有一條開窗安全線，開窗部分可以看到由縮微字符「￥10」（10券）或「￥5」（5元券）組成的全息圖案。儀器檢測有磁性。（開窗安全線是指局部埋入紙張中，局部裸露在紙面上的一種安全線）

（3）紅、藍彩色纖維。在鈔票票面上，可以看到紙張中有不規則分布的紅色和藍色纖維。

（4）手工雕刻頭像。防偽特徵與100元券相同。

（5）膠印縮微文字。在正面上方膠印圖案中，多處印有膠印縮微文字，「RMB10」（10元券）或「RMB5」（5元券）字樣。這些字樣在放大鏡下，字形清晰。而假幣的字形模糊。

（6）隱形面額數字。正面右上方有一裝飾圖案，將鈔票置於與眼睛接近平行的位置，面對光源作平面旋轉45度或90度，即可看到面額數字「10」（10元券）或「5」（5元券），字形清晰。而假幣沒有隱形效果。

（7）雕刻凹版印刷。防偽特徵與100元券相同。

（8）雙色橫號碼。鈔票正面印有雙色橫號碼，左側部分為紅色，右側部分為黑色。而假幣的顏色與真幣有差異。

（9）白水印，位於雙色橫號碼下方，迎光透視，可以看到透光性很強的圖案「10」（10元券）或「5」（5元券）水印。

（10）陰陽互補對印圖案。10元券的該防偽特徵與100元券相同，5元券沒有此防偽特徵。

（11）熒光檢測。用簡單儀器進行熒光檢測，一是檢測紙張有無熒光反應。人民幣紙張未經過熒光漂白，在熒光燈下無熒光反應，紙張發暗。假幣紙張多經過熒光漂白，在熒光燈下有明顯熒光反應，紙張發白發亮。二是人民幣正面「中國人民銀行」的「人民」字樣下用簡單儀器進行熒光檢測，可看見「100」或「50」熒光數字字樣。

4. 1元券的防偽特徵

1元券的防偽特徵主要有7種，如圖2-6和圖2-7所示。

（1）固定花卉水印，位於正面左側空白處，迎光透視，可看到立體感很強的蘭花水印。

（2）手工雕刻頭像。正面主景毛澤東頭像採用手工雕刻凹版印刷工藝，凹凸感強，易於識別。

（3）隱形面額數字正面右上方有一裝飾圖案，將票面置於與眼睛接近平行的位置，面對光源做上下傾斜晃動，可看到面額數字「1」字樣。

（4）膠印縮微文字背面下方印有縮微文字「人民幣」和「RMB1」字樣。

33

出納實務教程

1. 固定花卉水印
7. 螢光文字
2. 手工雕刻頭像
6. 雙色橫號碼
5. 雕刻凹版印刷
3. 隱形面額數字

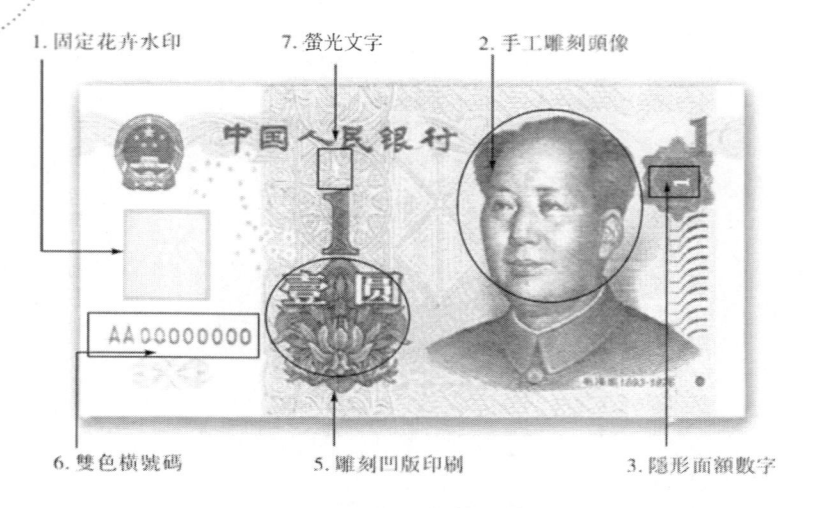

圖 2-6　1 元券正面防偽特徵圖

4. 膠印縮微文字

圖 2-7　1 元券背面防偽特徵圖

（5）雕刻凹版印刷。正面主景毛澤東頭像、「中國人民銀行」行名、面額數字、盲文面額標記等均採用雕刻凹版印刷，用手指觸摸有明顯凹凸感。

（6）雙色橫號碼。正面印有雙色橫號碼，左側部分為紅色，右側部分為黑色。

5. 1 元硬幣主要特徵

1 元硬幣色澤為鎳白色，直徑為 25 毫米，正面為「中國人民銀行」「1 元」和漢語拼音字母「YIYUAN」及年號。背面為菊花圖案及中國人民銀行的漢語拼音字

34

第二章 出納的基本技能

母「ZHONGGUO RENMIN YINHANG」。材質為鋼芯鍍鎳，幣外緣為圓柱面，並印有「RMB」字符標記。

6. 5角硬幣主要特徵

第五套人民幣5角硬幣色澤為金黃色，直徑為20.5毫米，材質為鋼芯鍍銅合金。正面為「中國人民銀行」字樣、面額和漢語拼音字母「WUJIAO」及年號。背面為荷花圖案及中國人民銀行的漢語拼音字母「ZHONGGUO RENMIN YINHANG」。幣外緣為間斷絲齒，共有六個絲齒段，每個絲齒段有八個齒距相等的絲齒。

7. 1角硬幣主要特徵

1角硬幣色澤為鋁白色，直徑為19毫米，正面為「中國人民銀行」「1角」和漢語拼音字母「YIJIAO」及年號。背面為蘭花圖案及中國人民銀行的漢語拼音字母「ZHONGGUO RENMIN YINHANG」。材質為鋁合金，幣外緣為圓柱面。

（二）2005年版與1999年版第五套人民幣的不同之處

1. 調整了防偽特徵佈局

2005年版第五套人民幣100元、50元紙幣正面左下角膠印對印圖案調整到主景圖案左側中間處，光變油墨面額數字左移至原膠印對印圖案處，背面右下角膠印對印圖案調整到主景圖案右側中間處。

2. 調整了四個防偽特徵

（1）隱形面額數字。調整2005年版第五套人民幣各券別紙幣的隱形面額數字觀察角度。2005年版第五套人民幣各券別紙幣正面右上方有一裝飾性圖案，將票面置於與眼睛接近平行的位置，面對光源做上下傾斜晃動，分別可以看到面額數字字樣。

（2）全息磁性開窗安全線。2005年版第五套人民幣100元、50元、20元紙幣將原磁性縮微文字安全線改為全息磁性開窗安全線。2005年版第五套人民幣100元、50元紙幣背面中間偏右，有一條開窗安全線，開窗部分分別可以看到由縮微字符「￥100」「￥50」組成的全息圖案。2005年版第五套人民幣20元紙幣正面中間偏左，有一條開窗安全線，開窗部分可以看到由縮微字符「￥20」組成的全息圖案。

（3）雙色異形橫號碼。2005年版第五套人民幣100元、50元紙幣將原橫豎雙號碼改為雙色異形橫號碼。正面左下角印有雙色異形橫號碼，左側部分為暗紅色，右側部分為黑色。字符由中間向左右兩邊逐漸變小。

（4）雕刻凹版印刷。2005年版第五套人民幣20元紙幣背面主景圖案桂林山水、面額數字、漢語拼音行名、民族文字、年號、行長章等均採用雕刻凹版印刷，用手觸摸，有明顯凹凸感。

3. 增加三個防偽特徵

（1）白水印。2005年版第五套人民幣100元、50元紙幣位於正面雙色異形橫號碼下方，2005年版第五套人民幣20元紙幣位於正面雙色橫號碼下方，迎光透視，

出納實務教程

分別可以看到透光性很強的水印面額數字字樣。

（2）凹印手感線。2005年版第五套人民幣各券別紙幣正面主景圖案右側，有一組自上而下規則排列的線紋，採用雕刻凹版印刷工藝印製，用手指觸摸，有極強的凹凸感。

（3）陰陽互補對印圖案。2005年版第五套人民幣20元紙幣正面左下角和背面右下角均有一圓形局部圖案，迎光透視，可以看到正背面的局部圖案合併為一個完整的古錢幣圖案。

4. 改年號並增加漢語拼音「YUAN」

2005年版第五套人民幣各券別紙幣背面主景圖案下方的面額數字後面，增加人民幣單位的漢語拼音「YUAN」；年號改為「2005年」。

5. 2005年版第五套人民幣取消各券別紙幣紙張中的紅、藍彩色纖維

現在假鈔的製作技術日益先進，對識別真假貨幣提出了更高的要求，出納人員要不斷地學習先進的鑑別技術，掌握驗鈔機器的正確使用方法，提高識別真假鈔票的技術和能力。

2005年版各幣種與1999版的區別及防偽特徵如圖2-8、圖2-9、圖2-10、圖2-11和圖2-12所示。

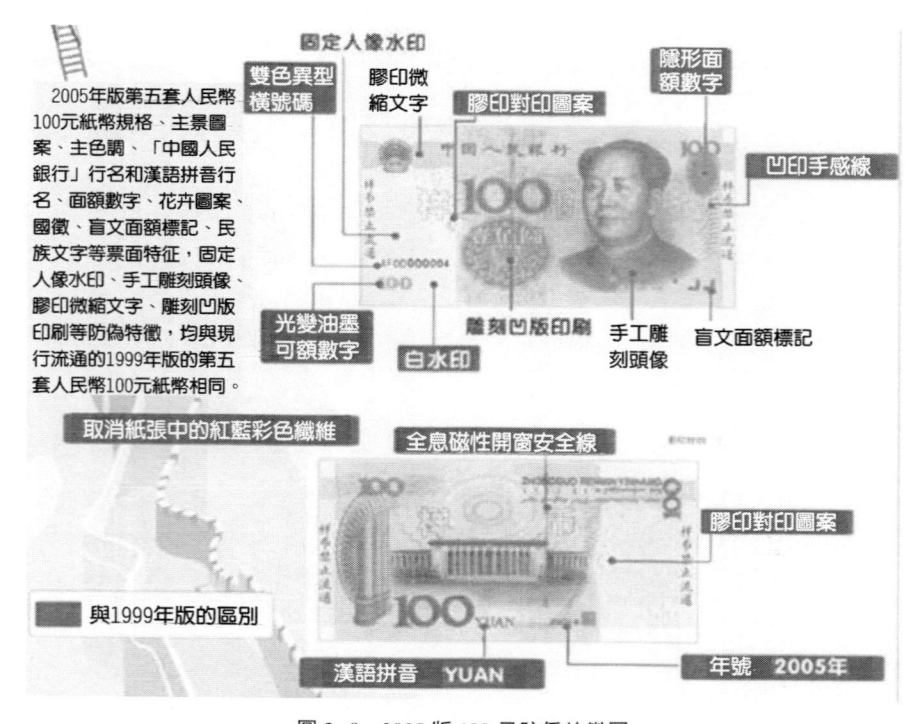

圖2-8 2005版100元防偽特徵圖

第二章　出納的基本技能

2005年版第五套人民幣50元紙幣規格、主景圖案、主色調、「中國人民銀行」行名和漢語拼音行名、面額數字、花卉圖案、國徽、盲文面額標記、民族文字等票面特徵，固定人像水印、手工雕刻頭像、膠印微縮文字、雕刻凹版印刷等防偽特徵，均與現行流通的1999年版的第五套人民幣50元紙幣相同。

雙色異型橫號碼　固定人像水印　膠印微縮文字　膠印對印圖案　隱形面額數字　凹印手感線
光變油墨可額數字　白水印　雕刻凹版印刷　手工雕刻頭像　盲文面額標記
取消紙張中的紅藍彩色纖維
全息磁性開窗安全線
膠印對印圖案

與1999年版的區別
漢語拼音　YUAN　　年號　2005年

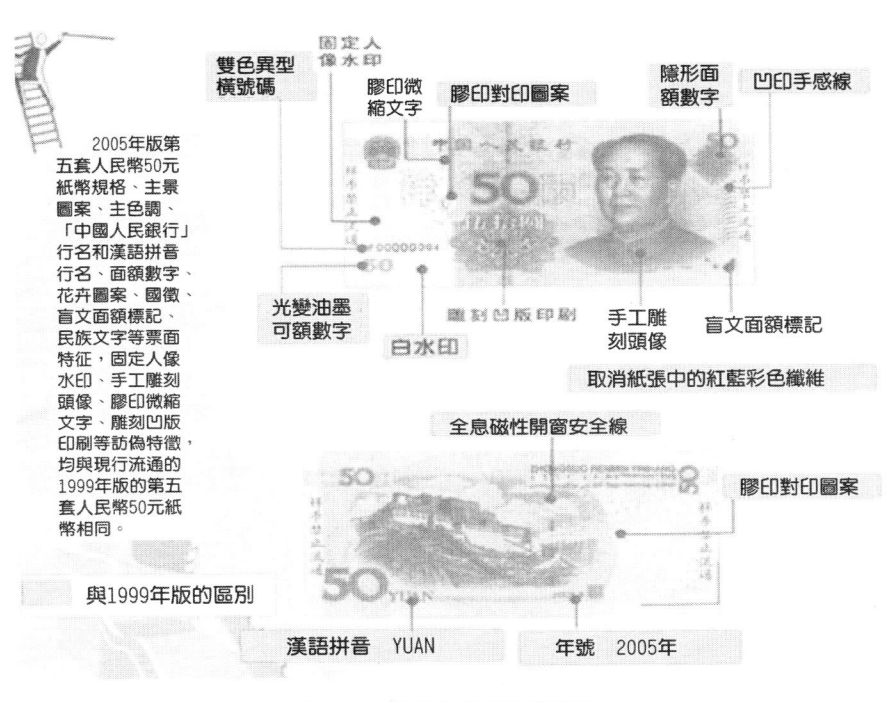

圖 2-9　2005版 50元防偽特徵圖

2005年版第五套人民幣20元紙幣規格、主景圖案、主色調、「中國人民銀行」行名和漢語拼音行名、面額數字、花卉圖案、國徽、盲文面額標記、民族文字等票面特徵，固定人像水印、手工雕刻頭像、膠印微縮文字、雙色橫號碼防偽特徵，均與現行流通的1999年版的第五套人民幣20元紙幣相同。

雙色橫號碼　固定人像水印　全息磁性開窗安全線　隱形面額數字　凹印手感線
膠印對印圖案　白水印　膠印微縮文字　盲文面額標記
雕刻凹版印刷　膠印對印圖案
取消正面原雙色橫號碼下方的裝飾性圖案
取消紙張中的紅藍彩色纖維

2005年版與1999年版的區別
漢語拼音 YUAN　　年號2005年

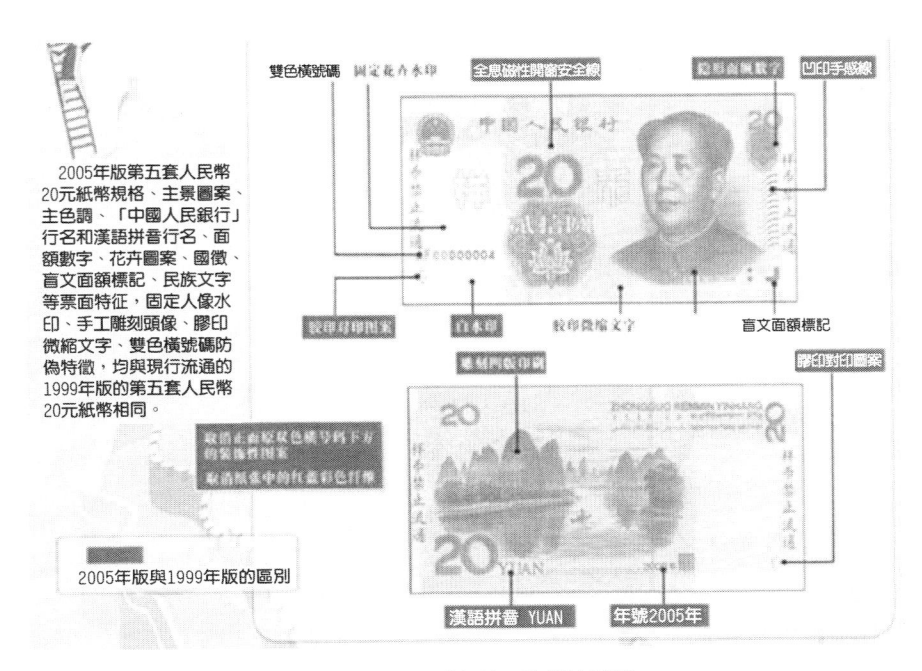

圖 2-10　2005版 20元防偽特徵圖

37

出納實務教程

2005年版第五套人民幣10元紙幣規格、主景圖案、主色調、「中國人民銀行」行名和漢語拼音行名、面額數字、花卉圖案、國徽、盲文面額標記、民族文字等票面特征，固定人像水印、手工雕刻頭像、膠印微縮文字、雙色橫號碼防偽特徵，均與現行流通的1999年版的第五套人民幣10元紙幣相同。

2005年版與1999年版的區別：取消紙張中的紅藍彩色纖維

標注：雙色橫號碼、固定龍卉水印、膠印微縮文字、全息磁性開窗安全線、隱形面額數字、凹印手感線、膠印對印圖案、白水印、雕刻凹版印刷、手工雕刻頭像、盲文面額標記、漢語拼音 YUAN、年號2005年

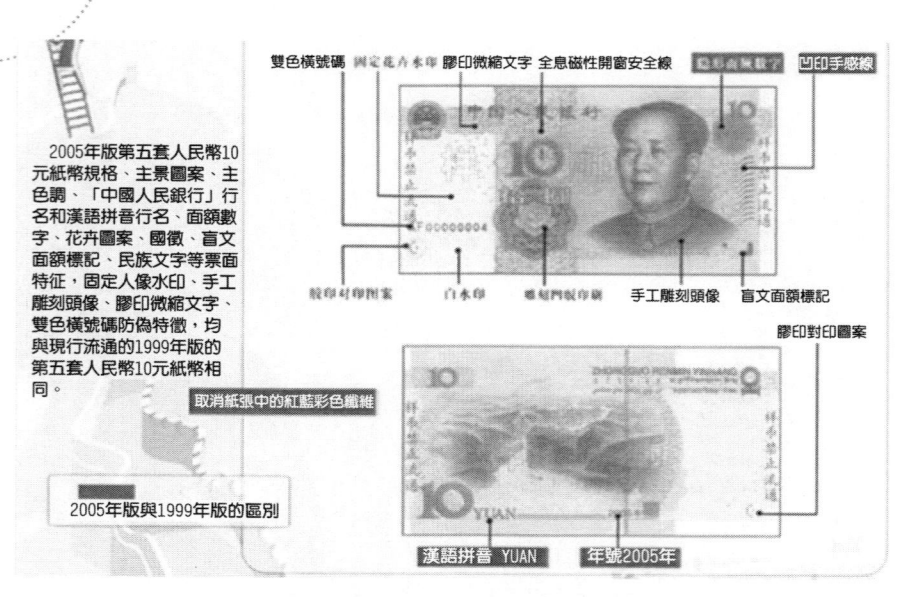

圖 2-10　2005 版 10 元防偽特徵圖

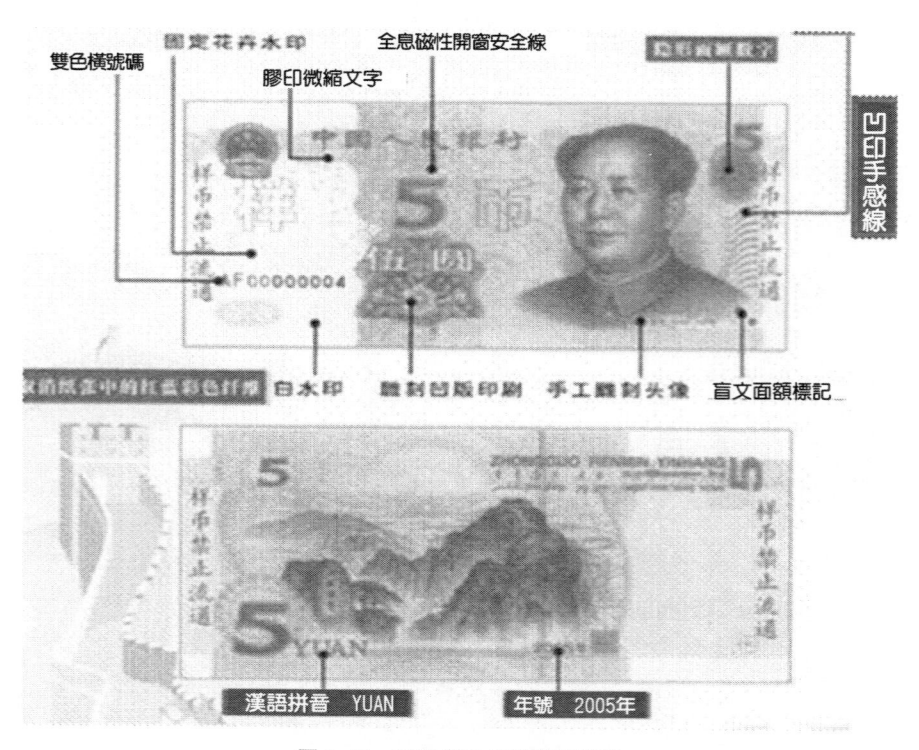

標注：雙色橫號碼、固定花卉水印、膠印微縮文字、全息磁性開窗安全線、隱形面額數字、凹印手感線、取消紙張中的紅藍彩色纖維、白水印、雕刻凹版印刷、手工雕刻頭像、盲文面額標記、漢語拼音 YUAN、年號 2005年

圖 2-11　2005 版 5 元防偽特徵圖

第二章　出納的基本技能

（三）第五套人民幣 2015 年版 100 元幣的防偽特徵及識別

中國人民銀行於 2015 年 11 月 12 日起發行 2015 年版第五套人民幣 100 元紙幣。

2015 年版第五套人民幣 100 元紙幣在保持 2005 年版第五套人民幣 100 元紙幣規格、正背面主圖案、主色調、「中國人民銀行」行名、國徽、盲文和漢語拼音行名、民族文字等不變的前提下，對部分圖案做了調整。

1. 正面圖案主要調整

（1）取消了票面右側的凹印手感線、隱形面額數字和左下角的光變油墨面額數字。

（2）票面中部增加了光彩光變數字，票面右側增加了光變鏤空開窗安全線和豎號碼。

（3）將票面右上角面額數字由橫排改為豎排，並對數字樣式做了調整；將中央團花圖案中心花卉色彩由橘紅色調整為紫色，取消了花卉外淡藍色花環，並對團花圖案、接線形式做了調整；膠印對印圖案由古錢幣圖案改為面額數字「100」，並由票面左側中間位置調整至左下角。

2. 背面圖案主要調整

（1）取消了右側的全息磁性開窗安全線，取消了右下角的防複印標記。

（2）減少了票面左右兩側邊部膠印圖紋，適當留白。

（3）膠印對印圖案由古錢幣圖案改為面額數字「100」，並由票面右側中間位置調整至右下角。面額數字「100」上半部顏色由深紫色調整為淺紫色，下半部由大紅色調整為橘紅色，線紋結構也得到調整。

（4）票面局部裝飾圖案色彩由藍、紅相間調整為紫、紅相間，左上角、右上角面額數字樣式均做調整。

（5）年號調整為「2015 年」。

3. 2015 年版 100 元的防偽特徵（如圖 2-12 所示）

圖 2-12　2015 年版 100 元防偽特徵圖

出納實務教程

（四）第五套人民幣防偽特徵匯總

第五套人民幣 1999 年版防偽特徵匯總如表 2-1 所示。

第五套人民幣 2005 年版防偽特徵匯總如表 2-2 所示。

表 2-1　　　　　　　　第五套人民幣 1999 年版防偽特徵匯總表

	100 元	50 元	20 元	10 元	5 元	1 元
固定水印	毛澤東頭像	毛澤東頭像	荷花	月季花	水仙花	蘭花
紅、藍彩色纖維	不規則					無
安全線	磁性縮微文字 RMB100	磁性縮微文字 RMB50	明暗相間	全息磁性開窗 ￥10	全息磁性開窗 ￥5	元
隱形面額數字	100	50	20	10	5	1
膠印縮微文字	RMB 100RMB	50 RMB50	RMB20	RMB10	RMB5 5	人民幣 RMB1
光變油墨面額數字	綠色變藍色	金色變綠色	—			
對印圖案	古錢幣圖案	古錢幣圖案	無	古錢幣圖案	無	
冠字號碼	橫豎雙號碼，橫黑豎藍	橫豎雙號碼，橫黑豎紅	雙色橫號碼，左紅右黑			
白水印	無		10	5	無	
熒光數字	100	50	20	10	5	1

表 2-2　　　　　　　　第五套人民幣 2005 年版防偽特徵匯總表

	100 元	50 元	20 元	10 元	5 元
固定水印	毛澤東頭像	毛澤東頭像	荷花	月季花	水仙花
白水印	100	50	20	10	5
全息磁性開窗安全線	￥100	￥50	￥20	￥10	￥5
隱形面額數字	100	50	20	10	5
膠印縮微文字	RMB RMB100	50 RMB50	RMB20	RMB10	RMB5 5
光變油墨面額數字	綠色變藍色	金色變綠色	—	—	—
對印圖案	古錢幣圖案				—
冠字號碼	雙色異型橫號碼，左紅右黑		雙色橫號碼，左紅右黑		
凹印手感線	有				
熒光數字	100	50	20	10	5

第二章　出納的基本技能

四、假幣的處理

出納人員在收付現金時發現假幣，應當立即送交銀行鑒定，由銀行開具沒收憑證，予以沒收處理，如有追查線索的應當及時報告公安部門，協助偵破。

出納人員如發現可疑貨幣又不能斷定其真假時，不得隨意沒收，應當向持幣人說明情況，開具臨時收據，連同可疑貨幣及時報送當地中國人民銀行鑒定。經中國人民銀行鑒定，確實是假幣的，應當按假幣處理方法處理；如確定不是假幣的，應當及時將貨幣退回持幣人。

五、殘缺、污損人民幣交換標準

（一）殘缺、污損人民幣的定義

殘缺、污損人民幣是指票面撕裂、缺損、或因自然磨損、侵蝕，外觀、質地受損，顏色變化，圖案不清晰，防偽特徵受損，不宜再繼續流通使用的人民幣。

（二）殘缺、污損人民幣兌換

殘缺、污損人民幣兌換分「全額」「半額」兩種情況。

1. 全額兌換

能辨別面額、票面剩餘四分之三（含四分之三）以上，其圖案、文字能按原樣連接的殘缺、污損人民幣，金融機構應向持有人按原面額全額兌換。

2. 半額兌換

能辨別面額、票面剩餘二分之一（含二分之一）至四分之三以下，其圖案、文字能按原樣連接的殘缺、污損人民幣，金融機構應向持有人按原面額的一半兌換。紙幣呈正十字形缺少四分之一的，按原面額的一半兌換。

（三）不能兌換的殘缺人民幣

（1）票面殘損二分之一以上；

（2）票面污損、熏焦、水浸、油浸、變色，不能辨別真假者；

（3）故意挖補、塗改、剪貼拼湊、揭去一面的。

出納人員發現殘缺、污損人民幣後應當及時按上述規定到銀行辦理兌換。

● 第二節　點鈔技術

現在一般單位都配有點鈔機，出納人員必須正確掌握點鈔機的使用方法。但是由於種種原因，機器點鈔以後，出納人員還要手工再點驗；沒有點鈔機器的時候，手工點鈔更是必不可少。所以，點鈔技術就成為出納人員的一項基本功。出納人員應該認真學習整點鈔票的技術方法，通過刻苦鍛煉，不僅要掌握機器點鈔技術，而

且還必須掌握一種或幾種手工點鈔方法，做到點鈔快、準。下面分機器點鈔技術和手工點鈔技術進行介紹。

一、手工點鈔技術

（一）手工點鈔的程序與基本要求

1. 手工點鈔的基本程序

（1）拆把：將待點的成把鈔票的封條拆掉。

（2）點數：手點鈔，腦記數，點準100張。

（3）扎把：將點準的100張鈔票用腰條扎緊。

（4）蓋章：在扎好的鈔票的腰條上加蓋經辦人名章，以明確責任。

2. 手工點鈔基本要求

手工點鈔基本要求是：坐姿端正、操作到位、點數準確、票子墩齊、鈔票捆緊、蓋章清晰、動作連貫。

（1）坐姿端正。點鈔時直腰挺胸，身體自然，肌肉放鬆，雙肘自然放在桌上，持票的左手腕部接觸桌面，右手腕稍抬起，整點鈔票輕鬆持久，活動自如。

（2）操作到位，用品定位。待點鈔票應順著拿鈔的方向整齊放在前方，扎鈔條順著拿鈔的方向擺放在右邊，水盒、筆和名章等常用物品，一般放在右邊，便於使用。

（3）點數準確。點鈔技術關鍵在「準」字。清點和記數正確是點鈔的基本要求。點鈔準確要求做到精神集中，定型操作，手點腦記，手、腦、眼密切配合。

（4）票子墩齊。鈔票點好後必須墩齊，即四邊平整，不露頭，卷角拉平後才能扎把。

（5）鈔票捆緊。扎小把，以提起把中第一張鈔票不被抽出為準；以「#」字形扎大捆，以用力推不變形、抽不出為準。

（6）蓋章清晰。腰條上的名章要清晰可見。

（7）動作連貫。點鈔的全過程的各個環節，必須密切配合，環環相扣，雙手動作協調，注意減少不必要的動作。

（二）手工點鈔的方法

手工點鈔的方法有很多，我們這裡主要介紹手持式、手按式和扇面式三種點鈔方法。

1. 手持式點鈔法

手持式點鈔法又分為單張點鈔、一指多張點鈔、四指撥動點鈔、來回撥動點鈔等多種操作方法。

（1）手持式單指單張點鈔法，是最常用的點鈔法。其操作要點是：

將鈔票正面向內，持於左手拇子左端中央，二指（食指）和三指（中指）在票

第二章　出納的基本技能

後面捏著鈔票，四指（無名指）自然卷曲，與五指（小拇指）在票正面共同卡緊鈔票；然後，右手三指微微上翹，托住鈔票右上角，右手拇指指尖將鈔票右上角向右下方逐張捻動，二指和其他手指一道配合拇指將捻動的鈔票向下彈動，拇指捻動一張，二指彈撥一張，左手拇指隨著點鈔的進度，逐漸向後移動，食指向前推動鈔票，以便加快鈔票的下落速度；在此過程中，同時採用1、2、3……自然記數方法，將捻動的每張鈔票清點清楚。一張一張清點時為單張點鈔法；若在單張點鈔的基礎上，持票斜度加大且手指較為熟練時，便可發展到一指兩張或兩張以上……其方法也就發展為一指多張點鈔法了。

（2）手持式四指四張點鈔法，是以左手持鈔，右手四指依次各點一張，一次四張，輪迴清點，速度快，點數準，輕鬆省力，挑剔殘損券也比較方便。此法也是紙幣復點中常用的一種方法。其操作要點是：

鈔票橫放於臺面，左手心向下，中指自然彎曲，指背貼在鈔票中間偏左的內側，二指、四指和小拇指在鈔票外側，中指向外用力，外側的三個指頭向內用力，使得鈔票兩端向內彎成為「U」形。拇指按於鈔票右側外角向內按壓，使右側展作斜扇面形狀，左手腕向外翻轉，食指成直角抵住鈔票外側，拇指按在鈔票上端斜扇面上；右手拇指輕輕托在鈔票右裡角扇面的下端，其餘四指並攏彎曲，指尖成斜直線。點數時小指、四指、中指和二指指尖依次捻鈔票右上角與拇指摩擦後撥票，一指清點一張，一次點四張為一組。左手隨著右手清點逐漸向上移動，二指稍加力向前推動以適應待清點鈔票的厚度。這種點鈔法採用分組記數法，每一組記一個數，數到25組為100張。

2. 手按式點鈔法

手按式點鈔法也有手按式單張點鈔法和手按式多指多張點鈔法。

（1）手按式單指單張點鈔法，是常採用的方法之一。這種方法簡單易學，便於挑剔損傷券，適用於收款、付款工作的初、復點。其操作要點是：

將鈔票平放在桌子上，兩肘自然放在桌面上。以鈔票左端為頂點，與身體成45度角，左手小指、四指按住鈔票的左上角，用右手拇指托起右下角的部分鈔票，用右手二指捻動鈔票，每捻起一張，左手拇指即往上推動到二指、三指之間夾住，完成一次動作後再依次連續操作，在完成這些動作的同時，採用1、2、3……自然記數方法，即可將鈔票清點清楚。此法與手持式相比，點鈔的速度慢一些，但點鈔者能夠看到較大的票面。

（2）手按式四指四張點鈔法。其操作要點是：

將鈔票平放在桌子上，兩肘自然放在桌面上。以鈔票左端為頂點，與身體成45度角，左手小指、四指按住鈔票的左上角，右手掌心向下，拇指放在鈔票裡側，擋住鈔票。二指、中指、四指、小指指尖依次由鈔票右側外角向裡向下逐張撥點，一指撥點一張，一次點四張為一組，依次循環撥動。每點完一組，左手拇指將點完的鈔票向上掀起，用二指與中指將鈔票夾住，如此循環往復。這種點鈔法採用分組記

43

數法，每一組記一個數，數到25組為100張。

3. 扇面式點鈔法

把鈔票捻成扇面形狀進行清點的方法叫扇面式點鈔法。其要點是：將鈔票捻成扇面形狀，右手一指或多指依次清點，如果是一指清點即為扇面式一指多張點鈔法；如果是四個指頭交替撥動，分組點，一次可以點多張，即為扇面式四指多張點鈔法。這種點鈔法，清點速度快，適用於收、付款的復點，特別是對大批成捆鈔票的內部整點效果更好。但是這種方法清點時不容易識別假票、夾雜券，所以不適於收、付款的初點，也不適於清點新、舊、破混合鈔票。此法需要較高的點鈔技術，一般單位的出納不易掌握，因此不要求採用此法，這裡也就不再做詳細介紹了。

（三）手工清點硬幣方法

手工清點硬幣一般包括整理、清點、記數等步驟。清點硬幣前，應先將不同面值的硬幣分類碼齊排好，一般五枚或十枚為一垛。清點時，將硬幣從右向左分組清點，用右手拇指和食指持幣分組點數，為了準確，可以用中指分開查看各組數量並復點無誤後，即可計算金額，完成硬幣清點工作。

二、機器點鈔技術

機器點鈔就是用點鈔機代替部分手工點鈔，速度是手工點鈔的幾倍；它大大地提高了點鈔的工作效率並減輕了出納人員的工作強度。點鈔機的基本結構如圖2-13所示。

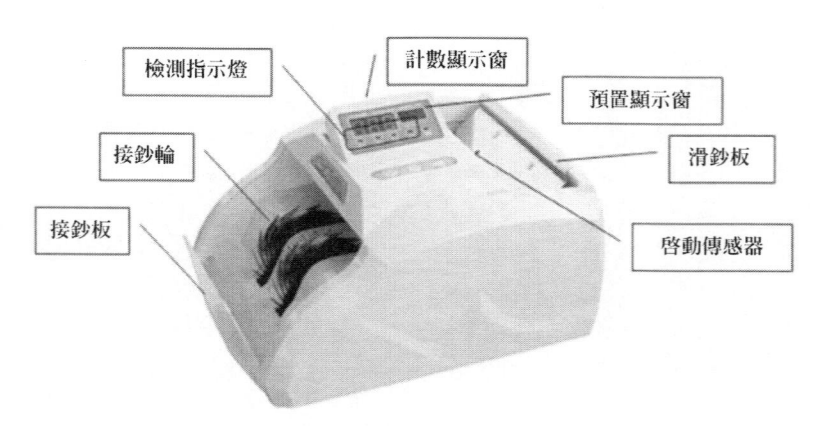

圖2-13 點鈔機的基本結構圖

出納人員在進行機器點鈔之前，首先安放好點鈔機，將點鈔機放置在操作人員順手的地方，一般是放置在操作人員的正前方或右上方；安放好後必須對點鈔機進行調整和試驗，力求轉速均勻，下鈔流暢，落鈔整齊，點鈔準確。

機器點鈔的具體操作方法如下：

首先開啟電源開關，當只需清點張數而不須鑒偽時，按功能鍵選擇到「計數」

第二章　出納的基本技能

工作方式。

　　然後將一疊紙幣捻成一定斜度，平放在滑鈔板上，機器即自動完成點鈔工作，待滑鈔板上紙幣全部輸送完畢，機器停止計數，此時顯示屏上顯示的數字就是該疊紙幣的數量，取出接鈔架鈔票。每次清點紙幣時顯示器上顯示的數值自動控製將清零後重新計數。

　　機器點鈔的注意事項：

　　（1）點鈔時將鈔票整理，最好是按不同的面值分開並清除鈔票上的紙補貼及污染物，再將鈔票扇開成小斜坡狀，成捆鈔票應先拍鬆再散開，垂直放入滑鈔輪。

　　（2）放鈔不正確時，會產生真鈔誤報或機器提示出現點鈔不準，請把接鈔器上的紙幣重新擺好，放到進鈔臺，按復位鍵再重新清點。正確放鈔可使點鈔機鑑別能力更強，計數更準確。

　　（3）使用一般點鈔機時，應避免可能對電網產生強干擾的電器，如手機、電焊機等，避免強光直射和強磁場干擾，以免造成鑑偽失靈。

　　（4）接鈔輪、對轉輪和阻力橡皮不能沾染油脂，否則會造成打滑導致計數不準。

　　（5）斷電停機後等待不少於5秒再開機，否則可能會導致機器工作不正常。

　　（6）每周應該徹底清掃一次計數對管及各傳感器上的灰塵，只需將上蓋向上掀起，用毛刷把灰塵清掃完即可，注意清掃前關閉電源。

　　（7）當出現進鈔不順暢或計數不準時，可通過調節進鈔臺螺釘來調整阻力橡膠片與捻鈔輪之間的間隙解決，然後用手抓一張紙幣放入捻鈔與阻力橡膠片之間感到有拉力即可。注意：順時針方向收緊，逆時間方向放鬆。

　　目前的點鈔機一般都帶有防偽功能，所以，出納人員在用機器點鈔時，還要學用機器來識別假幣的技術。

第三節　數字的書寫與計算技能

一、數字的書寫技能

　　出納人員要不斷地填制憑證、記帳、結帳和對帳，經常要書寫大量的數字。如果數字書寫不正確、不清晰、不符合規範，就會帶來很大的麻煩。因此客觀上要求出納人員掌握一定的書寫技能，使書寫的數字清晰、整潔、正確並符合規範化的要求。

　　（一）小寫金額數字的書寫

　　小寫金額是用阿拉伯數字來書寫的，如圖2-14所示。具體書寫要求如下：

45

出納實務教程

$1\ 2\ 3\ 4\ 5\ 6\ 7\ 8\ 9\ 0$

圖2-14　小寫金額數字

（1）阿拉伯數字應當從左到右一個一個地寫，要大小勻稱，筆畫流暢，每個數碼獨立有形，不得連筆寫。在書寫數字時，每一個數字都要佔有一個位置，這個位置稱為數位。數位自小到大，是從右向左排列的，但在書寫數字時卻是自大到小，從左到右的。

（2）書寫數字時字跡工整，排列整齊有序且有一定的傾斜度（數字與底線應成60°的傾斜），並以向左下方傾斜為好；同時，書寫的每位數字要緊靠底線但不要頂滿格（行），一般每格（行）上方預留1/3或1/2的空格位置，用於以後修訂錯誤記錄時使用。

（3）除6、7、9外，其他數碼高低要一致；書寫數字「6」時，上端比其他數字高出1/4，書寫數字「7」和「9」時，下端比其他數碼伸出1/4。手寫0、6、8、9時，圓圈必須封口；除4、5以外數字必須一筆寫成，不人為地增加數字的筆畫；為避免將「1」改為「7」，手寫「1」要寫得長一點，盡量將格子占滿，並保持斜度等。

（4）阿拉伯數字前面應當書寫貨幣幣種符號或者貨幣名稱簡寫。幣種符號與阿拉伯金額數字之間不得留有空白。凡阿拉伯數字前寫有幣種符號的，數字後面不再寫貨幣單位。人民幣符號為「￥」。

（5）所有以元為單位（其他貨幣種類為貨幣基本單位）的阿拉伯數字，除表示單價等情況外，一律填寫到角分。無角分的，角位和分位可寫「00」，或者符號「—」；有角無分的，分位主應當寫「0」，不得用符號「—」代替。

（二）大寫金額數字的書寫

大寫金額是用漢字大寫數字來書寫的。漢字大寫數字包括：零、壹、貳、叁、肆、伍、陸、柒、捌、玖、拾、佰、仟、萬、億。具體書寫要求如下：

（1）以上漢字大寫數字一律用正楷或者行書體書寫，不得用另（0）、一、二、三、四、五、六、七、八、九、十、百、千等簡化字代替，不得任意自造簡化字。

（2）大寫金額數字到元或者角為止的，在「元」或者「角」字之後應當寫「整」字或「正」字；大寫金額數字有分的，分字後面不再寫「整」或「正」字。

（3）大寫金額數字前未印有貨幣名稱的，應當加填貨幣名稱，貨幣名稱與金額數字之間不得留有空白，如「人民幣伍佰元正」。

（4）阿拉伯金額數字中間有「0」時，漢字大寫金額要寫「零」字，阿拉伯數字金額中間連續有幾個「0」時，漢字大寫金額中可以只寫一個「零」字；阿拉伯金額數字元位是「0」，或者數字中間連續有幾個「0」，元位也是「0」，但角位不是「0」時，漢字大寫金額可以只寫一個「零」字，也可不寫「零」字。

第二章 出納的基本技能

（5）大寫金額中「壹拾幾」「壹佰（仟、萬）幾」的「壹」字，一定不能省略，必須書寫。因為，「拾、佰、仟、萬、億」等字僅代表數位，並不是數字。例如：

①小寫的 1,058.00，大寫為人民幣壹仟零伍拾捌元整。

②小寫的 1,008.00，大寫為人民幣壹仟零捌元整。

③小寫的 2,000.38，大寫為人民幣貳仟零叁角捌分，或大寫為貳仟元叁角捌分。

④小寫的 15.67，大寫為人民幣壹拾伍元陸角柒分，絕不能只寫為人民幣拾伍元陸角柒分。

二、計算技能

在日常出納業務中，有大量的數據需要通過正確地計算才能準確無誤。因此，要求出納掌握常用的計算技術。算盤是傳統的計算工具，也是目前出納最主要的計算工具，出納人員必須熟練地掌握算盤操作方法，打好算盤是出納的基本功之一，珠算知識是出納必備的基本知識。同時，出納人員也要學會並熟練地使用計算器。有條件的單位配備計算機後，出納人員也應熟練操作計算機，利用計算機進行計算和做帳。

下面主要介紹計算器的使用方法。

（一）計算器的基本結構

計算器（Calculator 或 Counter）一般是指「電子計算器」，該名詞由日文傳入中國。計算器是能進行數學運算的手持機器，擁有集成電路芯片，但結構簡單，比現代電腦結構簡單得多，可以說是第一代的電子計算機（電腦），且功能也較弱，但較為方便與廉價，可廣泛運用於出納實務中，是必備的辦公用品之一。基本結構如圖 2-15 所示。

圖 2-15　計算器基本結構

計算器一般由運算器、控製器、存儲器、鍵盤、顯示器、電源和一些可選外圍設備及電子配件通過人工或機器設備組成。低檔計算器的運算器、控製器由數字邏輯電路實現簡單的串行運算，其隨機存儲器只有一兩個單元，供累加存儲用。高檔計算器由微處理器和只讀存儲器實現各種複雜的運算程序，有較多的隨機存儲單元以存放輸入程序和數據。鍵盤是計算器的輸入部件，一般採用接觸式或傳感式。為減小計算器的尺寸，一鍵常常有多種功能。顯示器是計算器的輸出部件，有發光二極管顯示器或液晶顯示器等。除顯示計算結果外，還常有溢出指示、錯誤指示等。計算器電源採用交流轉換器或電池，電池可用交流轉換器或太陽能轉換器再充電。

（二）計算器的使用方法

M+：把目前顯示的值放在存儲器中，是計算結果並加上已經儲存的數。（如屏幕無「M」標誌即存儲器中無數據，則直接將顯示值存入存儲器）

M-：從存儲器內容中減去當前顯示值，是計算結果並用已儲存的數字減去目前的結果，如存儲器中沒有數字，按 M-則存入負的顯示屏數字。

MS：將顯示的內容存儲到存儲器，存儲器中原有的數據被衝走。

MR：按下此鍵將調用存儲器內容，表示把存儲器中的數值讀出到屏幕，作為當前數值參與運算。

MC：按下時清除存儲器內容。（屏幕「M」標誌消除）

MRC：第一次按下此鍵將調用存儲器內容，第二次按下時清除存儲器內容。

GT：GT=Grand Total，意思是總數之和，即按了等號後得到的數字全部被累計相加後傳送到 GT 存儲寄存器。按 GT 後顯示累計數，再按一次清空。

MU（Mark-up 和 Mark-down 鍵）：按下該鍵完成利率和稅率計算。

CE：清除輸入鍵，在數字輸入期間按下此鍵將清除輸入寄存器中的值並顯示「0」，可重新輸入。

AC：清除全部數據結果和運算符。

ON/C：上電/全清鍵，按下該鍵表示上電，或清除所有寄存器中的數值。

【例 2-1】先按「32×21」，得數是 672。然後按下「M+」，這樣就可以把這個答案保存下來，然後我們按「8,765-」，再按「MR」就可以把剛才的 672 調出來了，最後我們就可以得到答案 8,093。

【例 2-2】在計算時使用記憶鍵能夠使操作簡便，例如計算 5.45×2+4.7×3 可以這樣做：按「5.45×2=」，會顯示出 10.9，按「M+」（記憶 10.9），按「4.7×3=」，會顯示出 14.1，按「M+」（記憶 14.1），再按「MR」會顯示出 25（呼出記憶的兩個數相加後的結果）。

【例 2-3】MU 鍵應用：按下該鍵完成利率和稅率計算。

（1）乘法 A×B MU，相當於 A+（A+B%）。

已知本年數額與增長率，求預計明年數額。如今年銷售收入 100，預計增長率為 2.5%，求明年數。按「100×2.5 MU」，即出結果為 102.5。

計算增值稅，由不含稅價計算含稅價。如不含稅銷售收入為 3,500 元，計算含稅銷售收入，假定稅率為 17%，按「3,500×17 MU」，即出結果 4,095。

（2）減法 A-B MU，相當於（A-B）/B 的百分比。

已知當年收入與去年收入求增長率。如今年 3,000，去年 2,800，計算增長率，按「3,000-2,800 MU」即出結果 7.142,857，當然結果是百分比。

（3）除法 A÷B MU，相當於 A/（1-B%）。

計算消費稅組成計稅價格，由不含稅價計算含稅價。如不含消費稅收入 120，計算含消費稅收入，假定稅率為 25%，按「120÷25 MU」，即出結果 160。

加法 A+B MU 相當於（A+B）/B 的百分比。

第四節　出納憑證填制和審核技能

出納填制和審核的憑證主要是各種貨幣收支原始憑證，如開出或收到的發票或收據，填寫或收到的支票等銀行票據。這些工作是出納的經常性業務活動，不得有半點差錯，所以，出納人員必須掌握填制和審核原始憑證的基本方法和技術。

一、填制原始憑證的基本技能

（一）原始憑證的含義

原始憑證，又稱單據，是在經濟業務發生或完成時取得或填制的，用以記錄或證明經濟業務的發生或完成情況，並作為記帳原始依據的一種會計憑證，是出納核算和會計核算中的原始材料和重要的證明文件。

（二）填制原始憑證的基本要求

（1）原始憑證的內容必須具備：憑證的名稱，填制憑證的日期，填制憑證單位名稱或填制人姓名，經辦人員的簽名或者蓋章，接受憑證單位名稱，經濟業務內容，數量、單價和金額。所有內容必須真實可靠，符合實際情況。

（2）自製原始憑證必須有經辦單位領導人或者其指定的人員簽名或蓋章。對外開出的原始憑證，必須加蓋本單位公章或財務專用章。

（3）凡填有大、小寫金額的原始憑證，大寫與小寫金額必須相符，其書寫按前述技能要求進行。

（4）購買實物的原始憑證，必須有驗收證明，支付款項的原始憑證，必須有收款單位和收款人的收款證明。

（5）一式幾聯的原始憑證，應當註明各聯的用途，只能以一聯作為報銷憑證。

（6）一式幾聯的發票和收據，必須用雙面復寫紙（發票和收據本身具備復寫紙功能的除外）套寫，並連續編號。作廢時應當加蓋「作廢」戳記，連同存根一起保存，不得撕毀。

（7）各種憑證填寫時不得塗改、挖補，也不能用塗改液或修正液改正。若發現有誤時，一般應重新填制；若可更正，應按規定方法進行，並在更正處由相關方簽章。

二、審核原始憑證的技能

出納是根據審核無誤的原始憑證來收入和支付現金或銀行存款的，也以此來登記現金和銀行存款日記帳，所以，審核原始憑證也是出納的基本技能之一。

（一）審核內容

出納對原始憑證的審核內容主要是以下兩方面：

（1）政策性審核，主要是審核原始憑證所記錄的貨幣收支業務的合法性、合理性和真實性；

（2）技術性審核，主要是審核原始憑證的格式、內容和填制手續是否符合規定，是否具有原始憑證的合法效力。

（二）審核辦法

在出納工作中，把對原始憑證的審核歸納為「八審八看」：

（1）審原始憑證所記貨幣收支業務，看是否符合財會製度和開支標準；

（2）審「抬頭」，看是否與本單位（或報帳人）名稱相同；

（3）審原始憑證日期，看是否與報帳日期相近；

（4）審原始憑證的「財務簽章」，看是否與原始憑證的填制單位名稱相符；

（5）審原始憑證聯次，看聯次是否恰當正確；

（6）審原始憑證金額，看金額是否計算正確；

（7）審原始憑證大小寫金額，看兩者是否一致；

（8）審原始憑證的票面，看是否有塗改、刮擦、挖補等現象。

第五節　出納帳的設置與核算技能

出納帳是以會計憑證為依據，全面、連續地反應貨幣資金收付業務的帳簿，主要是現金日記帳和銀行存款日記帳以及有關的備查帳簿。一般情況下，出納帳是逐筆、逐日、序時、連續進行登記的，是出納的主要業務活動。因此，出納人員必須

第二章　出納的基本技能

掌握登記出納帳的基本方法和技術。

一、出納帳簿的設置與啟用

（一）出納帳簿的設置的基本要求

（1）每個單位都必須設置現金日記帳和銀行存款日記帳，這兩個帳簿是國家財政部門建帳監管的主要帳簿。

現金日記帳和銀行存款日記帳必須採用三欄式的訂本式帳簿，不得用銀行對帳單或其他方法代替日記帳。

（2）備查帳簿可根據每個單位的具體情況設置。

（二）出納帳簿的啟用和交接要辦理會計手續

出納帳簿的啟用和交接都必須辦理會計手續，即由經管日記帳簿和登記日記帳簿的出納人員在帳簿有關欄目中簽名蓋章，註明其會計責任及期限的各項專業手續。

（1）在啟用會計帳簿時，應當在帳簿封面上寫明單位名稱和帳簿名稱。在帳簿扉頁上附的啟用表（如圖 2-16 所示）的內容包括：啟用日期、帳簿頁數、記帳人員和會計機構負責人、會計主管人員姓名及其簽章，並加蓋單位公章。

（2）出納人員因工作變動須調換時，新、老出納人員必須辦理交接手續。交接中，在有關出納帳簿扉頁上註明交接日期、接辦人員或者監交人員姓名，並由交換雙方人員簽名或蓋章。必要時，在會計主管人員或有關責任人主持下進行交接，點清庫存現金及各種有價證券，交出空白發票或收據、支票、印鑒和帳簿等，復寫一式多份的「會計交接手續說明和財產物資清單」並由交換雙方和監交人一起在上面簽章。

帳簿啓用表　　貼印花處

單位名稱	(加蓋公章)			負責人	職務	姓名
帳簿名稱	帳簿第　冊			單位領導		
帳簿號碼	第　號	啓用日期	年　月　日	會計主管		
帳簿頁數	本帳簿共計　頁			主辦會計		

經管本帳簿人員一覽表

記帳人員			接管日期			移交日期			監交人員		備註
職務	姓名	蓋章	年	月	日	年	月	日	職務	姓名	

圖 2-16　帳簿啟用表

第二章　出納的基本技能

二、現金日記帳和銀行存款日記帳登帳的基本要求與規則

（一）啟用現金日記帳和銀行存款日記帳的基本要求

啟用訂本式現金日記帳和銀行存款日記帳後，應當從第一頁到最後一頁順序編寫頁數，不得跳頁、缺頁。以後登記中也不得撕毀其中的任何一頁，即使是作廢的帳頁也應保留在上面。

（二）日記帳登帳的要求與規則

（1）出納帳必須根據審核無誤的會計憑證進行登記。出納人員對於認為有問題的會計憑證，應提供給會計主管進一步審核，由會計主管按照規定做出處理決定。出納人員不能擅自更改會計憑證，更無權隨意處置原始憑證。對於有問題而又未明確解決的會計憑證或經濟業務，出納應拒絕入帳。

（2）登記出納帳應按第一頁到最後一頁的順序進行，不得跳行、隔頁、缺號。如果發生了跳行、隔頁，不能因此而撕毀帳頁，也不得任意塗改。而應在空白行或空白頁的摘要欄內，劃紅色對角線予以註銷，或者註明「此行空白」「此頁空白」字樣，並由出納人員簽章。訂本式日記帳嚴禁撕毀帳頁。

（3）出納日記帳應該每天逐筆登記，每日結出餘額。現金日記帳餘額每天還要與庫存現金進行核對。

（4）登記出納日記帳時，應當將所依據的會計憑證日期、編號、業務內容摘要、金額和其他有關資料逐項記入帳內，做到數字準確、摘要清楚、登記及時、字跡工整。

（5）日記帳中書寫的文字和數字上面要留有適當空格，不要寫滿格，一般應占格距的二分之一至三分之一。

（6）登記日記帳要用藍黑墨水或碳素墨水書寫，不得使用圓珠筆、鉛筆書寫。紅色墨水只能在結帳劃線、劃線更正錯誤和紅字衝帳時使用。

（7）每一帳頁登記完畢結轉下頁時，應當結出本頁合計數及餘額，寫在本頁最後一行和下頁第一行有關欄內，並在摘要欄內註明「過次頁」和「承前頁」字樣；也可以將本頁合計數及金額只寫在下一頁第一行有關欄內，並在摘要欄內註明「承前頁」字樣。

（8）在登帳過程中發生帳簿記錄錯誤，不得刮、擦、挖、補，更不允許採用褪色藥水或修正液進行更正，也不得更換帳頁重抄，而應根據錯誤的具體情況，採用正確的方法予以更正。

三、日記帳的對帳與結帳

（一）日記帳的對帳

對帳是對出納帳簿記錄所進行的核對工作。對帳工作是保證帳證、帳帳、帳實、

53

帳表相符的重要條件。出納帳的對帳包括：

1. 帳證核對

帳證核對，是指出納帳記錄與據以登帳的會計憑證之間的核對，檢查其兩者的時間、憑證字號、內容、金額是否一致，要求做到帳證相符。

2. 帳帳核對

帳帳核對，是指出納的現金日記帳和銀行存款日記帳要與會計掌管的現金和銀行存款總帳核對，要求做到帳帳相符。

3. 帳實核對

帳實核對，是指每日的現金日記帳餘額與庫存現金實有數相核對，銀行存款出納帳定期與單位在銀行的實際存款（用銀行對帳單代替）金額相核對，要求做到帳實相符。

4. 帳表核對

帳表核對，是指每期會計報表中的庫存現金和銀行存款數必須與出納帳的數字相核對，做到帳表相符。

（二）日記帳的結帳方法

（1）結帳前，必須將本期內所發生的各項現金和銀行存款收付業務全部登記入帳。

（2）結帳時，結出「現金」和「銀行存款」帳戶的本月（年）發生額和期末餘額。結帳分為月結和年結。月結時，在摘要欄內註明：本月合計或「本年累計」字樣，並在下面通欄劃單紅線即可；年結時，在摘要欄內註明「本年累計」字樣，並在下面通欄劃雙紅線。

（3）年度終了，將「現金」和「銀行存款」帳戶的餘額結轉到下一會計年度，並在摘要欄註明「結轉下年」字樣；在下一會計年度新建的「現金」和「銀行存款」的日記帳的第一頁第一行的摘要欄註明「上年結轉」字樣，並將金額填入餘額欄。

四、出納備查帳的設置與登記

出納人員要保管和經手大量的有價證券、重要的票證，為了更加詳細地瞭解其使用、結存及其他情況，出納人員應當根據需要設置有關的備查帳簿。備查帳簿是每個單位為了滿足管理需要而設置的，所以沒有統一的格式，可根據不同的情況設計具體格式。下面介紹幾種出納常用的備查帳簿。

（一）支票領用登記簿

每個單位應當設置支票領用登記簿，凡領用支票必須履行手續，出納人員登記，經辦人簽字。出納人員設置和登記的支票領用登記簿如表 2-3 所示。

第二章 出納的基本技能

表 2-3　　　　　　　　　　　　支票領用登記簿

領用日期	支票號碼	領用人員	用途	收款單位	限額	批准人	銷號日期	備註

（二）應收票據備查登記簿

出納人員收到付款單位的商業匯票時，應登記「應收票據備查登記簿」，逐項填寫備查簿中的匯票種類（銀行承兌匯票或商業承兌匯票）、交易合同號、票據編號、簽發日期、到期日期、票面金額、付款單位、承兌單位等有關內容。「應收票據備查登記簿」基本格式如表 2-4 所示。

表 2-4　　　　　　　　　　　應收票據備查登記簿

票據種類：　　　　　　　　　　　　　　　　　　　　　　　　　　　第　　頁

年		憑證	摘要	合同		票據基本情況				承兌人及單位名稱	背書人及單位名稱	貼現		承兌		轉讓		
月	日	字	號		字	號	號碼	簽發日期	到期日期	金額			日期	淨額	日期	金額	日期	受理單位	票面金額	實收金額

（三）應付票據備查登記簿

出納人員在寄交商業匯票時，應登記「應付票據備查登記簿」，逐項登記發出票據的種類（銀行承兌匯票或商業承兌匯票）、交易合同號、票據編號、簽發日期、到期日期、收款單位及匯票金額等內容。「應付票據備查登記簿」的基本格式如表 2-5 所示。

表 2-5　　　　　　　　　　　應付票據備查登記簿

票據種類：　　　　　　　　　　　　　　　　　　　　　　　　　　　第　　頁

年		憑證	摘要	合同字號	票據基本情況					到期付款		延期付款	
月	日	字號			號碼	簽發日期	到期日期	收款人	金額	日期	金額	日期	金額

(四) 發票（收據）領用登記簿

出納人員負責發票或收據的購領、發放、保管工作，要設置發票（收據）登記簿，逐一登記票據的種類、數量與起止號碼，如實記載票據的填用、核銷、結存情況。發票（收據）領用登記簿的參考格式如表 2-6 所示。

表 2-6　　　　　　　　　　發票（收據）領用登記簿

領用日期	起始號碼	領用人員	證件	簽名	批准人	核銷日期	備註

（五）有價證券登記簿

出納人員保管的有價證券主要是股票和債券，其登記簿如表 2-7 所示。

表 2-7　　　　　　　　　　有價證券登記簿

發行年度	期次	面額	利率	張數	號碼 起	號碼 止	合計金額	入庫依據	兌換日期 年	兌換日期 月	兌換日期 日	兌換本息 本金	兌換本息 利息	兌換本息 合計

第六節　出納發生錯誤查找和更正技能

出納人員在收取或支付現金以及進行貨幣資金的帳務處理中，應盡量算正確、點正確和準確記帳。但在實際工作中，由於種種原因，可能會出現錯款事項或錯帳現象。錯款、錯帳的出現，會影響出納人員的思想情緒，嚴重者會影響其正常工作。因此，正確判斷錯款或錯帳的類型，迅速查找和及時更正，是出納人員必須掌握的一項業務技術。

一、錯款及其查找方法

就出納錯款而言，無非就是「長款」和「短款」兩種類型。按財務管理製度規定，「長款」應上交單位，列作收益；「短款」若是非責任事故，可予以報損，但須報經審批才能進行，不能「以長補短」。但是，若長款不報，按貪污論處；短款不

第二章　出納的基本技能

報，以違反財經製度論處。所以，無論「長款」或「短款」都應盡量避免，一旦發生，要及時查找並更正。

（一）出納容易出現差錯的時刻

出納容易出現差錯一般發生在以下四個時刻：

（1）剛上班時，精力尚未完全集中。
（2）快下班時，思想有些分散。
（3）收付業務較多時，精神過分緊張。
（4）工作閒時，懶散分心。

所以，對以上易出錯的時刻，出納要格外小心。

（二）「錯款」產生的原因及類型

「錯款」產生的原因及類型，一般有以下四種：

第一種，因看錯而出現的錯款。比如按憑證付款時看錯金額而多付出現金。

第二種，因違反出納操作規程和製度而出現的錯款。如付款時不復核清點而出現錯款；或收付款無誤後，不及時登記日記帳而以後又遺失現金收付款憑證（有意識丟失憑證的不屬此例），造成錯款；或因為熟人辦事，不遵守製度和相關手續造成錯款。

第三種，因麻痹大意而形成錯款。如初點一筆款項與憑證不符，復點相符，又不做第三次落實便認為無誤，而實際有誤，就會引起錯款。

第四種，因交接手續不清而造成錯款。如讓別人臨時代班而又不辦交接手續或不認真交接。

（三）錯款防止與查找的方法

錯款的發生與出納的思想素質和業務水平密切相關，所以出納不僅要提高認識，加強工作責任心、細心工作，而且要提高出納業務技術水平（如點鈔技術，堅決按出納規章製度和操作規程辦事）。這是防止錯款的最基本辦法。因此，在收、付款過程中必須堅持「收款必復、付款必核」的基本工作方法，以減少差錯，杜絕錯款，提高出納業務水平。

一旦發生了錯款，應該迅速查明原因，常用的及時進行更正的行之有效的查找方法是：從自身查起，在核准帳款的基礎上，通過回憶分析和比較，採取有效方法和手段，挽回損失。例如，發現帳款不符時先復查當天收、付款憑證，並軋計出庫存現金，然後逐筆勾對，看有無漏記、重記和誤記情況。若錯款是整數金額，應重點考慮登記是否有誤。如把 100 元寫成 700 元就會產生 600 元錯款。若錯款金額能被 9 整除的數，則可能是錯記帳。如短款 279 元，這個 279 元可以被「9」整除，即 279÷9＝31，則有可能把收入「31 元」誤記為「310 元」。這樣便可有的放矢地去查有無 31 元收入的憑證，有無 310 元的帳目。還有大量的錯款發生在現金收款、付款的清點中。這類錯款比較難以確定，只有通過回憶分析查找錯款目標後，通過領導做好對方的思想工作，爭取對方的支持和理解，因勢利導，促其退回錯款。倘若對

方不予承認，一般也只能作罷。出現錯款屬於出納的責任，輕者予以教育批評，同時進行經濟處罰即賠償；經常錯款而又特別嚴重者，則應視情節和後果，或調離崗位，或處分後調離崗位。

二、錯帳查找及更正方法

（一）錯帳類型

從技術方面講，出納錯帳可以分為三種類型：

一是因出納人員記帳錯誤而發生的錯帳。它包括方向（錯款）記反、數字倒置、位數記錯、漏記、重記等幾種可能引發的錯帳。

二是因出納人員計算錯誤而發生的錯帳。這種錯帳，主要發生在出納結帳時，在計算「發生額合計」和期末餘額時計算有誤而形成的錯帳。

三是因記帳憑證填制錯誤而發生的錯帳。

（二）錯帳查找的方法

發現錯帳以後，要反覆計算核實，再根據錯誤的數字加以分析，估計發生錯誤的可能性及原因，縮小可能記錯的範圍，再進一步查找。錯帳查找的方法一般有以下幾種：

第一種，差額除以2法——檢查借貸方向。錯帳差額如確認為並非漏記或重記，可用此差額除以「2」求其商，如能剛好找到一筆業務金額正好與它相等，則可能是借、貸方向反向所致。例如，銀行存款日記帳餘額比總帳餘額少了2,780元，可查日記帳有無金額剛好是1,390元（2,780÷2）的業務發生，若有，則可能是將增加的1,390元誤寫成減少1,390元。

第二種，差額除以9法——檢查數字倒置或位移。數字倒置是將相鄰兩個數位倒換了位置，如將81寫成18，將67寫成76，將6,375寫成3,675等。數字位移是因小數點錯位而造成的數字變大或變小，例如1,960寫成19,600。小數點向左挪一位，錯數就為原數的1/10；小數點向右挪一位，錯數就為原數的10倍。無論數字倒置還是數字位移，其差額均能被9除盡。例如：

(81−18)÷9=7

(6,375−3,675)÷9=300

(19,600−1,960)÷9=1,960

這樣就縮小了查找原因，去找與錯數倒置或位移的數字，再按方法一進行查找。

第三種，漏記或重記的查找方法。漏記或重記一筆數字時，可以查對有無與此錯數相同的數字。如果錯數所涉及的不僅是一筆數字，還可以進行局部核對或全面核對。

第四種，計算錯誤的查找方法是重新計算。

（三）錯帳更正的方法

錯帳被查出來以後要根據錯誤的性質和具體情況，採用正確方法更正。常用的

第二章　出納的基本技能

錯帳更正方法有三種。

1. 劃線更正法

劃線更正法適用於結帳之前發現帳簿記錄錯誤，而予以更正的方法。更正時，先在錯誤文字或數字上劃一條紅線註銷，然後再在註銷的文字或數字上方寫上正確的文字或數字，並由記帳人員在更正處蓋章以明確責任。使用這一方法注意兩點：一是文字錯誤可只劃掉錯誤的字，而數字錯誤則須劃掉整個數碼。例如，將6,385錯記為6,835，必須將整個6,835劃線，在其上方寫上正確數字6,385，而不能只劃掉83。二是被劃掉的文字或數字應保持可辨認狀態，不得一片模糊。

2. 紅字更正法

紅字更正法適用於記帳後，發現記帳憑證有誤時進行更正。更正時，首先，用紅字填寫一張與原錯誤記帳憑證內容一致（帳戶名稱、記帳方向和金額均一致）的記帳憑證，據以紅字登記入帳，以衝銷原錯誤記錄；然後再按正常程序編制一張正確的記帳憑證，並據以入帳。若原記帳憑證只是所填金額大於應填金額，則只需一步，即將多填金額數據用紅字編制一張記帳憑證，並據以紅字登記入帳，即可達到更正錯帳的目的。

3. 補充登記法

補充登記法適用於記帳後，發現記帳憑證有錯時（只是所填金額小於應填金額、並按錯誤金額入帳後形成的錯帳）進行更正。更正時，只需按應填金額與所填金額的差異數，填制一張與原記帳憑證的帳戶和記帳方向相同的記帳憑證，並據以入帳，即可達到更正錯帳的目的。

● 第七節　出納的保管技能

一、有價證券及印章的保管

出納一般除了負責單位上的庫存現金的保管之外，一般還要負責單位的有價證券、印鑒、空白支票、空白發票或收據的管理工作，出納要加強責任心，防止這些財物的丟失。

（一）保險櫃的管理

一般來講，各單位都要配備保險櫃，供出納使用。保險櫃的管理包括以下內容：

（1）保險櫃應配備兩把鑰匙，一把由出納保管，供出納人員日常工作開啓使用；另一把由單位財會主管（總會計師或財務科長）負責封存保管，以備特殊情況下經有關領導批准後開啓使用。保險櫃有轉字結構的，應由出納掌握，但也應向總會計師（或財務科長）登記備查。

非出納人員在一般情況下，不能任意開啓保險櫃。單位財會主管在對出納工作

進行檢查，如檢查現金庫存限額、實物盤點時才能按規定程序開啟保險櫃，但出納應在場。

（2）保險櫃內保存的現金餘額應當符合銀行核定庫存限額的要求。

（3）有價證券和貴重物品等，都必須設置保管登記簿，進行仔細登記，隨時清點，做到帳實相符。

（4）出納使用的空白票據，比如空白發票或收據、空白支票以及常用的印鑒等，每日終了，均應放入保險櫃內保管。

（5）保險櫃內嚴禁存放私人現金或財物。

（6）保險櫃內各種物品要存放整齊，保持整潔衛生；保險櫃外也要經常揩抹乾淨。

（7）出納人員工作變動時，必須及時更換密碼。

（8）保險櫃的鑰匙丟失或密碼發生故障，出納人員要及時報有關領導處理，不得隨意找人修理或配鑰匙。必須更換保險櫃時，要辦理以舊換新的批准手續，註明更換情況備查。

（9）保險櫃被盜的處理。一旦發現保險櫃被盜或出現異常情況，出納人員應當保護現場，並立即報告保衛部門或公安機關，待公安機關勘查現場時才能清理財物被盜情況。

（二）空白支票的保管

每個單位都保留了一定數量的空白支票以備使用，而空白支票一般都由出納人員保管。支票是一種支付憑證，一旦填寫了有關內容，並加蓋了預留在銀行的印鑒後，就可以直接從銀行提取現金和辦理轉帳。所以，出納人員必須保管好空白支票。在保管中，應注意以下四點：

（1）實行票印分管。空白支票和預留印鑒不得由一個人保管，通常，由出納人員保管空白支票和人名章，而簽發支票的財務專用章則由會計人員（一般是會計負責人或會計主管）保管。這樣便於明確責任，互相制約，防止舞弊行為。

（2）嚴格控製攜帶蓋好印鑒的空白支票外出採購。

（3）設置和登記「支票領用登記簿」（如表2-3所示），實行空白支票領用銷號製度。

（4）空白支票應當保管在保險櫃中。

（三）有價證券的保管

出納保管的有價證券主要是股票和債券，它們具有與現金相同的性質，應當同現金一樣進行保管。在保管中，要注意以下幾點：

（1）實行帳證分管，會計人員管帳，出納管有價證券實物，互相牽制，互相核對，共保有價證券安全完整。

（2）要將有價證券視同現金保管，有價證券要分門別類地整齊排放在保險櫃中，並隨時或定期進行抽查盤點。

第二章 出納的基本技能

（3）出納人員應當對各種有價證券的票面額和號碼保守秘密。

（4）建立並登記好「有價證券登記簿」（如表2-7所示），以便隨時掌握各種有價證券的庫存和流通情況。

（四）空白發票或收據的保管

空白發票或收據一經填制並蓋章，即可作為結算的書面依據，所以，出納人員應當按規定妥善保管和使用空白發票或收據。有關發票或收據的內容將在第三章中詳細介紹。

（五）印鑒的保管

與出納有關的印鑒主要是銀行預留印鑒中的個人章。出納人員應當將該印章妥善地保管在保險櫃中。單位在印鑒管理中應注意以下幾點：

（1）銀行的預留印鑒主要用於支票，一般都留有兩個，一是單位負責人的個人印章，二是單位的財務專用章。個人印章由出納保管，財務專用章由其他會計人員保管。絕不能由出納同時保管這兩個印章，否則後患無窮。

（2）預留印鑒的更換必須按規定進行。如單位負責人更換或印鑒損壞需要更換時，應填寫「印鑒更換申請書」，同時出具證明情況的公函一併交開戶銀行，經銀行同意後，在銀行發給的新印鑒卡的背面加蓋原預留印鑒，在正面加蓋新啟用的印鑒。

（3）預留印鑒如果發生遺失，應當及時報有關領導。出納人員遺失的是預留印鑒中的個人印章，應由本單位出具函；如遺失的是單位的財務專用章，則應由上級主管部門出具函證，經開戶銀行同意後，出納人員再辦理更換印鑒的手續。

二、出納歸檔資料的保管

出納人員每天都要收存、支付許多憑證，又保管著單位的貨幣性資產，所以應該掌握必要的憑證裝訂和保管技能。

（一）出納憑證的整理

出納人員根據收款憑證和付款憑證記帳後，必須逐日、逐張對原始憑證進行加工整理，以便於匯總裝訂。原始憑證的整理要求做到：

（1）面積小而又零散不易直接裝訂的原始憑證，如火車票、市內公共汽車票等應先將小票按同金額歸類，粘貼到另一厚紙上，對齊厚紙上沿，從上至下移位重疊粘貼，注意小票不應落出厚紙下沿。

（2）面積較大但又未超過記帳憑證大小的原始憑證，不宜粘貼，應先用大頭針或迴形針將其別在一起，待裝訂時取掉。

（3）面積稍微大過記帳憑證的原始憑證，應按計帳憑證大小先自下向上折疊，再從右到左折疊；如原始憑證的寬度超過記帳憑證兩倍或兩倍以上，則應將原始憑證的左下方折成三角形，以免裝訂時將折疊單據訂入左上角內。

（4）緣空白很少不夠裝訂的，要貼紙加寬，以便裝訂後翻閱。

(5) 記帳憑證較多時應按順序編列總號，一般按現收、現付、銀收、銀付順序編列總號後再進行裝訂。

(二) 憑證的裝訂方法

憑證的裝訂質量，也是出納工作質量的重要標誌。裝訂不僅要求外觀整齊，而且要防止偷盜和任意抽取；同時正確的裝訂方法能保證憑證的安全和完整。裝訂時要加憑證封面和封底。憑證封面格式如圖2-17所示。

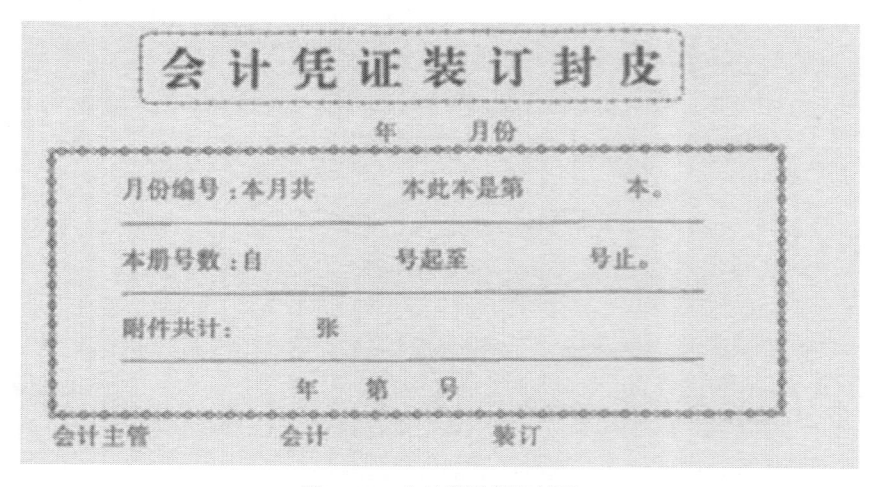

圖2-17 會計憑證裝訂封面

憑證裝訂方法如下：

第一步，將需要裝訂的憑證上方和左方整理齊整，再在左上方加一張厚紙作為封簽，用鐵錐在封簽上照圖2-18所示鑽三個圓眼，直至底頁，然後裝訂。

圖2-18 憑證裝訂圖1

第二步，訂牢後，在訂線的地方塗上膠水，然後將封簽按上圖訂線所形成之三角形的斜邊折疊，如圖2-19所示。

第二章　出納的基本技能

（會計憑証封）

圖 2-19　憑證裝訂圖 2

（3）然後將憑證翻轉過來，底頁朝上，將封簽剪至如圖 2-20 所示。

剪去

（會計憑証底面）

圖 2-20　憑證裝訂圖 3

（4）在圖 2-20 陰影處涂上膠水，折疊，並在封簽騎縫處加蓋裝訂人圖章，如圖 2-21 所示。

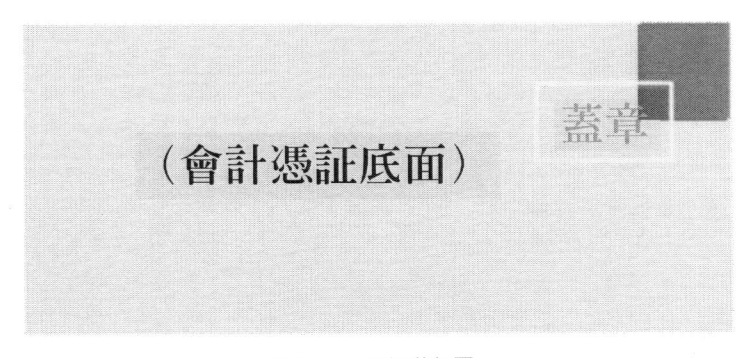

蓋章

（會計憑証底面）

圖 2-21　憑證裝訂圖 4

憑證裝訂好後，不能輕易拆開抽取。如因外調查證，只能複印，但應請本單位領導批准，並在專設的備查簿上登記，再由提供人員和收取人員共同簽名蓋章。

（三）保管期限

現金出納憑證的保管期限應從會計年度終了後第一天算起。除涉外憑證及其他重要會計憑證外，一般會計憑證保管期限是 15 年。保管期滿，應按規定程序報經批准後予以銷毀。

第八節　辦理銀行票據和結算憑證技能

出納在辦理貨幣資金的收、付業務時，經常涉及辦理銀行的各種票據和結算憑證工作。這就要求出納人員熟悉並掌握辦理的基本程序以及各種票據和結算憑證的填制與結算技術。這一問題將在以後的第六章中詳細介紹。

附錄：手工點鈔評分與考核標準

（一）手工點鈔評分標準

（1）採用限時不限量的方法，以符合整點質量要求的 100 張/把的整把數來計算成績。

整點質量要求：點準 100 張/把；無折角，不露頭；腰條應扎在錢把 3/4 或 1/3 處；扎把緊而平整，不翹把，不散把；蓋章須清晰可辨，必須位於鈔把側面。

（2）得分標準：每把計 10 分。

（3）扣分標準：

① 票券扎把不緊，即面上一張輕輕一提就滑出的，每把扣 0.5 分；腰條自然脫落、腰條尾部未掖進去或掖後輕輕抖動腰條散脫的，每把扣 0.5 分；扎把過緊，導致票券成「弓」形或成「S」形的，每把扣 0.5 分；票券整理不齊，即票把兩頭呈梯形，上下錯位 5 毫米以上的，每把扣 0.5 分。

② 腰條未扎在 3/4 或 1/3 處的，每把扣 1 分。

③ 蓋章不清晰或漏蓋、錯蓋的，每把扣 1 分。

④ 點數不準確該把不得分。

（二）手工點鈔考核標準

（1）合格標準：5 分鐘正確完成 5 把，即 50 分。

（2）六級標準：5 分鐘正確完成 6 把，即 60 分。

（3）五級標準：5 分鐘正確完成 7 把，即 70 分。

（4）四級標準：5 分鐘正確完成 8 把，即 80 分。

第二章　出納的基本技能

（5）三級標準：5分鐘正確完成9把，即90分。

思考題

1. 怎樣去識別真假人民幣？其基本方法是什麼？當你發現假幣後應當怎麼處理？

2. 點鈔是出納人員的基本技能，你認為你適合採用哪種方法點鈔？你能夠達到什麼水平？

討论題

你要成為一名合格的出納人員，應當具備哪些基本技能？怎樣去掌握出納的技能，並不斷提高這些技能？

实验项目

一、實驗項目名稱：人民幣真偽識別技能

（一）實驗目的及要求

1. 通過本實驗掌握第五套人民幣真偽識別的基本技能。

2. 要求同學們完成對第五套人民幣真偽識別的全部操作過程，重點識別100元和10元幣。

（二）實驗設備、資料

1. 1999年版和2005年版第五套人民幣：100元、50元、20元、10元、5元、1元幣。

2. 教學用假人民幣若干。

3. 5倍以上放大鏡。

4. 熒光驗鈔筆等。

（三）實驗內容與步驟

1. 每個組準備一套第五套人民幣真幣和若干假幣。

2. 開始識別：

一看：包括看水印、安全線、光變油墨、鈔面圖案色彩、隱形面額數字等。

二摸：摸凹凸手感、摸手感線。

三聽：

四測。

3. 對照人民幣的防偽功能進行驗證其真偽。

（四）實驗結果（結論）

1. 瞭解第五套人民幣的基本知識。

2. 熟悉第五套人民幣的防偽特徵。

3. 掌握第五套人民幣的真偽識別技能。

二、實驗項目名稱：點鈔實驗

（一）實驗目的及要求

1. 通過本實驗掌握點鈔的基本技能，達到基本熟練點鈔的目的。

2. 要求同學們完成手持式單指單張點鈔全部操作過程。

3. 要求同學們在單指單張基礎上進行手持式單指雙張點鈔練習。

4. 要求80%的同學通過手工點鈔實驗後達到80分以上的成績；其餘20%的同學通過實驗後達到70分以上的成績。

（二）實驗設備、資料

1. 點鈔練功券、腰條、印章等。

2. 點鈔機。

（三）實驗內容與步驟

1. 將同學們按每5位一組進行實驗。

2. 每位同學依次點鈔，其他同學進行監督、計時。

（四）實驗結果（結論）

1. 瞭解點鈔的基本方法。

2. 熟悉點鈔的基本程序。

3. 掌握手持式點鈔和點鈔機點鈔的基本技能。

第三篇　規範篇

- 現金管理規範
- 銀行存款管理規範

第三章　現金管理規範

　　現金是流動性和支付性最強的貨幣性資產，每個單位的現金管理都是出納工作的重中之重。每個單位應當在國家現金管理法規的基礎上，結合本單位的實際情況，建立健全本單位的現金管理內部控製製度。出納人員根據國家現金管理的有關規定和單位內部的現金控製製度，嚴格管理好本單位的現金，正確處理好現金的收付存業務。

● 第一節　國家現金管理的基本規定

一、現金的含義

　　現金是指可以隨時用來購買所需物資，支付有關費用，償還債務和存入銀行的貨幣性資產，在企業資產中流動性最強。現金有廣義和狹義之分，狹義的現金指單位的庫存現金，即存放在單位並由出納人員保管作為零星業務開支之用的庫存現款，包括人民幣現金和各種外幣現金；廣義上的現金就是會計上的現金，即包括庫存現金、銀行存款和其他貨幣資金。出納管理的現金及現金結算方式中的現金是指狹義上的現金。

　　根據國家現金管理製度和結算製度的規定，每個單位必須按照國務院發布的《現金管理暫行條例》的規定收支和使用現金，加強現金管理，並接受開戶銀行的監督。

二、國家現金管理的基本規定

（一）現金使用範圍的規定

（1）職工工資、津貼。這裡所說的職工工資是指企事業單位、機關、團體、部

第三章　現金管理規範

隊支付給職工的工資和工資性津貼。

（2）個人勞務報酬。這是指由於個人向企事業單位、機關、團體、部隊等提供勞務而由企事業單位、機關、團體、部隊等向個人支付的勞務報酬。它包括新聞出版單位支付給作者的稿費、各種學校、培訓機構支付給外聘教師的講課費、以及設計費、裝潢費、安裝費、制圖費、化驗費、測試費、諮詢費、醫療費、技術服務費、介紹服務費、經紀服務費、代辦服務費、各種演出與表演費、及其他勞務費用。

（3）根據國家制定的規定、條例，頒發給個人的科學技術、文化藝術、體育等方面的各種獎金。

（4）各種勞保、福利費用以及國家規定的對個人的其他支出，如退休金、撫恤金、學生助學金、職工困難生活補助。

（5）收購單位向個人收購農副產品和其他物資的價款，如金銀、工藝品、廢舊物資的價款。

（6）出差人員必須隨身攜帶的差旅費。

（7）結算起點（1,000元）以下的零星支出。超過結算起點的應實行銀行轉帳結算，結算起點的調整由中國人民銀行確定報國務院備案。

（8）中國人民銀行確定需要現金支付的其他支出。如因採購地點不確定、交換不便、搶險救災以及其他特殊情況辦理轉帳結算不夠方便，必須使用現金的支出。對於這類支出，現金支付單位應向開戶銀行提出書面申請，由本單位財會部門負責人簽字蓋章，開戶銀行審查批准後予以支付現金。

除上述（5）（6）兩項外，其他各項在支付給個人的款項中，支付現金每人不得超過1,000元，超過限額的部分根據提款人的要求，在指定的銀行轉存為儲蓄存款或以支票、銀行本票予以支付。企業與其他單位的經濟往來除規定的範圍可以使用現金外，應當通過開戶銀行進行轉帳結算。

（二）企事業單位庫存現金限額的規定

1. 庫存現金限額的含義

為了加強對現金的管理，既保證各單位現金的安全，又促使貨幣回籠，及時開支，國家規定由開戶銀行給各單位核定一個保留現金的最高額度，即庫存現金限額。核定單位庫存限額的原則是：既要保證單位日常零星現金支付的合理需要，又要盡量減少現金的使用。

2. 庫存現金限額的核定管理

為了嚴格現金管理，保證各單位及時支付日常零星開支，《現金管理暫行條例》及其實施細則規定，庫存現金限額由開戶銀行和開戶單位根據具體情況商定，凡在銀行開戶的單位，銀行根據實際需要核定3~5天的日常零星開支數額作為該單位的庫存現金限額。邊遠地區和交通不便地區的開戶單位，其庫存現金限額的核定天數可適當放寬在5天以上，但最多不得超過15天的日常零星開支的需要量。

按照規定，庫存現金限額每年核定一次。其核定程序如下：

首先，由開戶單位與開戶銀行協商核定庫存現金限額，公式為：

庫存現金限額＝每日零星支出額×核定天數

每日零星支出額＝年現金正常支出總額÷年平均天數

其次，由開戶單位填寫「庫存現金限額申請批准書」，基本格式如表 3-1 所示。

表 3-1　　　　　　　　　　　庫存現金限額申請批准書

申請單位：××單位　　　　　　　　　　　　　　　　　　　　　單位：元

開戶銀行：××銀行　　　　　　　　　　　　　　　　　　　　　帳號：

每日必須保留現金支付項目	保留現金的原因	申請金額	批准金額	備註
工資薪金	每年預計支付現金工資薪金 1,800,000 元	25,000	25,000	
材料採購	每年預計零星採購材料物資支付現金 504,000 元	7,000	7,000	
差旅費	每年預計借支差旅費 504,000 元	7,000	7,000	
其他零星開支	每年其他零星現金開支 252,000 元	3,500	3,000	
合　　計	與銀行商定現金保留 5 天	42,500	42,000	

庫存現金限額計算如下：

工資薪金需用現金＝（1,800,000÷360）×5＝25,000（元）

零星材料採購需用現金＝（504,000÷360）×5＝7,000（元）

差旅費需用現金＝（504,000÷360）×5＝7,000（元）

其他零星需用現金＝（252,000÷360）×5＝3,500（元）

合　　計＝25,000＋7,000＋7,000＋3,500＝42,000（元）

最後，開戶單位將庫存現金限額申請批准書報送單位主管部門，經主管部門簽署意見後，再報開戶銀行審查批准。開戶單位憑開戶銀行批准的限額數作為庫存現金限額。上例銀行批准的庫存現金限額為 42,000 元。

（三）現金管理的「八不準」規定

（1）不準用不符合財務製度的憑證頂替庫存現金。

（2）不準謊報用途套取現金。

（3）不準單位間相互借用現金，擾亂市場經濟秩序。

（4）不準利用銀行帳戶代其他單位和個人存入或支取資金，逃避國家金融監督。

（5）不準將單位收入的現金以個人儲蓄名義存入銀行。

（6）不準保留帳外公款（即小金庫）。

（7）不準發行變相貨幣；不準以任何內部票據代替人民幣在社會上流通。

（8）未經批准坐支或者未按開戶銀行核定的坐支範圍和限額坐支現金的。

開戶單位如有違法現金管理「八不準」的情況之一的，開戶銀行應當按照《現

第三章　現金管理規範

金管理暫行條例》的規定，有權責令其停止違法活動，並根據情節輕重給予警告或罰款。

（四）其他規定

（1）各單位實行收支兩條線，不準「坐支」現金。各單位現金收入應於當日送存銀行，當日送存確有困難的，由開戶單位確定送存時間。開戶單位支付現金可以從本單位的現金庫存中支付或者從開戶行提取，但不得從本單位的現金收入中直接支出，也就是不允許「坐支」。因特殊情況確實需要「坐支」現金的，應當事先報經開戶銀行審查批准，由開戶銀行核定「坐支」範圍和限額。企業應定期向銀行報送「坐支」金額和使用情況。

（2）各單位的外地採購業務，如因採購地點不固定、交通不便、生產或市場急需、搶險救災以及其他特殊原因必須使用現金的，應由本單位財會部門負責人簽字蓋章，向開戶銀行申請審批，開戶銀行審查同意並開具有關證明後便可攜帶現金到外地採購。

（3）企業送存現金和提取現金，必須註明送存現金的來源和支取的用途。

（4）配備專職出納人員管理現金，建立健全現金帳目，逐日逐筆登記現金收付業務。做到日清月結，並不準保留帳外公款，即私設「小金庫」。

第二節　現金內部控製製度

由於現金具有被盜和被挪用的巨大風險，為此單位應建立完善的現金內部控製製度，從事前、事中、事後進行控製，以防有關人員利用職務之便貪污、挪用現金或被不法分子盜竊，達到避免風險、防範錯弊、保全現金安全的目的。

一、現金的授權與批准製度

（一）設置專職出納人員管理現金

（1）每單位應當委派專職的出納人員負責現金的收入、支出和保管，其他人未經授權一律不能經管現金，並限制他人接近現金。如出納人員確實因故需要暫時離開崗位時，必須由總會計師或財務部負責人指派他人代管，但是必須辦理交接手續。

（2）負責經辦現金的出納人員除登記現金日記帳和銀行存款日記帳，不得兼管總分類帳和明細分類帳的登記工作。

（二）建立嚴格的現金授權批准製度

每個單位都必須建立嚴格的現金授權批准製度，保證審批人員在授權範圍內行使職權，進行審批。

（1）明確審批人對現金業務的授權批准方式、權限、程序、責任和相關控製措

73

施。審批人應當根據現金授權批准製度的規定，在授權範圍內進行審批，不得超越審批權限。

（2）規定經辦人辦理現金業務的職責範圍和工作要求。經辦人應當在職責範圍內，按照審批人的批准意見辦理現金業務。對於審批人超越授權範圍審批的現金業務，出納人員有權拒絕辦理，並及時向單位領導報告。

（3）制定科學合理的現金業務處理程序，嚴格按照「申請、審批、復核、支付」的程序辦理現金的支付業務，並及時準確入帳。

（4）建立嚴密的稽核製度。單位的每一筆現金的收入或付出，都必須經過出納人員認真審核，審查手續是否完備，數字是否正確，內容是否合理、合法。

（5）建立嚴格的手續製度，確保每項現金的收付都如實地填制或取得合理合法的原始憑證，並經過審核無誤後據此來編制記帳憑證，最後按照審核無誤的記帳憑證登記會計帳簿。

（6）建立嚴格的現金盤點核對製度，對現金定期或不定期進行盤點清查，做到帳實相符；定期或不定期進行現金日記帳與現金總帳核對，做到帳帳相符。

（7）嚴格按照《現金管理暫行條例》及國家其他有關現金管理的具體規定開展現金的收付存工作。

二、加強現金保管控製

（1）統一單位的現金庫存保管，在單位財務部設置出納室，由財務部出納人員直接保管庫存現金，單位內部所有的下屬單位、部門和個人一律不得存放現金。

（2）庫存現金不準超過庫存限額，超過庫存限額的部分，出納人員應在當日下班前送存銀行，如因特殊原因滯留超過限額的現金在單位過夜的，必須經財務部負責人或單位領導批准，並確保現金的安全。

（3）庫存現金必須當日核對清楚，保證帳款相符，如發生長、短款問題必須及時向財務部負責人或單位領導匯報，查明原因並按「財產損溢處理辦法」進行處理，不得擅自將長、短款相互抵補。

（4）為保證現金的安全，除工作時需要的小量備用金可以放在出納人員的抽屜內，其餘部分應該放入出納專用的保險櫃內，不得隨意存放。

（5）單位的庫存現金不得以任何個人名義存入銀行，防止有關人員利用公款私存，獲取利息收入，也防止有人利用公款私存形成小金庫。

（7）單位保管現金的地方要有安全防範措施，門要安裝保險鎖，配備專門的保險櫃進行現金的保管，同時保管有價證券和票據。出納人員下班時要檢查窗戶、保險櫃，門鎖好後，方能離開。

（8）單位應當定期和不定期地進行現金盤點，編制「現金盤點表」，如表3-2所示。確保現金帳面餘額與實際庫存相符。如發現不符，應及時查明原因，做出

第三章　現金管理規範

處理。

表 3-2　　　　　　　　　　　現金盤點表

單位名稱：　　　　　　　　　年　　月　　日　　　　　　　　金額單位：元

帳面金額	庫存金額		清查結果		問題說明
	面額	金額	盤盈	盤虧	
	100 元				
	50 元				
	20 元				
	10 元				
	5 元				
	1 元				
	5 角				
	2 角				
	1 角				
	合計				
處理意見：			領導簽字		
^			出納簽字		
備　註：					

盤點人：　　　　　　　　監點人：　　　　　　　　出納：

三、確定本單位現金的支出範圍和使用規定

各單位應當根據《現金管理暫行條例》的規定，結合本單位的實際情況，確定本單位現金的支出範圍和使用規定。

（一）零星支出現金的範圍

（1）單位之間的經濟往來，有銀行存款帳戶的單位結算金額在 1,000 元以下的零星支出可以使用現金結算，超過該限額的，均通過銀行轉帳結算。

（2）下列不受 1,000 元以內限額約束使用現金的範圍：職工工資、獎金和津貼，個人的勞務報酬，出差人員必須攜帶的差旅費，招待協作單位的費用等。

（二）不得坐支現金

單位應當嚴格遵守不得坐支的規定，即單位的現金收入應當及時存入銀行，不得用於直接支付單位自身的支出。因特殊情況須坐支現金的，應報單位領導並經開戶銀行同意。

（三）單位支出款項必須執行嚴格的授權批准程序

單位借出款項必須執行嚴格的授權批准程序，一律經授權的負責人批准，嚴禁擅自挪用、借出現金；每筆現金的支出事先經過審核批准，並在規定的現金使用範圍內用於預定的開支項目。

(四) 提取或存入現金的安全防範

為了確保現金的安全，單位向銀行提取或存入現金，應當配備兩名人員同行。提取工資、獎金等大額現金時，還應由保安協助，並採取相應的安全措施。一般來講，工資、獎金等大額現金最安全的是當天從銀行提取，當天發放，盡量避免大量現金在單位存放的現象。

四、現金借款程序

單位的各部門或員工需要借用現金，首先要由經辦人填寫「借款單」，說明借款的金額、用途和歸還期限並由該部門負責人簽字蓋章；然後交由主辦會計審核；再送財務部負責人或單位領導簽字；最後由出納人員按照批准後的「借款單」借出現金款項，並將「借款單」及時傳遞到會計人員進行帳務處理（作其他應收款）。

如果借款單位或借款人沒有按期歸還借款，單位必須迅速追回款項，並視具體情況進行處理。

五、現金報銷程序

(一) 一般費用的報銷程序

第一步，各部門或下屬單位的經辦人填寫各項費用報銷單，並由該部門或單位負責人簽字和蓋章。

第二步，由會計人員對報銷單所附的各項原始憑證的真實性、完整性、合法性、合規性進行審核後簽字蓋章。

第三步，按授權批准權限對報銷單進行批准控制，一般情況下都必須由單位的兩位負責人聯簽批准。

第四步，出納人員根據上述審核批准後的報銷單報銷，支付現金或收回多餘現金並開出收據。

注意：單位各部門和下屬單位報銷金額在一定數額（各個單位自行規定）以上時，應當提前×天向單位出納人員預約，否則不予報銷。

(二) 單位職工差旅費報銷程序

一般情況下，職工出差歸來，應當在規定的時間內報銷差旅費，逾期報銷必須說明理由並由單位領導批准。

首先，由出差職工填寫差旅費報銷單，並附上批准出差的文件和出差的各種有效會計憑證。

其次，由會計主管對報銷單所附的各項原始憑證的真實性、完整性、合法性、合規性進行審核後簽字蓋章。

再次，由財務部負責人和單位領導批准並簽字、蓋章。

最後，出納人員根據上述審核無誤的報銷單進行報銷，收回差旅費借支款，支

第三章　現金管理規範

付現金或收回多餘現金。

六、現金結算紀律

（一）現金收入結算規定

（1）單位的各種現金收入必須由出納人員收取，其他人員一律不得收取現金。在特殊情況下，比如出納不在的情況下，經單位領導批准，相關人員可暫時代出納人員收取現金，但是必須及時（當天或者第二天內）將現金轉交出納人員。

（2）出納人員收取現金時，必須開具單位認定的合法收據，一手收錢，一手開出現金收據。收據一式三聯，第一聯為存根，第二聯是發票交付款人，第三聯是記帳聯。出納人員收到現金後在記帳聯加蓋「現金收訖」戳記，並在收款的當天（至遲在收款第二天）將記帳聯傳遞到會計核算崗位進行會計核算。如果不開收據而收款，視同貪污票款；如不及時傳遞記帳聯，視同挪用現金處理。

（3）出納人員每天收取的現金，必須送存銀行，不得「坐支」。

（二）現金支出結算規定

（1）出納人員辦理現金付出業務，必須以經過審核無誤的會計憑證作為付款依據，付款以後，在付款憑證上加蓋「現金付訖」戳記；未經審核的憑證，出納人員有權拒付。對於違反財經政策、財經法規、單位內部管理製度的規定以及手續不全的開支一律拒收、拒付，對於塗改過的發票一律不予受理。

（2）不準以白條等不符合規定的憑證抵留庫存現金，代收、代付款必須按規定入帳，不能保存帳外現金。

（3）發現偽造憑證、虛報冒領款項的，出納人員除拒付現金之外，應及時報告有關領導。

（4）現金收付憑證和現金日記帳必須做到「手續完備、憑證齊全、會計處理、帳戶登記」，要求準確及時，日清月結，庫存現金帳實相符。

（三）編制「現金收支報告」

（1）出納人員每日下班前完成如表3-3所示「貨幣資金收付日報表」的編制，並承報單位領導。

表3-3　　　　　　　　　　貨幣資金收付日報表

單位名稱：　　　　　　　　年　月　日　　　　　　　金額單位：元

項　目	現　金	銀行存款	貨幣資金合計	備註
上日結存				
當日收入				
當日付出				
本日結存				

主管：　　　　　　會計：　　　　　　　　出納：

(2) 出納人員定期編制「貨幣資金收付週（或旬）報表」「貨幣資金收支月報表」。這些報表的格式與表3-3基本相同，只需將時間換為某期間即可。

思考題

1. 國家是如何規範現金的使用範圍的？
2. 單位應當怎樣建立和健全本單位的現金內部控製製度？
3. 出納人員如何將國家和單位的現金管理規範落實到出納工作中？

討論題

　　如果本單位人員（包括領導者）沒有遵循國家或單位的現金管理製度，出現了不合規的現金收支行為，出納人員應當怎麼辦？

第四章　銀行存款管理規範

　　銀行存款也是流動性和支付性很強的貨幣性資產，單位的銀行存款管理是出納的重要工作。每個單位應當在國家銀行存款管理法規的基礎上，結合本單位的實際情況，建立健全本單位銀行存款管理內部控製製度。出納人員必須遵循國家有關銀行存款管理和支付結算的規定以及單位內部的銀行存款控製製度，嚴格管理好本單位的銀行帳戶，正確辦理銀行結算業務。

◉ 第一節　銀行存款管理的基本內容

一、銀行存款的含義及其使用範圍

　　銀行存款是指企事業單位存放在銀行或其他金融機構中的貨幣資金。它是現代社會經濟交往中的一種主要資金結算工具。

　　根據國家有關規定，凡是獨立核算的企業，都必須在當地銀行開設帳戶。企業在銀行開設帳戶後，除按銀行規定的企業庫存現金限額保留一定的庫存現金外，超過限額的現金都必須存入銀行。企事業單位經濟活動所發生的一切貨幣收支業務，除按國家《現金管理暫行條例》中規定的可以使用現金直接支付的款項外，其他都必須按銀行支付結算辦法的規定，通過銀行帳戶進行轉帳結算。

二、銀行存款管理的內容

　　銀行存款管理就是指國家、銀行、企業、事業、機關團體等有關各方對銀行存

款及相關內容進行的監督和管理。

銀行存款管理的內容，根據其管理對象不同可分為銀行結算帳戶的管理、銀行存款結算的管理、銀行存款核算的管理以及銀行借款的管理。

(一) 銀行結算帳戶的管理

銀行結算帳戶的管理，主要是指有關銀行結算帳戶的開立、變更、合併、遷移、撤銷和使用等內容的管理。

(二) 銀行存款結算的管理

銀行存款結算的管理，是銀行存款管理的核心內容，主要是對經濟活動引起的銀行存款收、付業務的管理。銀行存款結算的管理主要包括四方面的內容：

(1) 銀行存款結算的原則性管理；
(2) 銀行存款結算的業務性管理；
(3) 銀行存款結算的紀律及責任管理；
(4) 銀行結算票據和憑證的管理。

(三) 銀行存款核算的管理

銀行存款核算的管理，是指根據中國《會計法》及會計準則的規定，對銀行存款業務進行確認、計量、核算和報告的管理。這部分內容留待第七章中介紹。

(四) 銀行借款的管理

銀行借款是企事業單位根據其生產經營業務的需要，為彌補自有資金不足，向銀行借入的款項，是企事業單位從事生產經營活動資金的重要來源。中國人民銀行對貸款做了詳細的規範。

第二節　銀行結算帳戶管理規範

一、銀行結算帳戶的含義及類型

(一) 銀行結算帳戶的含義

銀行結算帳戶是指銀行為存款人開立的、辦理資金收付結算的人民幣活期存款帳戶。存款人是指在中國境內開立銀行結算帳戶的機關、團體、部隊、企業、事業單位、其他組織（以下統稱單位）、個體工商戶和自然人。

銀行結算帳戶是各單位通過銀行辦理轉帳結算、信貸以及現金收付業務的工具，具有反應和監督國民經濟各部門經濟活動的作用。凡新辦的企業或公司在取得工商行政管理部門頒發的法人營業執照後，可選擇離辦公場地近、辦事工作效率高的銀行申請開設自己的銀行結算帳戶。對於非現金使用範圍的開支，都要通過銀行帳戶辦理。

第四章　銀行存款管理規範

(二) 銀行結算帳戶的類型

根據中國人民銀行總行發布的《人民幣銀行結算帳戶管理辦法》的規定，銀行結算帳戶分為基本存款帳戶、一般存款帳戶、臨時存款帳戶和專用存款帳戶。

1. 基本存款帳戶

基本存款帳戶是存款人因辦理日常轉帳結算和現金收付需要開立的銀行結算帳戶。它是編報財政預決算報表的獨立預算會計單位或實行獨立經濟核算的企業單位在銀行開立的主要帳戶。按規定，每一存款人只能在銀行開立一個基本存款帳戶。基本存款帳戶是存款人的主辦帳戶。存款人日常經營活動的資金收付及其工資、獎金和現金的支取，應通過該帳戶辦理。

2. 一般存款帳戶

一般存款帳戶是存款人因借款或其他結算需要，在基本存款帳戶開戶銀行以外的銀行營業機構開立的銀行結算帳戶。一般存款帳戶用於辦理存款人借款轉存、借款歸還和其他結算的資金收付。該帳戶可以辦理現金繳存，但不得辦理現金支取。

3. 臨時存款帳戶

臨時存款帳戶是存款人因臨時需要並在規定期限內使用而開立的銀行結算帳戶。存款人可以通過該帳戶辦理轉帳結算和根據國家現金管理規定辦理現金收付。臨時存款帳戶用於辦理臨時機構以及存款人臨時經營活動發生的資金收付。臨時存款帳戶應根據有關開戶證明文件確定的期限或存款人的需要確定其有效期限。存款人在帳戶的使用中需要延長期限的，應在有效期限內向開戶銀行提出申請，並由開戶銀行報中國人民銀行當地分支行核准後辦理展期。臨時存款帳戶的有效期最長不得超過兩年。臨時存款帳戶支取現金，應按照國家現金管理的規定辦理。

4. 專用存款帳戶

專用存款帳戶是存款人按照法律、行政法規和規章，對其特定用途資金進行專項管理和使用而開立的銀行結算帳戶。專用存款帳戶用於辦理各項專用資金的收付。

二、銀行存款帳戶的開戶條件及所需證明文件

存款人開立基本存款帳戶、臨時存款帳戶和預算單位開立專用存款帳戶實行核准製度，經中國人民銀行核准後由開戶銀行核發開戶登記證。但存款人因註冊驗資需要開立的臨時存款帳戶除外。

開戶登記證是記載單位銀行結算帳戶信息的有效證明，存款人應按規定使用，並妥善保管。

(一) 基本存款帳戶

1. 開設對象

根據《人民幣銀行結算管理辦法》的規定，下列情況的存款人可以申請開立一基本存款帳戶：

（1）企業法人。
（2）非法人企業。
（3）機關、事業單位。
（4）團級（含）以上軍隊、武警部隊及分散執勤的支（分）隊。
（5）社會團體。
（6）民辦非企業組織。
（7）異地常設機構。
（8）外國駐華機構。
（9）個體工商戶。
（10）居民委員會、村民委員會、社區委員會。
（11）單位設立的獨立核算的附屬機構。
（12）其他組織。

2. 存款人申請開立基本存款帳戶應出具的證明文件

（1）企業法人，應出具企業法人營業執照正本。
（2）非法人企業，應出具企業營業執照正本。
（3）機關和實行預算管理的事業單位，應出具政府人事部門或編制委員會的批文或登記證書和財政部門同意其開戶的證明；非預算管理的事業單位，應出具政府人事部門或編制委員會的批文或登記證書。
（4）軍隊、武警團級（含）以上單位以及分散執勤的支（分）隊，應出具軍隊軍級以上單位財務部門、武警總隊財務部門的開戶證明。
（5）社會團體，應出具社會團體登記證書，宗教組織還應出具宗教事務管理部門的批文或證明。
（6）民辦非企業組織，應出具民辦非企業登記證書。
（7）外地常設機構，應出具其駐在地政府主管部門的批文。
（8）外國駐華機構，應出具國家有關主管部門的批文或證明；外資企業駐華代表處、辦事處應出具國家登記機關頒發的登記證。
（9）個體工商戶，應出具個體工商戶營業執照正本。
（10）居民委員會、村民委員會、社區委員會，應出具其主管部門的批文或證明。
（11）獨立核算的附屬機構，應出具其主管部門的基本存款帳戶開戶登記證和批文。
（12）其他組織，應出具政府主管部門的批文或證明。

如果存款人為從事生產、經營活動納稅人的，還應出具稅務部門頒發的稅務登記證。

（二）一般存款帳戶

根據《人民幣銀行結算管理辦法》的規定，存款人申請開立一般存款帳戶，應

第四章　銀行存款管理規範

向銀行出具其開立基本存款帳戶規定的證明文件、基本存款帳戶開戶登記證和下列證明文件：

（1）存款人因向銀行借款需要，應出具借款合同。

（2）存款人因其他結算需要，應出具有關證明。

（三）臨時存款帳戶

根據《人民幣銀行結算管理辦法》的規定，下列情況的存款人可以申請開立臨時存款帳戶，並須提供相應的證明文件：

（1）設立臨時機構，應出具其駐在地主管部門同意設立臨時機構的批文。

（2）異地臨時經營活動，應出具其基本存款帳戶開戶登記證，同時出具以下證明文件：

① 異地建築施工及安裝單位，應出具其營業執照正本或其隸屬單位的營業執照正本，以及施工及安裝地建設主管部門核發的許可證或建築施工及安裝合同。

② 異地從事臨時經營活動的單位，應出具其營業執照正本以及臨時經營地工商行政管理部門的批文。

（3）註冊驗資，應出具工商行政管理部門核發的企業名稱預先核准通知書或有關部門的批文。

（四）專用存款帳戶

根據《人民幣銀行結算管理辦法》的規定，對下列資金的管理與使用，存款人可以申請開立專用存款帳戶，並須提供相應的證明文件。

下列情況的存款人可以申請開立專用存款帳戶：

（1）基本建設資金、更新改造資金、政策性房地產開發資金、住房基金、社會保障基金，應出具主管部門批文。

（2）財政預算外資金，應出具財政部門的證明。

（3）糧、棉、油收購資金，應出具主管部門批文。

（4）證券交易結算資金，應出具證券公司或證券管理部門的證明。

（5）期貨交易保證金，應出具期貨公司或期貨管理部門的證明。

（6）金融機構存放同業資金，應出具部門的證明。

（7）單位銀行卡備用金，應按照中國人民銀行批准的銀行卡章程的規定出具有關證明和資料。

（8）金融機構存放同業資金，應出具其證明。

（9）收入匯繳資金和業務支出資金，應出具基本存款帳戶存款人有關的證明。

收入匯繳資金和業務支出資金，是指基本存款帳戶存款人附屬的非獨立核算單位或派出機構發生的收入和支出的資金。

（10）黨、團、工會設在單位的組織機構經費，應出具該單位或有關部門的批文或證明。

（11）其他按規定需要專項管理和使用的資金，應出具有關法規、規章或政府

部門的有關文件。

(五) 異地銀行結算帳戶

存款人有下列情形之一的，可以在異地開立有關銀行結算帳戶：

(1) 營業執照註冊地與經營地不在同一行政區域（跨省、市、縣）需要開立基本存款帳戶的。

(2) 辦理異地借款和其他結算需要開立一般存款帳戶的。

(3) 存款人因附屬的非獨立核算單位或派出機構發生的收入匯繳或業務支出需要開立專用存款帳戶的。

(4) 異地臨時經營活動需要開立臨時存款帳戶的。

(5) 自然人根據需要在異地開立個人銀行結算帳戶的。

存款人需要在異地開立單位銀行結算帳戶，除出具上述有關證明文件外，應出具下列相應的證明文件：

(1) 經營地與註冊地不在同一行政區域的存款人，在異地開立基本存款帳戶的，應出具註冊地中國人民銀行分支行的未開立基本存款帳戶的證明。

(2) 異地借款的存款人，在異地開立一般存款帳戶的，應出具在異地取得貸款的借款合同。

以上兩種情況，存款人還應出具其基本存款帳戶開戶登記證。

(3) 因經營需要在異地辦理收入匯繳和業務支出的存款人，在異地開立專用存款帳戶的，應出具隸屬單位的證明。

三、銀行帳戶的開立程序

存款人申請開立單位銀行結算帳戶時，可由法定代表人或單位負責人直接辦理，也可授權他人辦理。

由法定代表人或單位負責人直接辦理的，除出具相應的證明文件外，還應出具法定代表人或單位負責人的身分證件；授權他人辦理的，除出具相應的證明文件外，還應出具其法定代表人或單位負責人的授權書及其身分證件，以及被授權人的身分證件。

各單位向銀行申請開立帳戶，應當按照以下程序辦理：

1. 填寫單位開戶申請表

各單位要求在銀行開立帳戶，必須向開戶行提出申請，填寫「單位開戶申請表」。填寫完畢後，要加蓋本單位全稱公章。單位開戶申請表的基本格式如表 4-1 所示。

2. 提交有關的證明文件

開戶申請人在填好開戶申請表後，將其報送有關單位審查；審查同意後，審查單位要出具證明文件，並加蓋證明公章。

第四章　銀行存款管理規範

（1）全民所有制和集體所有制工商企業到銀行辦理開戶，必須向銀行提交其主管部門出具的證明和當地工商行政管理機關核發的「企業法人營業執照」或「營業執照」。

（2）機關、醫院、學校、社會團體等單位辦理開戶，必須向銀行提交撥款的財政部門或上一級主管部門出具的審查證明。

（3）部隊辦理開戶，必須向銀行提交軍隊軍以上或武警總隊財會部門審查後出具的開戶證明。

（4）三資企業由註冊會計師事務所出具審查證明。

（5）個體工商戶辦理開戶，應提交由城市街道辦事處或農村鄉政府出具的證明和工商行政管理部門發給的「營業執照」。

（6）外地單位常駐（派出）機構辦理開戶，要提交主管部門和駐地有關部門的審查批文。

（7）各單位的附屬機構辦理開戶，應提交其管轄單位的審查證明。

表 4-1　　　　　　　　　　　　單位開戶申請表

申請開戶單位	開戶銀行審核意見	審批帳戶機關意見	說明
單位全稱：	同意開立帳戶種類：	開戶許可證號碼：	持本表一式三份送交到人民銀行辦妥開戶許可證後，三日內送交一份開戶銀行留存（超過三日帳號作廢），一份帳戶審批機關備案，一份單位留存
開戶證明文件、日期			
證、照號碼			
單位性質：	開戶銀行：		
經營範圍（其他事項）：			
地　　址：			
電話號碼：	帳　號：		
單位統一標示代碼：			
申請單位公章： 　法人 　負責人　蓋章 　　　　年　月　日	開戶銀行公章 　　　　年　月　日	審批機關蓋章 　　　　年　月　日	

若開設基本存款帳戶，還須向開戶銀行提交由中國人民銀行當地分支機構核發的開戶許可證。

3. 填制並提交印鑑卡片

開戶單位在提交開戶申請表和有關證明文件的同時，還應填寫預留印鑑卡片。預留印鑑卡片正面如圖 4-1 所示，背面如圖 4-2 所示。

```
中国银行　　　　　　行　预留签章卡
```

必填信息	账　号		启用日期　　年　　月　　日
	户　名		客　户　号
	联系电话		邮　　编
	联系人		地　　址

预留签章

（旧预留签章卡装订于　　年　月　日凭证）本行共预留　　份预留签章卡

会计负责人：　　　　　　　　　　　经办：

图4-1　预留印鉴卡片正面

更换预留签章通知书（以下新开户免填）

我单位定于　　年　　月　　日启用新预留签章（见预留签章卡正面）旧预留签章同日注销，在更换预留签章以前本户开出之票据在规定有效期限内前来支取时该预留签章仍继续有效，由此产生的经济责任由本单位承担。

授权证明书

本签章系证明我单位所留预留签章（见预留签章卡正面）有效。

（单位公章及法定代表人签章）

（原预留签章）

图4-2　预留印鉴卡片背面

　　预留印鉴卡片正面上的户名、地址、電話號碼與申請表上的一致，在卡片上要蓋上預留在銀行的財務專用章和私人（單位負責人或財務機構負責人）印章；在卡片背面右方蓋上單位公章和法定代表人印章。

　　如果是更換預留印鑒，在卡片正面蓋上新的預留印鑒，同時還需要填寫卡片背面左邊內容，並將原預留印章蓋上。

　　印鑒卡片是開戶單位與銀行事先約定的一種具有法律效力的付款依據。銀行在為開戶單位辦理結算業務時，憑開戶單位預留的印鑒審核支付憑證的真假。若支付憑證上的印章與預留印鑒不符，銀行將拒絕辦理付款業務，以保障開戶單位銀行存款的安全；同時，卡上的印鑒也明確了銀行的責任，保障了銀行的權利不受侵犯。

第四章　銀行存款管理規範

4. 開戶銀行審查

開戶銀行根據有關規定對開戶單位提交的開戶申請書、有關證明、印鑒卡片、會計人員的「會計從業資格證書」等文件進行審查。經銀行審查同意後，銀行確定帳號，登記開戶。

5. 購買銀行結算憑證

開戶手續完成後，出納人員可根據業務需要購買各種結算憑證，如支票、銀行對帳單、電匯單、手續費單等。在購買時，開戶單位在帳戶上的存款餘額不得低於1,000元人民幣。

四、銀行帳戶管理的基本原則和使用規定

（一）基本原則

根據《銀行帳戶管理辦法》的規定，銀行帳戶管理應遵循以下基本原則：

1. 一個基本帳戶原則

除國家特殊規定外，存款人在銀行只能開立一個基本存款帳戶，並實行由中國人民銀行當地分支機構核發開戶許可證製度。

2. 自願選擇原則

存款人可以自主選擇銀行開立帳戶，銀行也可以自願選擇存款人開立帳戶，雙向自願。任何單位和個人不得干預存款人和銀行開立或使用銀行帳戶的業務工作。

3. 存款保密原則

銀行必須依法為存款人保密，除國家法律規定的國務院授權中國人民銀行總行的監督項目外，銀行不代任何單位和個人查詢、凍結、扣劃存款人帳戶內的存款，以維護存款人資金的自主支配權。

4. 足額支付原則

存款人應當保證其銀行帳戶內有足夠的資金用於支付，不得開具空頭支票，不得辦理虛假匯款等，以保證銀行結算信譽，維持金融秩序和信用安全。

（二）帳戶使用規定

（1）認真貫徹執行國家的政策、法令，遵守銀行信貸、結算和現金管理的有關規定。銀行檢查時，開戶單位應提供帳戶使用情況的有關資料。

（2）各單位在銀行開立的帳戶，只供本單位業務經營範圍內的資金收付，不得出租、出借或轉讓給其他單位或個人使用。

（3）各種收付款憑證，必須如實填明款項來源或用途，不得巧立名目，弄虛作假、套取現金、套購物資，嚴禁利用帳戶從事非法活動。

（4）各單位在銀行的帳戶必須有足夠的資金保證支付，不準簽發空頭或遠期的支付憑證，不得騙取銀行信用開具虛假付款憑證。

（5）正確、及時記載和銀行的往來帳務，並定期核對。發現不符，應及時與銀行聯繫，查對清楚。

五、違反銀行帳戶使用規定的處罰

（一）存款人違反開立、撤銷銀行結算帳戶規定處罰

存款人開立、撤銷銀行結算帳戶，不得有下列行為：

（1）違反《人民幣結算帳戶管理辦法》開立規定；

（2）偽造、變造證明文件欺騙銀行開立銀行結算帳戶；

（3）不按規定及時撤銷銀行結算帳戶。

非經營性的存款人，有上述所列行為之一的，將給予其警告並處以1,000元的罰款；經營性的存款人有上述所列行為之一的，給予其警告並處以1萬元以上3萬元以下的罰款；構成犯罪的，將其移交司法機關依法追究刑事責任。

（二）存款人違反銀行結算帳戶使用規定的處罰

存款人使用銀行結算帳戶，不得有下列行為：

（1）違反規定將單位款項轉入個人銀行結算帳戶。

（2）違反規定支取現金。

（3）利用開立銀行結算帳戶逃廢銀行債務。

（4）出租、出借銀行結算帳戶。

（5）從基本存款帳戶之外的銀行結算帳戶轉帳存入、將銷貨收入存入或現金存入單位信用卡帳戶。

（6）法定代表人或主要負責人、存款人地址以及其他開戶資料的變更事項未在規定期限內通知銀行。

非經營性的存款人有上述所列一至五項行為的，給予其警告並處以1,000元的罰款；經營性的存款人有上述所列一至五項行為的，給予其警告並處以5,000元以上3萬元以下的罰款；存款人有上述所列第六項行為的，給予其警告並處以1,000元的罰款。

（三）銀行違反銀行帳戶開立規定的處罰

銀行在銀行結算帳戶的開立中，不得有下列行為：

（1）違反本辦法規定為存款人多頭開立銀行結算帳戶；

（2）明知或應知是單位資金，而允許以自然人名稱開立帳戶存儲。

銀行有上述所列行為之一的，給予其警告，並處5萬元以上30萬元以下的罰款；對該銀行直接負責的高級管理人員、其他直接負責的主管人員、直接責任人員按規定給予紀律處分；情節嚴重的，中國人民銀行有權停止對其開立基本存款帳戶的核准，責令該銀行停業整頓或者吊銷經營金融業務許可證；構成犯罪的，將其移交司法機關依法追究刑事責任。

（四）銀行在銀行結算帳戶的使用中違反規定的處罰

銀行在銀行結算帳戶的使用中，不得有下列行為：

（1）提供虛假開戶申請資料欺騙中國人民銀行許可開立基本存款帳戶、臨時存

第四章　銀行存款管理規範

款帳戶、預算單位專用存款帳戶；

（2）開立或撤銷單位銀行結算帳戶，未按本辦法規定在其基本存款帳戶開戶登記證上予以登記、簽章或通知相關開戶銀行；

（3）違反規定辦理個人銀行結算帳戶轉帳結算；

（4）為儲蓄帳戶辦理轉帳結算；

（5）違反規定為存款人支付現金或辦理現金存入；

（6）超過期限或未向中國人民銀行報送帳戶開立、變更、撤銷等資料。

銀行有上述所列行為之一的，給予其警告，並處以 5,000 元以上 3 萬元以下的罰款；對該銀行直接負責的高級管理人員、其他直接負責的主管人員、直接責任人員按規定給予紀律處分；情節嚴重的，中國人民銀行有權停止對其開立基本存款帳戶的核准；構成犯罪的，移交司法機關依法追究刑事責任。

（五）違反規定，偽造、變造、私自印製開戶登記證的處罰

對違反規定，偽造、變造、私自印製開戶登記證的存款人，屬非經營性的處以 1,000 元罰款；對屬經營性的處以 1 萬元以上 3 萬元以下的罰款；對構成犯罪的，移交司法機關依法追究刑事責任。

第三節　銀行存款內部控製製度

銀行存款與現金一樣具有很強的流動性，每個企事業單位的大部分經濟業務都是通過銀行存款的收付過程來完成的。為了保證銀行存款的安全性和完整性，建立和完善銀行存款的內部會計控製體系，加強對銀行存款的管理和控製很有必要的。

一、銀行存款授權與批准製度

1. 設置專職出納人員管理現金

（1）每個單位應當委派專職的出納人員負責銀行存款收入和支出，其他人未經授權一律不能經管銀行存款，並限制他人接近銀行存款；如出納人員確實因故需要暫時離開崗位時，必須由總會計師或財務部負責人指派他人代管，但是必須辦理交接手續。

（2）負責經辦銀行存款的出納人員除登記現金日記帳和銀行存款日記帳，不得兼管總分類帳和明細分類帳的登記工作。

2. 建立嚴格的銀行存款授權批准製度

每個單位都必須建立嚴格的銀行存款授權批准製度，保證審批人員在授權範圍內行使職權，進行審批。單位發生銀行存款收、付業務，必須經過由單位授權批准的負責人的審批，並授權具體的人員經辦。一般情況下，銀行存款的收、付須經財務部經理或者會計主管審核，總會計師或總經理批准方可辦理。

二、內部牽制製度

內部牽制製度的核心就是銀行存款業務中不相容職務的分離，體現錢帳分管、內部牽制的原則。具體包括：

（1）銀行存款收付業務授權與經辦職務相互分離。

（2）銀行存款收付業務經辦與審查職務相互分離。

（3）銀行存款收付業務經辦與記帳職務相互分離。

（4）銀行存款票據管理與銀行存款日記帳職務相互分離。

（5）銀行存款各種票據的保管與簽發職務相互分離，其中包括銀行單據保管與印章保管職務相互分離。

（6）銀行存款收付憑證填制與銀行存款日記帳的登記職務相互分離。

（7）銀行存款日記帳與銀行存款總帳職務相互分離。

（8）銀行存款的登帳與審核職務相互分離。

三、銀行存款記錄與審核控製製度

單位對其銀行存款收付業務在編制記帳憑證、登記銀行存款帳簿進行反應和記錄之前，都必須經過仔細審核，只有審核無誤的憑證才能作為會計記錄的依據。具體內容有：

（1）辦理銀行存款業務中，各種銀行存款的收、付原始憑證，必須如實填明款項的來源和用途，不得巧立名目、弄虛作假、套取現金、套購物資，嚴謹用帳戶搞非法活動。

（2）出納人員必須根據審核無誤的銀行存款收付原始憑證辦理結算。辦理銀行結算後的原始憑證和結算憑證，必須加蓋「收訖」或「付訖」戳記。

出納人員在審核銀行存款收付原始憑證時，嚴格按結算紀律執行。發票有塗改現象一律不予受理，對違反財經政策、財務規定及手續不完備的開支一律拒收、拒付，並將問題上報單位領導。

（3）出納人員要根據審核無誤的收、付款原始憑證及時、正確地登記「銀行存款日記帳」，重視對帳工作，發現不符，應及時與銀行聯繫，盡快查對清楚。

（4）會計人員應該根據審核無誤的銀行存款原始憑證或原始憑證匯總表填制記帳憑證。

（5）會計人員根據審核無誤的銀行存款收、付款憑證或科目匯總表登記銀行存款總帳。

四、銀行存款記錄與文件管理的控製製度

為了將已經發生的經濟業務進行完整的反應，必須對與銀行存款有關的文件加

第四章　銀行存款管理規範

以適當的整理、管理和保存,進行內部會計控制:
(1) 收款和付款憑證都必須要連續編號。
(2) 銀行支票、銀行匯票、銀行本票和商業匯票要有專人負責管理。
(3) 銀行支票、銀行匯票、銀行本票和商業匯票領用時,必須經過財務部經理或總會計師批准,並經領用人簽字。
(4) 應該使用事先編號的發貨單、發票、支票等。
(5) 各種銀行結算憑證的使用必須按照《支付結算辦法》的規定進行。

五、銀行存款核對控製製度

(1) 帳證核對,是指銀行存款日記帳與銀行存款原始憑證及收、付款憑證相互核對。帳證核對要按照業務發生的先後順序一筆一筆地進行。檢查的主要項目有:核對憑證的編號;檢查記帳憑證和原始憑證是否完全相符;查對銀行存款日記帳和憑證的金額和方向的一致性。

(2) 帳帳核對,是指銀行存款日記帳與銀行存款總帳的核對,是在稽核人員的監督下,出納人員與銀行存款總帳會計將銀行存款日記帳和銀行存款總帳的發生額和餘額進行核對,並相互取得對方簽字以對帳。在平時就應該經常核對兩帳的餘額,至少於每月終了結帳後,銀行存款總帳中的借方發生額、貸方發生額及餘額要同銀行存款日記帳中的本月收入(借方)合計數、本月支出(貸方)合計數及其餘額進行核對。如有差錯,立即進行更正,做到帳帳相符。

(3) 帳實核對,是出納人員將其銀行存款日記帳與「銀行對帳單」進行核對,每月至少一次,這是出納人員的一項重要的日常工作。在核對中,一般而言,兩者是不相等的,既可能是正常的未達帳項,也不排除人為的因素。所以,公司要加強這方面的管理和控製,及時編制「銀行存款餘額調節表」進行調節,使雙方餘額相等,如發現問題應及時報財務主管和單位領導。

● 第四節　銀行支付結算規範

同銀行打交道,辦理銀行結算業務是出納人員的主要工作之一。所以,瞭解銀行支付結算辦法,掌握銀行支付結算的技術是出納的基本技能之一。

一、《支付結算辦法》的沿革

1988 年 12 月 19 日中國人民銀行頒布了《銀行結算辦法》,並於 1989 年 4 月 1 日起執行。隨著社會經濟的發展和《中華人民共和國票據法》(以下簡稱《票據法》)的實施,中國人民銀行開始重新修訂《銀行結算辦法》,並於 1997 年 9 月 19

日頒布了《支付結算辦法》，取代以前的《銀行結算辦法》。《支付結算辦法》自 1997 年 12 月 1 日起在全國範圍內施行。

2004 年 10 月，中國人民銀行對《支付結算辦法》中的部分內容又進行了修訂，我們將在後面的內容中予以介紹。

二、《支付結算辦法》的基本內容

《支付結算辦法》共六章二百六十條。

第一章《總則》共二十條。

第二章《票據》共五節一百零九條，主要介紹銀行匯票、商業匯票、銀行本票、支票等票據結算方式。

第三章《信用卡》共三十二條，主要介紹信用卡結算方式。

第四章《結算方式》共四節四十五條，主要介紹匯兌、托收承付和委託收款等結算方式。

第五章《介紹紀律與責任》共四十八條。

第六章《附則》共六條。

三、支付結算的概念及任務、原則和紀律

（一）支付結算的概念

支付結算是指單位、個人在社會經濟活動中使用票據、信用卡、匯兌、托收承付、委託收款等結算方式進行貨幣給付及其資金清算的行為。

（二）支付結算工作的任務

支付結算工作的任務是根據經濟往來組織支付結算，準確、及時、安全辦理支付結算，按照有關法律、行政法規和本辦法的規定管理支付結算，保障支付結算活動的正常進行。

（三）支付結算的原則

單位、個人和銀行辦理支付結算必須遵守下列原則：

（1）恪守信用，履約付款；

（2）誰的錢進誰的帳，由誰支配；

（3）銀行不墊款。

（四）支付結算的紀律——「四不準」

不準簽發沒有資金保證的票據或遠期支票即「空頭支票」，套用銀行信用。

不準簽發、取得和轉讓沒有真實交易和債權債務的票據，套取銀行和他人資金。

不準無理拒絕付款，任意占用他人資金。

不準違反規定開立和使用帳戶。

第四章　銀行存款管理規範

四、支付結算的種類

（一）按支付貨幣的形式分類

支付結算按支付貨幣的形式不同可分為現金結算方式和轉帳結算方式。

1. 現金結算方式

現金結算方式是指企業在其生產經營活動中直接使用現金進行交易和支付的結算方式。

2. 轉帳結算方式

轉帳結算方式，是指通過銀行劃付清算，辦理轉帳的結算方式，所以也被稱為銀行結算方式，包括三票、一卡、一證、三種方式，如圖4-3所示。

匯票（包括銀行匯票和商業匯票）、銀行本票和支票屬於票據結算方式，信用卡、匯兌、托收承付、委託收款屬於非票據結算方式。

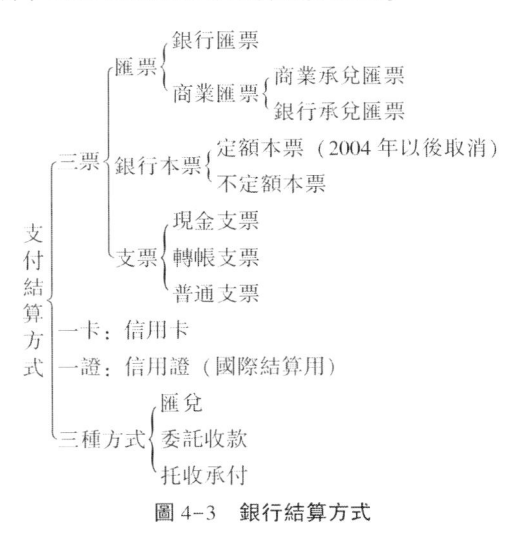

```
           ┌ 匯票 ┬ 銀行匯票
           │      └ 商業匯票 ┬ 商業承兌匯票
           │                 └ 銀行承兌匯票
      ┌ 三票 ┤ 銀行本票 ┬ 定額本票（2004年以後取消）
支付   │      │          └ 不定額本票
結算 ──┤      │ 支票 ┬ 現金支票
方式   │             ├ 轉帳支票
       │             └ 普通支票
       ├ 一卡：信用卡
       ├ 一證：信用證（國際結算用）
       └ 三種方式 ┬ 匯兌
                  ├ 委託收款
                  └ 托收承付
```

圖4-3　銀行結算方式

（二）按支付工具的不同分類

支付工具是資金轉移的載體，方便、快捷、安全的支付工具是加快資金週轉、提高資金使用效率的保障。支付結算方式按支付工具不同分為票據支付結算方式、卡基支付結算方式、電子支付結算方式和其他支付結算方式四類。

1. 票據支付結算方式

票據支付結算方式，是指採用匯票（包括銀行匯票和商業匯票）、銀行本票和支票等票據進行結算的方式。票據是指出票人約定自己或委託付款人在見票時或指定的日期向收款人或持票人無條件支付一定金額並可流通轉讓的有價證券，包括匯票、本票和支票（這些票據的內容將在第八章中重點介紹）。票據結算行為具有四個特徵：

（1）要式性，即票據行為必須依照《票據法》的規定在票據上載明法定事項並

交付。

（2）無因性，指票據行為不因票據的基礎關係無效或有瑕疵而受影響。

（3）文義性，指票據行為的內容完全依據票據上記載的文義而定，即使其與實質關係的內容不一致，仍按票據上的記載而產生效力。

（4）獨立性，指票據上的各個票據行為各自獨立發生效力，不因其他票據行為的無效或有瑕疵而受影響。

2. 卡基支付結算方式

卡基支付結算方式，是指採用銀行卡進行結算的方式。銀行卡包括借記卡、貸記卡（信用卡）和儲值卡。

借記卡，是指由商業銀行向社會發行的具有消費信用、轉帳結算、存取現金等全部或部分功能的支付工具，不能透支。

貸記卡即信用卡是由銀行或信用卡公司向資信良好的個人和機構簽發的一種信用憑證，持卡人可在指定的特約商戶購物或獲得服務。信用卡既是發卡機構發放循環信貸和提供相關服務的憑證，也是持卡人信譽的標誌，可以透支。按照授信程度的不同，貸記卡分為真正意義上的貸記卡和準貸記卡。貸記卡是指發卡銀行給予持卡人一定的信用額度，持卡人可在信用額度內先消費、後還款的信用卡。準貸記卡是指持卡人須先按發卡銀行要求交存一定金額的備用金，當備用金帳戶餘額不足支付時，可在發卡銀行規定的信用額度內透支的信用卡。

儲值卡是指非金融機構發行的具有電子錢包性質的多用途卡種，不記名，不掛失，適應小額支付領域。電子錢包性質的儲值卡基本上是由非金融機構發行。一些城市，如上海和廈門，使用的卡基電子貨幣可用於公共交通、餐飲連鎖店等。預計卡基電子貨幣將越來越多地用於公共交通、高速公路收費、汽車租賃、旅遊集散地、停車場、加油站以及超市，並可能擴大到公用事業收費等。儲值卡的資金清算，由發行者為商戶提供交易數據處理服務，並借助銀行完成發行者與商戶之間的資金劃轉。

3. 互聯網支付結算方式

互聯網支付結算方式是指以金融電子化網路為基礎，以各種電子貨幣為媒介，通過計算機網路系統（特別是因特網）以電子信息傳遞的形式實現支付功能的結算方式，利用互聯網支付工具可以方便地實行貨幣的存取、匯兌、直接消費和貸款功能。

（1）互聯網支付結算方式按支付方式可分為卡基支付工具、網銀支付和第三方支付等，但上面已將卡基結算方式單獨列為一類，這裡就只介紹其他兩類互聯網支付結算方式。

網銀支付，即網路銀行直接支付。網路銀行又稱網上銀行、在線銀行。網銀支付是指銀行利用互聯網技術，通過互聯網向客戶提供開戶、銷戶、查詢、對帳、行內轉帳、跨行轉帳、信貸、網上證券、投資理財等傳統服務項目，使客戶可以足不出戶地就能夠安全便捷地管理活期和定期存款、支票、信用卡及個人投資等。可以

第四章　銀行存款管理規範

說，網上銀行是存在於互聯網上的虛擬銀行櫃臺。作為最早被接受的互聯網支付方式，由用戶向網上銀行發出申請，將銀行裡的金錢直接劃到商家名下的帳戶，直接完成交易，可以說是將傳統的「一手交錢一手交貨」式的交易模式完全照搬到互聯網上。

第三方支付平臺，就是一些和產品所在國家以及國外各大銀行簽約、並具備一定實力和信譽保障的第三方獨立機構提供的交易支持平臺。在通過第三方支付平臺進行交易的過程中，買方選購商品後，使用第三方平臺提供的帳戶進行貨款支付，由第三方通知賣家貨款到達、進行發貨；買方檢驗物品後，就可以通知第三方付款給賣家，第三方再將款項轉至賣家帳戶。因此買賣雙方均需在第三方支付平臺上擁有唯一識別標示，即帳號。第三方支付能夠為買賣雙方的交易提供足夠的安全保障。目前第三方支付平臺有很多，比如支付寶、財付通、微信錢包、快錢、翼支付等。

（2）互聯網聯網支付按支付終端可分為移動支付、電腦支付、互聯網電視支付三類。

移動支付，是用戶使用移動終端（通常是手機）對所消費的商品或服務進行帳務支付的一種服務方式。目前移動支付業務主要是由移動營運商、移動應用服務提供商（MASP）和金融機構共同推出。手機支付分為近場支付和遠程支付兩種。近場支付是指將手機作為IC卡承載平臺，實現與POS機的本地通信，從而進行支付。遠程支付僅僅把手機作為支付用的簡單信息通道，通過網頁、短信、語音等方式進行支付，又可分為手機話費支付、指定綁定銀行支付和銀聯快捷支付三種。除手機外使用平板電腦、上網本等其他移動終端也可以進行移動支付。

電腦支付，是最先興起的互聯網支付方式，從某種程度上來說，電腦支付的興起推動了電子商務產業的發展。雖然近期隨著移動支付的興起，它的地位受到挑戰，但在目前仍然占據著互聯網支付中最多的份額。

互聯網電視支付，主要分為兩種，一是將類似POS機的裝置植入遙控器中，二是將銀行卡的支付功能植入數字電視機頂盒裡。

4. 其他支付結算方式

其他支付結算方式，是指處票據支付結算、卡基支付結算和電子支付結算以外的現金支付、匯兌、委託收款、托收承付、定期借記和定期貸記等支付結算方式。

（1）現金支付。在中國，現金主要是指流通中的現鈔，是由中國人民銀行依法發行流通的人民幣，包括紙幣和硬幣。目前，流通中的貨幣主要是第五套人民幣的6種面額的紙幣（1元、5元、10元、20元、50元、100元人民幣）和3種面額的硬幣（1角、5角和1元人民幣）；同時第四套人民幣還未退出流通，故仍有少量的第四套人民幣在流通。此外，人民銀行每年還會根據一些重大題材，不定期地發行一定數量的可流通紀念幣（鈔）。現金基本上分布在城鄉居民個人和企事業單位手中，只有極少部分現金流到國外。

在中國，現金交易大部分發生在儲蓄存取款、消費性現金支出、農副產品收購

現金支出等。

客戶主要利用三種方式提取現金：一是通過使用儲蓄存折或儲蓄卡從各商業銀行儲蓄網點支取現金，二是使用銀行卡在自動櫃員機（ATM）上提取現金，三是通過簽發支票提取現金。

企事業單位提取現金只能通過簽發支票的方式。

（2）匯兌、托收承付、委託收款三種方式是企事業單位支付結算的重點，我們將在第八章中專門介紹。

（3）定期借記支付業務，是指收款行依據當事各方事先簽訂的協議，定期向指定付款行發起的批量收款業務。其包括下列業務種類：

①代收水、電、煤氣、有線電視等公用事業費業務；

②國庫批量扣稅業務；

③中國人民銀行規定的其他定期借記支付業務。

（4）定期貸記支付業務，是指付款行依據當事各方事先簽訂的協議，定期向指定收款行發起的批量付款業務。其包括下列業務種類：

①代付工資業務；

②代付保險金、養老金業務；

③中國人民銀行規定的其他定期貸記支付業務。

定期貸記與定期借記是同時開始使用的，這種交易必須是在付款人、收款人和銀行三方協議的基礎上實施的。最初，支付命令是以書面形式發出的，但現在很多大企業、政府機構都用磁介質或數據傳送向銀行送交支付指令。

出納人員在辦理結算業務時，應當根據不同的款項收支，考慮結算金額的大小、結算距離的遠近、利息支出和對方信用情況等要素，進行綜合分析，選擇適當的銀行結算方式，以縮短結算時間，減少結算資金占用，加速資金週轉。

五、中國人民銀行調整票據、結算憑證種類和格式

（一）新舊票據、結算憑證的種類

2004年10月，中國人民銀行頒布了《關於調整票據、結算憑證種類和格式的通知》（銀發〔2004〕235號），決定對現行票據和結算憑證的種類和格式進行調整，調整後的票證將於2005年1月1日起陸續啟用。

1. 1997年由中國人民銀行統一規範的票據、結算憑證共30種

1997年，為貫徹實施中國《票據法》和《票據管理實施辦法》，中國人民銀行印發了《支付結算辦法》，並根據對票據和結算方式的管理要求設計了統一的票據和結算憑證（以下簡稱票證）30種。其中匯票、本票和支票共設計了8種票據格式，信用卡、匯兌、托收承付、委託收款等結算方式及與票據相關的配套憑證共設計了22種結算憑證。此外，為便於銀行受理跨行銀行承兌匯票的查詢查復，中國人

第四章 銀行存款管理規範

民銀行在 2002 年設計了統一的銀行承兌匯票查詢查復書。本次調整是對上述 30 種票證的種類和格式進行調整。

2. 調整後由中國人民銀行統一規範的票據、結算憑證共 15 種

調整後由中國人民銀行統一規範管理的票證共有 15 種，分別是：銀行匯票、粘單、商業承兌匯票、銀行承兌匯票、本票、轉帳支票、現金支票、支票（普通支票）、進帳單、信匯憑證、電匯憑證、支付結算通知查詢查復書、銀行承兌匯票查詢（復）書、托收憑證、拒絕付款理由書。

3. 不再由中國人民銀行統一規範格式

不再由中國人民銀行統一規範格式的主要有銀行匯票申請書，銀行承兌協議，貼現憑證，掛失止付通知書，銀行匯票掛失電報，應付款項證明單，銀行卡專用的匯計單、簽購單、取現單、存款單、轉帳單憑證等。

（二）調整的主要內容

（1）對功能、要素、格式相似的票證進行合併，將辦理多種業務使用的不同票證合併為通用性較強的票證。它主要包括：

① 將定額本票、不定額本票合併為本票（不定額）；

② 將二聯式進帳單與三聯式進帳單合併為三聯式進帳單；

③ 將托收承付憑證（包括郵劃、電劃）、委託收款憑證（包括委郵、委電）合併為托收憑證。

（2）為使票面更為簡潔清晰，適應計算機處理業務要求和方便客戶填寫需要，對票證要素、格式做了調整。如：

① 取消了「會計分錄、第×號」等用於銀行內部會計核算管理的記載事項。

② 將票據的背書欄在原有基礎上一併縮減了一欄，並擴大了票據背書欄的記載空間，以滿足背書人記載事項的需要。

③ 在票據上增設了證件號碼方格欄，以適應辦理持票人為個人的款項兌付的需要，便於提示付款人填寫和受理銀行審核。

④ 在銀行匯票正面增設了密押填寫欄，支票正面預留了支付密碼的填寫欄，以適應各行安全管理的要求。

⑤ 不定額本票增加了申請人名稱欄，便於銀行審核款項來源。

⑥ 在支票背面和存根聯設置了「附加信息」欄，匯兌憑證上設置了「附加信息及用途」欄等。

（3）根據結算憑證的使用範圍和業務的發展變化，部分結算憑證不再由人民銀行統一規範格式，主要有銀行匯票申請書，銀行承兌協議，貼現憑證，掛失止付通知書，銀行匯票掛失電報，應付款項證明單，銀行卡專用的匯計單、簽購單、取現單、存款單、轉帳單憑證等。

（4）相應調整了《支付結算會計核算手續》部分內容。它主要涉及定額本票和不定額本票、托收承付和委託收款憑證及二聯式進帳單與三聯式進帳單合併後，相

關會計核算處理手續的調整。

? 思考題

1. 銀行存款管理的含義是什麼？其內容包括哪些？
2. 銀行結算帳戶的含義是什麼？銀行結算帳戶可分為哪些類型的帳戶？出納人員如何去辦理這些帳戶？
3. 單位應當怎樣建立和健全本單位的銀行存款內部控製製度？
4. 國家是如何規範支付結算的？支付結算的主要方式有哪些？如何進行分類的？

討論題

出納人員如何遵循國家銀行存款管理法規和單位的銀行存款內部控製製度？出納人員應怎樣與銀行打交道並做好支付結算的相關工作？

第四篇　實務篇

- 發票管理實務
- 現金管理實務
- 銀行存款管理實務
- 銀行支付結算實務
- 出納辦稅實務
- 票據和結算憑證式樣

第五章　發票管理實務

發票，是由稅務機關監製，納稅人到稅務機關領購的票證；納稅人在購銷商品、提供或者接受服務以及從事其他經營活動中，開具、收取的收付款憑證。發票是每個納稅人財務收支的法定憑證，是最重要的會計憑證，也是出納人員經常打交道的票證，必須妥善保管和正確使用。

中國的發票種類包括增值稅發票和普通發票兩類。

第一節　增值稅發票管理

增值稅發票是增值稅一般納稅人銷售貨物或者提供應稅勞務開具的發票。它又分為增值稅專用發票和增值稅普通發票兩種。

一、增值稅專用發票

（一）增值稅專用發票的含義

增值稅專用發票是增值稅一般納稅人對其他增值稅一般納稅人銷售貨物或者提供應稅勞務開具的發票，是購買方支付增值稅額並可按照增值稅有關規定據以抵扣增值稅進項稅額的憑證。增值稅專用發票只限於增值稅一般納稅人領購使用，而增值稅小規模納稅人和非增值稅納稅人不得領購使用。

國家稅務總局修訂後的《增值稅專用發票使用規定》自 2007 年 1 月 1 日起施行。

第五章　發票管理實務

（二）通用的增值稅專用發票。

1. 通用增值稅專用發票的聯次

增值稅專用發票由基本聯次或者基本聯次附加其他聯次構成。基本聯次為三聯：發票聯、抵扣聯和記帳聯。發票聯，是購買方核算採購成本和增值稅進項稅額的記帳憑證；抵扣聯，是購買方報送主管稅務機關認證和留存備查的憑證；記帳聯，是銷售方核算銷售收入和增值稅銷項稅額的記帳憑證。其他聯次用途，由一般納稅人自行確定。

2. 通用增值稅專用發票的主要特徵

（1）在發票聯和抵扣聯印有防偽水印圖案，中間有正反拼音字母「shui」，將專用發票的發票聯和抵扣聯背面對光檢查，可以看到水印防偽圖案；

（2）發票聯和抵扣聯中票頭套印的全國統一發票監製章有紅色熒光防偽標記；

（3）發票聯和抵扣聯的中間採用無色熒光油墨套印「國家稅務總局監製」字樣，左右兩邊各印有花紋圖案。

3. 通用增值稅專用發票密文技術

2011年以來，中國開展增值稅防偽稅控系統漢字防偽項目試運行。增值稅防偽稅控系統漢字防偽項目是在不改變現有防偽稅控系統密碼體系前提下，採用數字密碼和二維碼技術，利用存儲更多信息量的二維碼替代原來的84位和108位字符密文，在加密發票七要素信息的基礎上實現了對購買方企業名稱、銷售方企業名稱、貨物名稱、單位和數量等信息的加密、報稅採集和解密認證功能。漢字防偽項目試運行以後，增值稅專用發票將同時存在二維碼、84位字符和108位字符三種密文形式。

84位字符密文增值稅專用發票票樣如圖5-1所示，108位字符密文增值稅專用發票票樣如圖5-2所示，二維碼密文增值稅專用發票票樣如圖5-3所示。

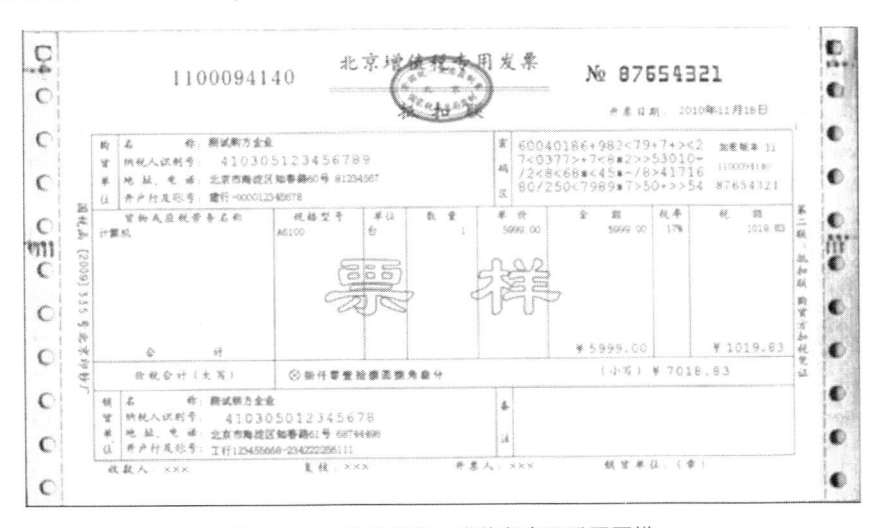

圖5-1　84位字符密文增值稅專用發票票樣

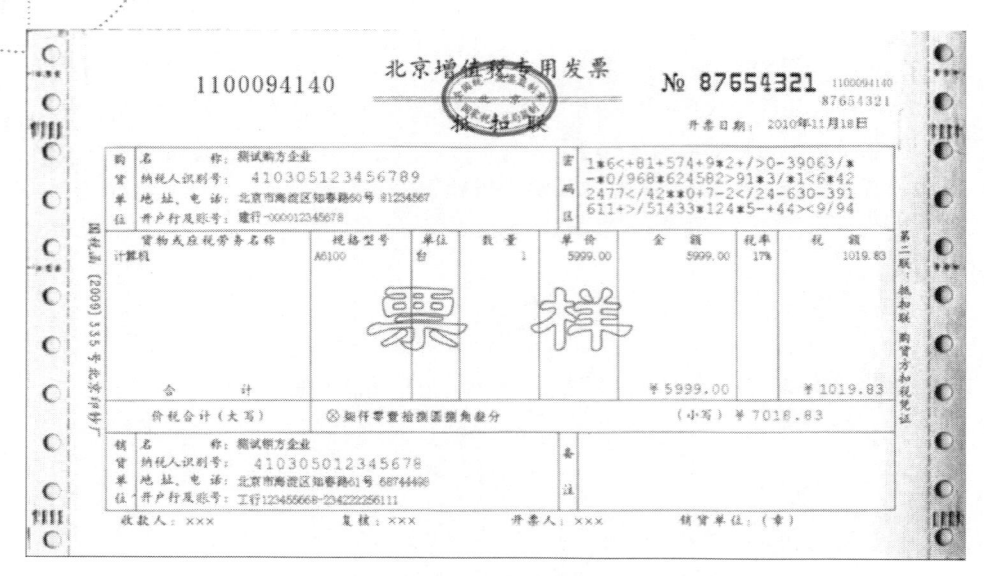

圖 5-2　108 位字符密文增值稅專用發票票樣

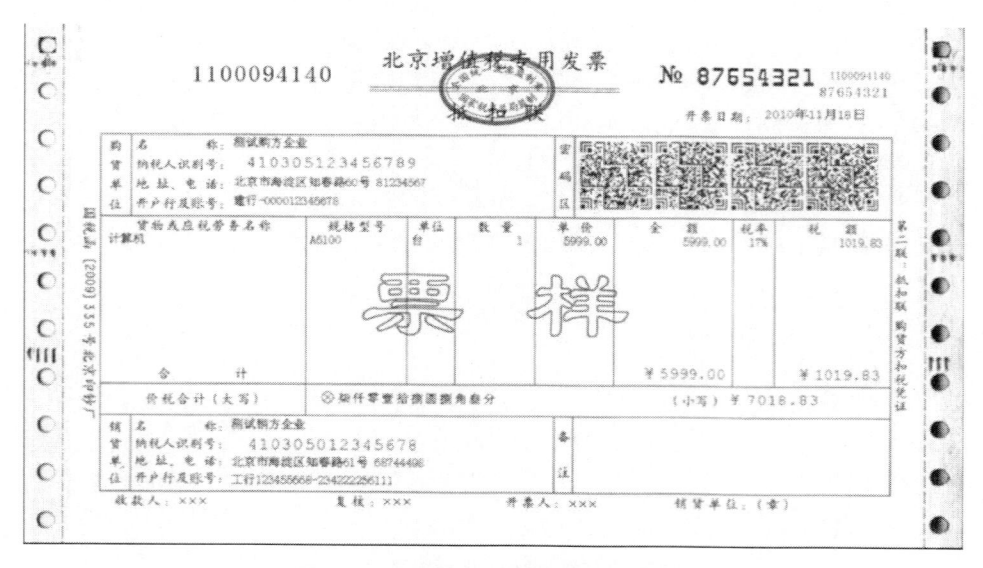

圖 5-3　二維碼密文增值稅專用發票票樣

（三）貨物運輸業增值稅專用發票

從 2012 年 1 月 1 日起，中國在部分地區和行業開展深化增值稅製度改革試點工作，逐步實現營業稅改徵增值稅。為保障改革試點的順利實施，稅務總局決定啟用貨物運輸業增值稅專用發票。

貨物運輸業增值稅專用發票，是增值稅一般納稅人提供貨物運輸服務（暫不包

第五章　發票管理實務

括鐵路運輸服務）開具的專用發票，其法律效力、基本用途、基本使用規定及安全管理要求等與現有增值稅專用發票一致。

貨物運輸業增值稅專用發票分為三聯票和六聯票：第一聯為記帳聯，承運人的記帳憑證；第二聯為抵扣聯，受票方的扣稅憑證；第三聯為發票聯，受票方的記帳憑證；第四聯至第六聯由發票使用單位自行安排使用。

貨物運輸業增值稅專用發票票樣如圖 5-4 所示。

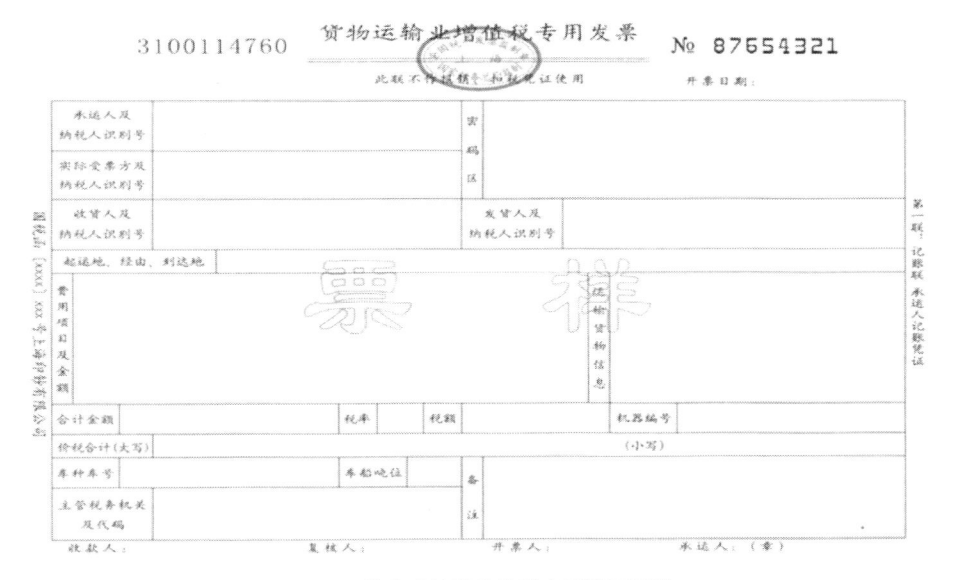

圖 5-4　貨物運輸業增值稅專用發票票樣

二、增值稅普通發票

增值稅普通發票，是增值稅一般納稅人開具的普通發票。

為加強對增值稅一般納稅人開具普通發票的管理，全面監控一般納稅人銷售額，國家稅務總局從 2005 年 8 月 1 日開始將一般納稅人（不含商業零售）開具的普通發票納入增值稅防偽稅控系統開具和管理，亦即一般納稅人可以使用同套增值稅防偽稅控系統同時開具增值稅專用發票、增值稅普通發票和廢舊物資發票等，此種開票方式簡稱「一機多票」。

增值稅普通發票的格式、字體、欄次、內容與增值稅專用發票完全一致，按發票聯次分為兩聯票和五聯票兩種。基本聯次為兩聯，第一聯為記帳聯，銷貨方用作記帳憑證；第二聯為發票聯，購貨方用作記帳憑證。此外為滿足部分納稅人的需要在基本聯次後添加了三聯的附加聯次，即五聯票，供企業選擇使用。

增值稅普通發票如圖 5-6 所示。

圖 5-5　增值稅普通發票

三、增值稅發票代碼及號碼

（一）增值稅發票代碼編制規則

發票代碼是稅務部門給予發票的編碼。增值稅專用發票和增值稅普通發票代碼的編制規則是相同的，由 10 位阿拉伯數字組成。第 1~4 位代表省、自治區、直轄市和計劃單列市；第 5~6 位代表制版年度；第 7 位代表批次（分別用 1、2、3、4 表示四個季度）；第 8 位代表票種（1 代表通用增值稅專用發票，6 代表增值稅普通發票，7 代表貨物運輸業增值稅專用發票）；第 9 位代表發票聯次（分別用 2、3 和 6 表示兩聯、三聯和六聯；通用增值稅專用發票原來是四聯，所以用 4，但實行電腦開具後，只有三聯了，但代碼中仍然用 4 表示三聯）；第 10 位代表發票金額版本號。（目前統一用「0」表示電腦發票）

例如，圖 5-3 中的發票代碼為 1100094140，說明它是北京市（1100）2009 年（09）第四季度（4）制版的三聯（4）電腦（0）增值稅專用發票（1）。

圖 5-4 中的發票代碼為 3100114760，說明它是上海市（3100）2011 年（2011）四季度（4）制版的六聯（6）電腦（0）貨物運輸業增值稅專用發票（7）。

圖 5-5 中的發票代碼為 5100101620，說明它是四川省（5100）2010 年（10）第一季度（1）制版的二聯（2）電腦（0）增值稅普通發票（6）。

（二）增值稅發票號碼編制規則

增值稅發票號碼在發票的右上方，由 8 位阿拉伯數字組成，按年度、分批次編

第五章　發票管理實務

制。發票號碼每批次均從 00000001 號開始按自然順序編排，當編到 99999999 後，本批次的最後一份發票號碼編為「00000000」。印製同一票種的發票，均應按順序號連續滾動編排號碼。如發票號碼不夠編排，起用下一批次號碼。

四、增值稅防偽稅控系統與最高開票限額管理

（一）增值稅防偽稅控系統

增值稅防偽稅控系統，是指經國務院同意推行的、使用專用設備和通用設備，運用數字密碼和電子存儲技術管理專用發票的計算機管理系統。

專用設備，是指金稅卡、稅控 IC 卡（集成電路卡，亦稱智能卡）、讀卡器和其他設備；通用設備，是指計算機、打印機、掃描器具和其他設備。

一般納稅人應通過增值稅防偽稅控系統使用專用發票。這裡的「使用」是指領購、開具、繳銷、認證紙質專用發票及其相應的數據電文。

防偽稅控系統的具體發行工作由區縣級稅務機關負責。

（二）增值稅專用發票實行最高開票限額管理

（1）最高開票限額，是指單份增值稅專用發票開具的銷售額合計數不得達到的上限額度。

（2）最高開票限額由一般納稅人申請，稅務機關依法審批。

最高開票限額為十萬元及以下的，由區縣級稅務機關審批；最高開票限額為一百萬元的，由地市級稅務機關審批；最高開票限額為一千萬元及以上的，由省級稅務機關審批。

（3）稅務機關審批最高開票限額應進行實地核查。批准使用最高開票限額為十萬元及以下的，由區縣級稅務機關派人實地核查；批准使用最高開票限額為一百萬元的，由地市級稅務機關派人實地核查；批准使用最高開票限額為一千萬元及以上的，由地市級稅務機關派人實地核查後將核查資料報省級稅務機關審核。

（4）一般納稅人申請最高開票限額時，須填報「最高開票限額申請表」，如表 5-1 所示。

表 5-1　　　　　　　　　　最高開票限額申請表

申請事項（由企業填寫）	企業名稱		稅務登記代碼	
	地　　址		聯繫電話	
	申請最高開票限額	□一億元　□一千萬元　□一百萬元 □十萬元　□一萬元　□一千元 （請在選擇數額前的□內打「√」）			
經辦人（簽字）： 　　年　月　日				企業（印章）： 　　年　月　日	

表5-1(續)

區縣級稅務機關意見	批准最高開票限額： 經辦人（簽字）：　　　　批准人（簽字）：　　　　稅務機關（印章） 　年　月　日　　　　　　年　月　日　　　　　　年　月　日
地市級稅務機關意見	批准最高開票限額： 經辦人（簽字）：　　　　批准人（簽字）：　　　　稅務機關（印章） 　年　月　日　　　　　　年　月　日　　　　　　年　月　日
省級稅務機關意見	批准最高開票限額： 經辦人（簽字）：　　　　批准人（簽字）：　　　　稅務機關（印章） 　年　月　日　　　　　　年　月　日　　　　　　年　月　日

註：本申請表一式兩聯，第一聯由申請企業留存，第二聯由區縣級稅務機關留存。

五、初始發行與報稅

（一）初始發行

一般納稅人領購專用設備後，憑「最高開票限額申請表」「發票領購簿」到主管稅務機關辦理初始發行。

初始發行，是指主管稅務機關將一般納稅人的下列信息載入空白金稅卡和IC卡的行為。

（1）企業名稱；

（2）稅務登記代碼；

（3）開票限額；

（4）購票限量；

（5）購票人員姓名、密碼；

（6）開票機數量；

（7）國家稅務總局規定的其他信息。

一般納稅人發生稅務登記代碼變化時，應向主管稅務機關申請註銷發行；其他各項信息發生變化，應向主管稅務機關申請變更發行。

（二）一般納稅人報稅

報稅，是納稅人持IC卡或者IC卡和軟盤向稅務機關報送開票數據電文。

第五章　發票管理實務

　　一般納稅人開具專用發票應在增值稅納稅申報期內向主管稅務機關報稅，在申報所屬月份內可分次向主管稅務機關報稅。

　　因 IC 卡、軟盤質量等問題無法報稅的，應更換 IC 卡、軟盤；因硬盤損壞、更換金稅卡等原因不能正常報稅的，應提供已開具未向稅務機關報稅的專用發票記帳聯原件或者複印件，由主管稅務機關補採開票數據。

六、增值稅專用發票認證與稅額抵扣

　　(一)　增值稅專用發票的認證

　　用於抵扣增值稅進項稅額的專用發票應經稅務機關認證相符，國家稅務總局另有規定的除外。認證相符的專用發票應作為購買方的記帳憑證，不得退還銷售方。

　　認證，是稅務機關通過防偽稅控系統對專用發票所列數據的識別、確認；認證相符，是指納稅人識別號無誤，專用發票所列密文解譯後與明文一致。

　　專用發票抵扣聯無法認證的，可使用專用發票發票聯到主管稅務機關認證。專用發票發票聯複印件留存備查。

　　(二)　不得作為抵扣憑證的情形

　　經認證，有下列情形之一的，不得作為增值稅進項稅額的抵扣憑證，稅務機關退還原件，購買方可要求銷售方重新開具專用發票。

　　(1) 無法認證，即專用發票所列密文或者明文不能辨認，無法產生認證結果。

　　(2) 納稅人識別號認證不符，即專用發票所列購買方納稅人識別號有誤。

　　(3) 專用發票代碼、號碼認證不符，即專用發票所列密文解譯後與明文的代碼或者號碼不一致。

　　(三)　暫不得作為抵扣憑證的情形

　　有下列情形之一的，暫不得作為增值稅進項稅額的抵扣憑證，稅務機關扣留原件，查明原因，分不同情況進行處理。

　　(1) 重複認證，即已經認證相符的同一張專用發票再次認證。

　　(2) 密文有誤，即專用發票所列密文無法解譯。

　　(3) 認證不符，即納稅人識別號有誤，或者專用發票所列密文解譯後與明文不一致。

　　(4) 列為失控專用發票，即認證時的專用發票已被登記為失控專用發票。

第二節　普通發票管理

一、普通發票的含義

　　普通發票是營業稅納稅人和增值稅小規模納稅人使用並開具的發票，增值稅一般納稅人在不能開具專用發票的情況下也可以使用普通發票，但是，除了一般納稅人在商業零售時可以採用普通發票外，其他的一般納稅人都採用前面講的增值稅普通發票。

　　從 2011 年 1 月 1 日起，全國已統一使用新版普通發票，各地廢止的舊版普通發票停止使用。

二、普通發票的種類

　　按發票監制機關不同，普通發票分為國稅普通發票和地稅發票。

　　（一）國稅普通發票

　　國稅普通發票是由國家稅務系統監制的普通發票，新版的四川省國稅普通發票包括國家稅務機關監制的通用機打發票、通用手工發票和通用定額發票；此外國家稅務局還保留了稅務機關代開統一發票、機動車銷售統一發票、二手車銷售統一發票和發票換票證四種舊版普通發票。

　　四川省從 2011 年 1 月 1 日起，全省統一使用國家稅務局新版的通用機打發票和通用手工發票；從 2012 年 3 月 1 日起使用新版的通用定額發票（有獎）。

　　四川省國稅系統啟用的新版發票由各市（州）國家稅務局統一監制、布獎。

　　(1) 四川省國家稅務局通用機打發票分為平推式和卷式兩種，發票名稱為「四川省××市（州）國家稅務局通用機打發票」。通用機打發票一式兩聯，第一聯是發票聯，第二聯是記帳聯，發票開出後稅控機的卡片裡有記錄，每月要去稅務局清卡，否則下月無法繼續開票。如果是稅務機關代開的發票，則有第三聯，為代開單位留存。

　　國家稅務局通用機打發票平推式票樣如圖 5-6 所示。

　　(2) 國家稅務局通用手工發票分為千元版和百元版兩種，發票名稱為「四川省××市（州）國家稅務局通用手工發票」。國家稅務局通用手工發票一式三聯：第一聯是存根聯，第二聯是發票聯，第三聯是記帳聯。

第五章　發票管理實務

圖 5-6　國家稅務局通用機打發票

國家稅務局通用手工發票票樣如圖 5-7 所示。

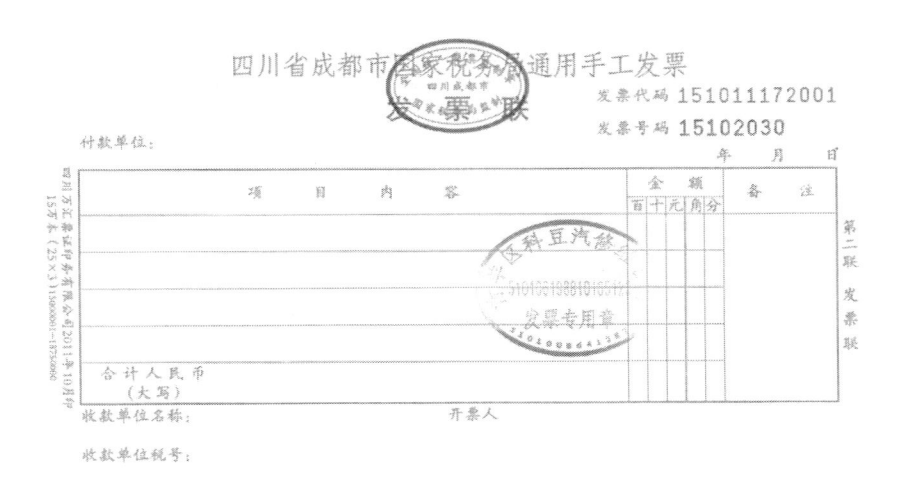

圖 5-7　國家稅務局通用手工發票

（3）國家稅務局通用定額發票按人民幣等值以元為單位，劃分為壹元、貳元、伍元、拾元、貳拾元、伍拾元、壹佰元、貳佰元，共 8 種面額。發票名稱為「四川省××市（州）國家稅務局通用定額發票（有獎）」，規格為 213 毫米×77 毫米，為並列三聯，即存根聯、發票聯、兌獎聯。定額有獎發票票樣如圖 5-8 所示。

定額有獎發票適用於四川省國稅系統管轄且實行定期定額徵收方式的個體工商戶和其他個人銷售貨物或者提供加工、修理修配勞務時開具（簡稱「開具定額有獎

111

發票的納稅人」）使用。

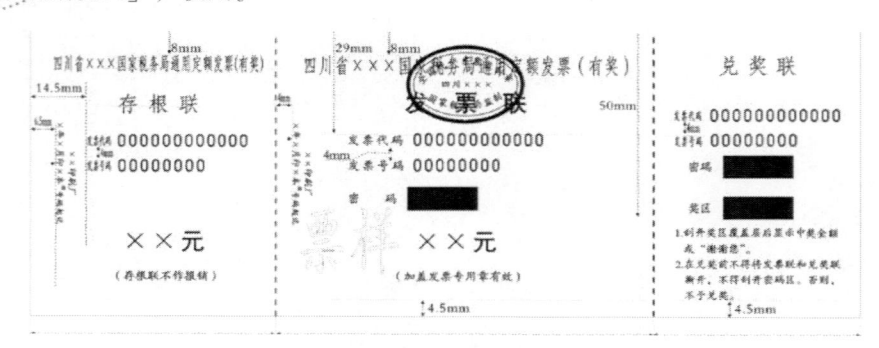

圖5-8　國家稅務局通用定額發票

（4）稅務機關代開統一發票是稅務機關或稅務機關委託其他單位根據收款方（或提供勞務服務方）的申請，依照法規、規章以及其他規範性文件的規定，代為向付款方（或接受勞務服務方）開具的發票。國家稅務機關代開統一發票一式三聯：第一聯是存根聯（代開單位留存），第二聯是發票聯（付款方記帳憑證），第三聯是記帳聯（收款方記帳憑證）。國家稅務機關代開統一發票票樣如圖5-9所示。

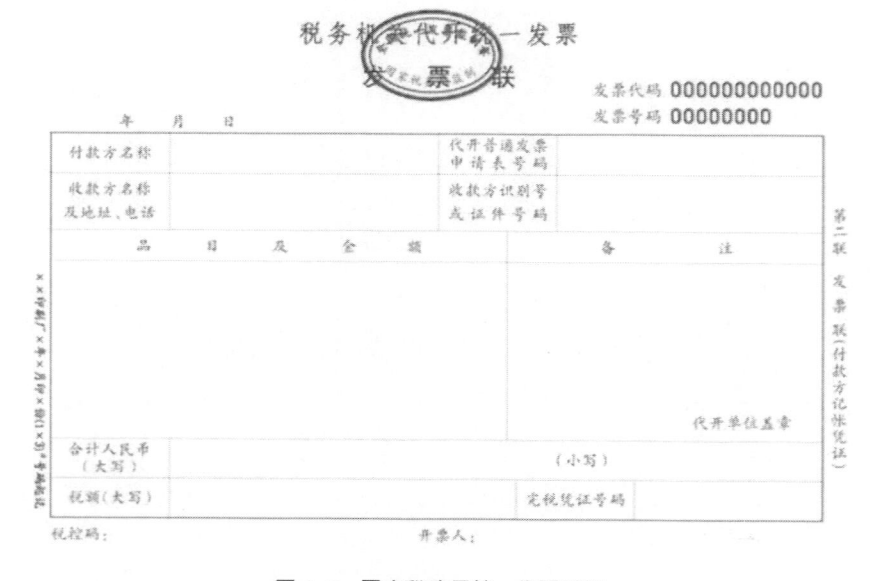

圖5-9　國家稅務局統一代開發票

（5）機動車銷售統一發票一式六聯，第一聯是發票聯（購貨單位付款憑證），第二聯是抵扣聯（購貨單位扣稅憑證），第三聯是報稅聯（車購稅徵收單位留存），第四聯是註冊登記聯（車輛登記單位留存），第五聯是記帳聯（銷貨單位記帳憑證），第六聯是存根聯（銷貨單位留存）。機動車銷售統一發票票樣如圖5-10所示。

第五章　發票管理實務

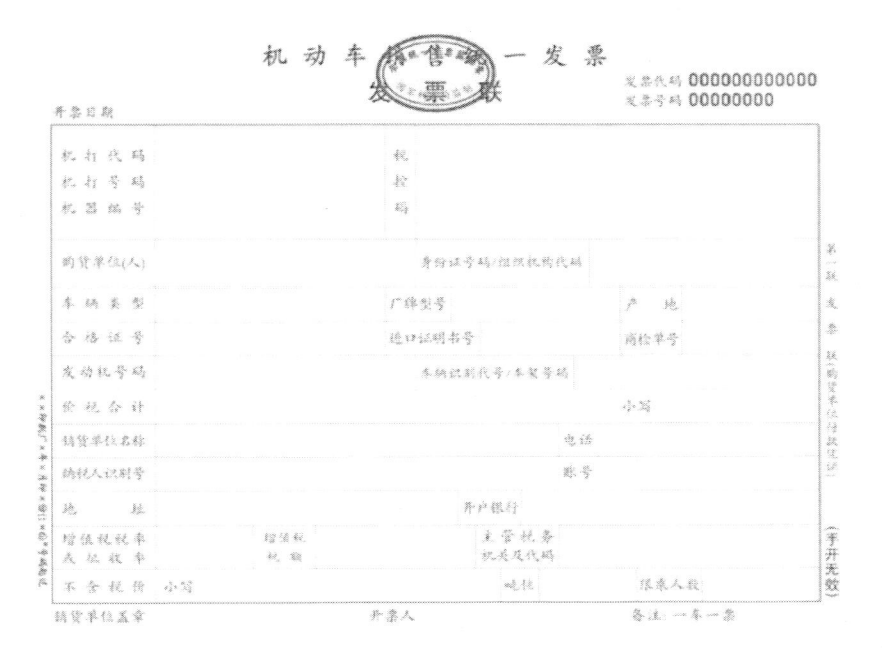

圖 5-10　國家稅務局機動車銷售統一發票

（6）發票換票證是稅務機關在進行稅務檢查或者發票管理中，需要對接受發票的單位和個人取得的發票進行查驗，將被查驗的發票調出時製作和使用的文書。發票換票證與所調出發票具有同等法律效力，被調出查驗發票的單位和個人不得拒絕接受。

發票換票證一式三聯，第一聯是存根聯，第二聯是換票聯，第三聯是查對聯。發票換票證票樣如圖 5-11 所示。

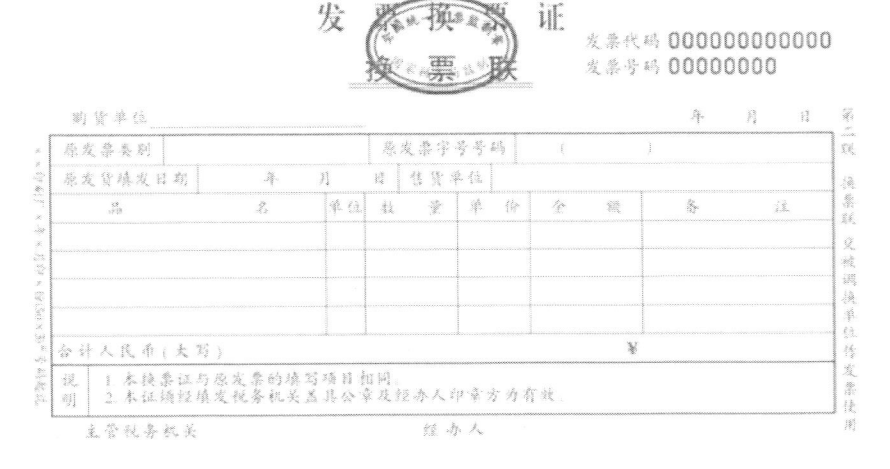

圖 5-11　國家稅務局統發票換票證

(7) 二手車統一發票一式五聯，第一聯是發票聯，第二聯是轉移登記聯，第三聯是出入庫聯，第四聯是記帳聯（車輛登記單位留存），第五聯是存根聯。二手車統一發票票樣如圖 5-12 所示。

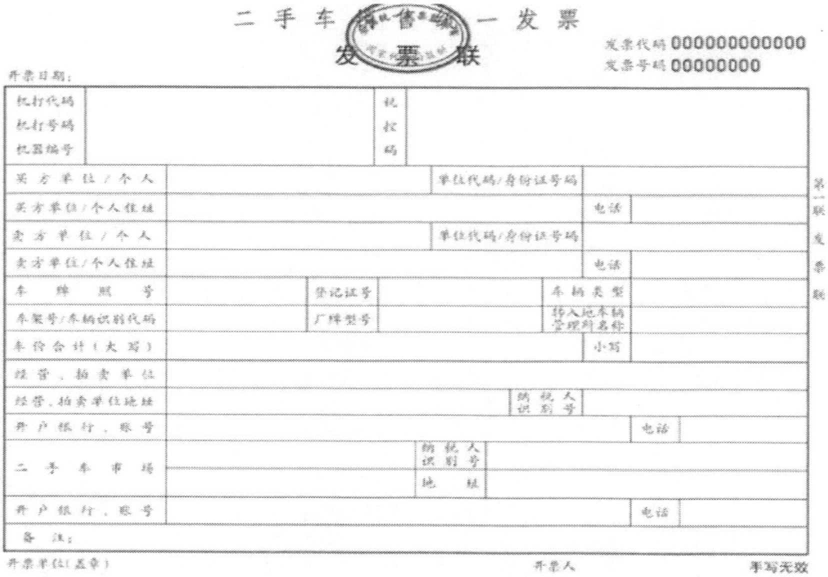

二手车 一发票

发票联

发票代码 000000000000
发票号码 00000000

开票日期：

机打代码 机打号码 机器编号		税控码			
买方单位/个人		单位代码/身份证号码			
买方单位/个人住址				电话	
卖方单位/个人		单位代码/身份证号码			
卖方单位/个人住址				电话	
车牌照号		登记证号		车辆类型	
车架号/车辆识别代码		厂牌型号		转入地车辆管理所名称	
车价合计（大写）				小写	
经营、拍卖单位					
经营、拍卖单位地址				纳税人识别号	
开户银行、账号				电话	
二手车市场		纳税人识别号			
		地址			
开户银行、账号				电话	
备注：					

第一联 发票联

开票单位（盖章） 开票人 手写无效

圖 5-12 國家稅務局二手車統一發票

（二）地稅發票

地稅發票是由地方稅務系統監制的普通發票。

按照《四川省地方稅務總局關於簡並發票種類統一發票式樣的公告》的要求，從 2011 年 5 月 1 日起四川省逐步啟用新版發票，簡並發票種類統一發票式樣後，四川省地稅發票包括通用類發票和印有單位名稱發票兩類。

1. 通用類發票

通用類發票包括：公路、內河貨物運輸業統一發票，建築業統一發票，銷售不動產統一發票，發票換票證，四川省××市地方稅務局通用機打發票，四川省××市地方稅務局通用機打發票（有獎），四川省××市地方稅務局通用手工發票，四川省××市地方稅務局通用定額發票，四川省××市地方稅務局通用定額發票（有獎）。

(1) 公路、內河貨物運輸業統一發票一式四聯，第一聯是發票聯，第二聯是抵扣聯，第三聯是記帳聯，第四聯是存根聯。公路、內河貨物運輸業統一發票票樣如圖 5-13 所示。

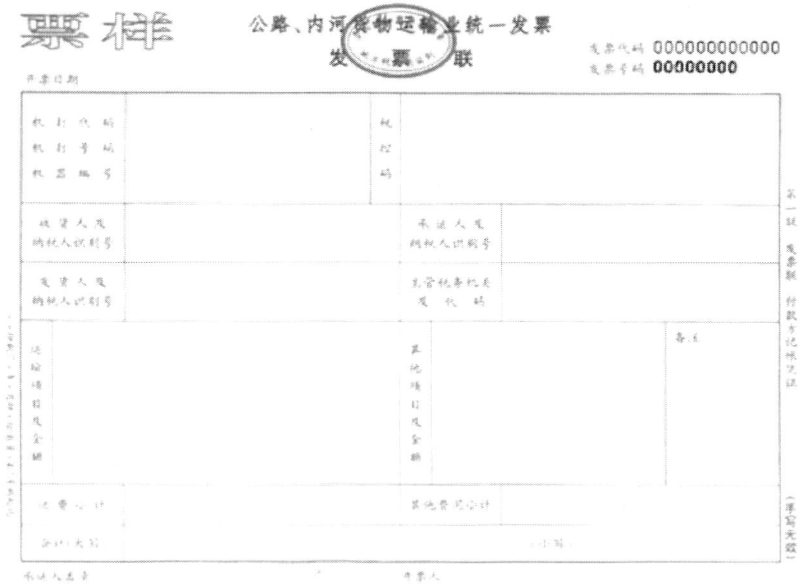

第五章 發票管理實務

圖 5-13 公路、內河貨物運輸業統一發票

（2）建築業統一發票一式三聯，第一聯是發票聯，第二聯是記帳聯，第三聯是存根聯。建築業統一發票票樣如圖 5-14 和圖 5-15 所示。

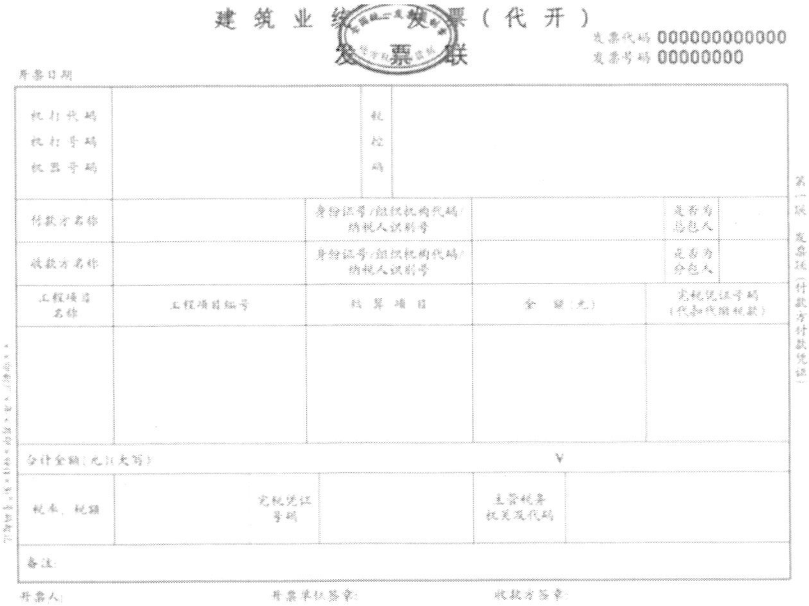

圖 5-14 建築業統一發票（代開）

115

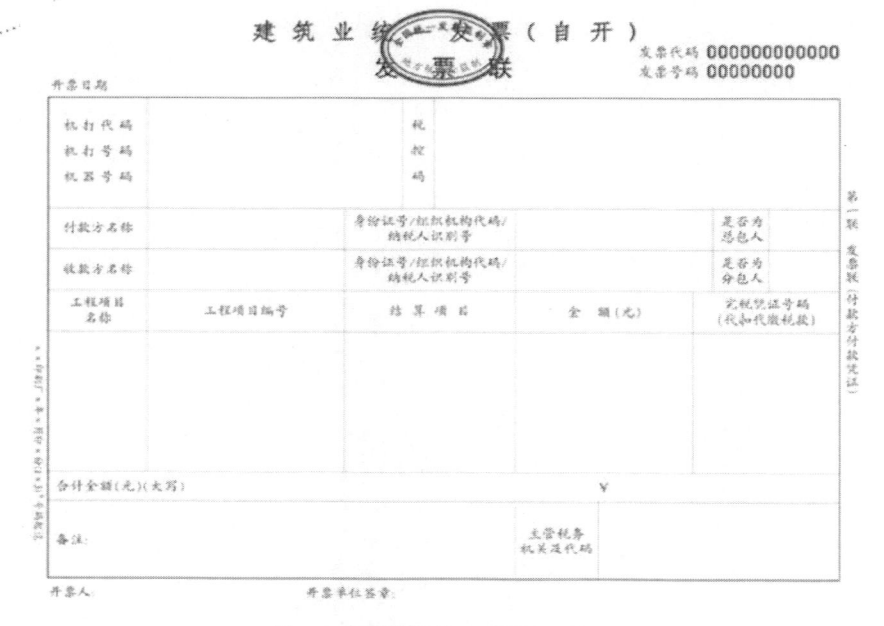

圖 5-15　建築業統一發票（自開）

（3）銷售不動產統一發票一式四聯，第一聯是發票聯，第二聯是辦證聯，第三聯是記帳聯，第四聯是存根聯。銷售不動產統一發票票樣如圖 5-16 和圖 5-17 所示。

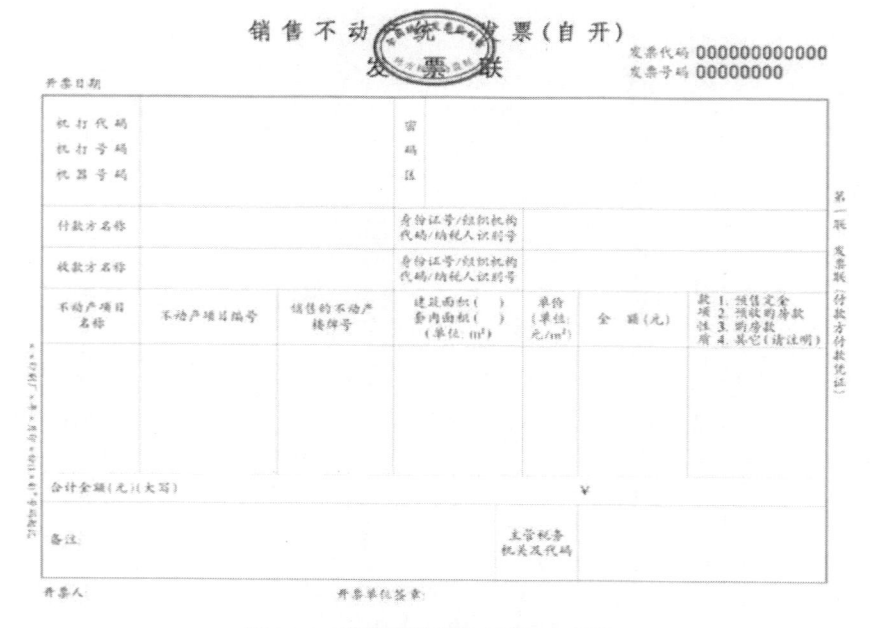

圖 5-16　銷售不動產統一發票（自開）

第五章　發票管理實務

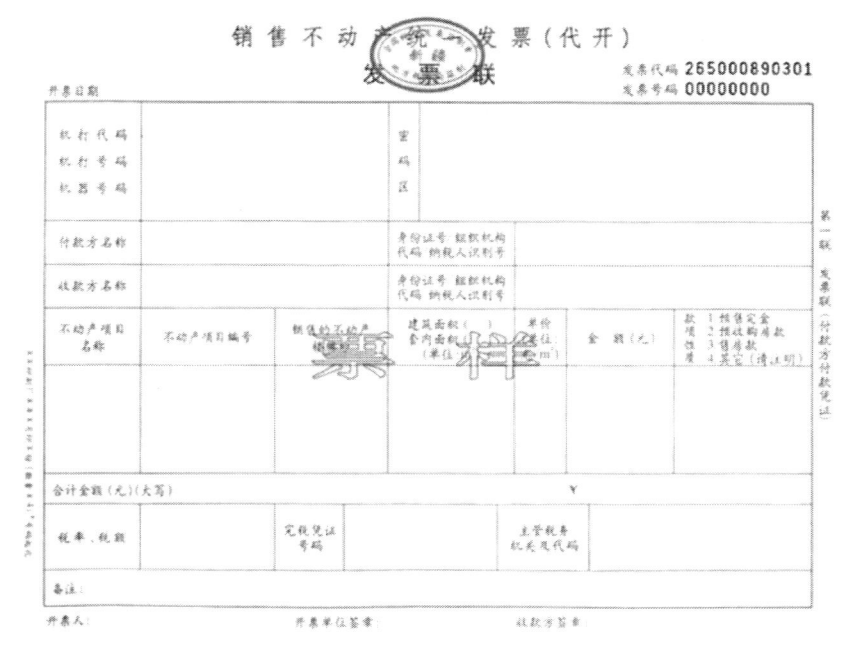

圖 5-17　銷售不動產統一發票（代開）

（4）發票換票證一式三聯，第一聯是存根聯，第二聯是換票聯，第三聯是查對聯。發票換票證票樣如圖 5-18 所示。

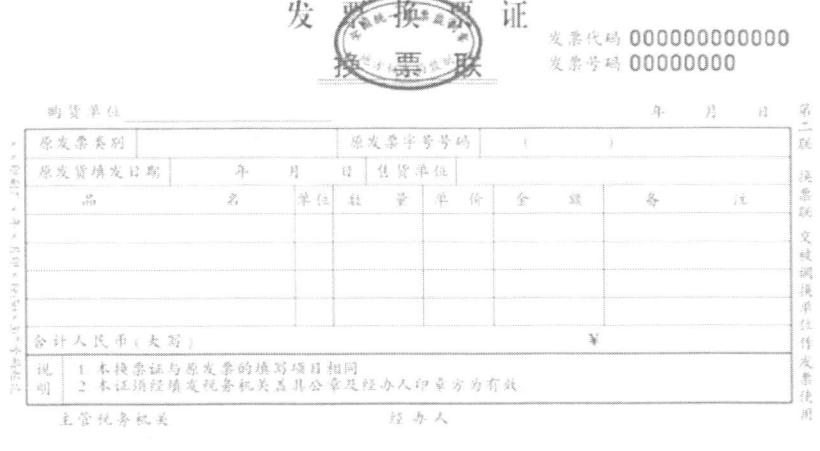

圖 5-18　發票換票證

（5）四川省地方稅務局通用機打發票一式兩聯，第一聯是發票聯，第二聯是記帳聯。四川省成都市通用機打發票票樣如圖 5-19 所示。

圖 5-19　通用機打發票

（6）四川省地方稅務局通用手工發票一式三聯，第一聯是發票聯，第二聯是記帳聯，第三聯是存根聯。通用手工發票票樣如圖 5-20 所示。

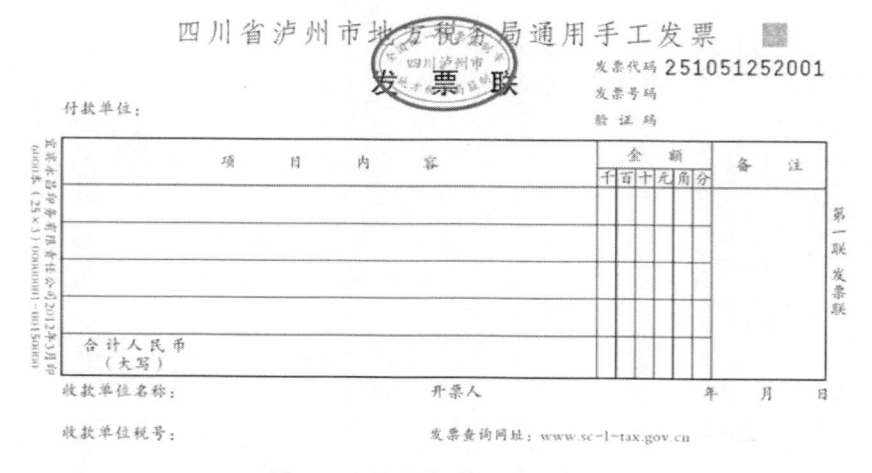

圖 5-20　通用手工發票（千元票）

（7）地方稅務局通用定額發票並列兩聯，即存根聯和發票聯。通用定額發票票樣如圖 5-21 所示。

第五章　發票管理實務

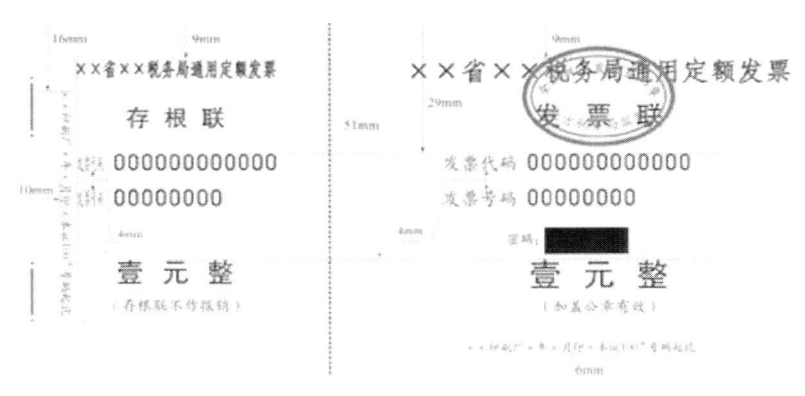

圖 5-21　通用定額發票

（8）地方稅務局通用定額發票（有獎）並列三聯，即存根聯、發票聯、兌獎聯。通用定額發票（有獎）票樣如圖 5-22 所示。

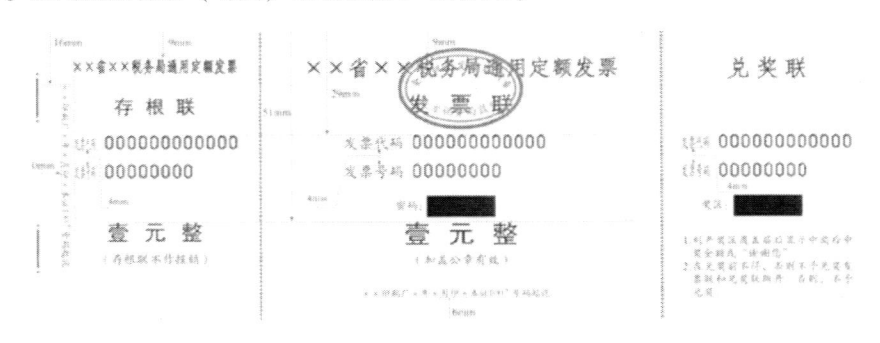

圖 5-22　通用定額發票（有獎）

2. 印有單位名稱發票
（1）公司機打發票。
（2）公司定額發票。
（3）保險公司保險憑證（保單代發票）。
（4）門票。
（5）公交公司客票。

三、普通發票的防偽措施

（一）國稅普通發票的防偽措施

新版普通發票的發票監制章、發票代碼和發票號碼不再使用紅色防偽熒光油墨。發票監制章油墨（機打卷式發票監制章除外）改為普通大紅色油墨。機打通用平推式發票和通用手工發票的各聯次發票代碼隨本聯次印色。發票號碼第一聯為普通大

紅色，其他聯次為上聯轉移色；機打通用卷式發票代碼隨本聯次印色，發票號碼為黑色。

新版機打卷式發票的印製使用普通紙張，其他新版普通發票採用的主要防偽措施如下：

1. 通用機打平推式發票

（1）紙張。發票最後一聯使用 40 克書寫紙，其他聯次統一使用總局發票定點防偽紙生產企業生產的干式復寫紙。

（2）各聯次背涂顏色。發票聯、抵扣聯背涂顏色為紫色，其他聯次背涂顏色為黑色，最後一聯無背涂。

（3）區域專署性。發票聯和抵扣聯背面，在發票紙張的涂布環節中，夾印有「四川國稅」字樣。

2. 通用手工發票

（1）紙張。發票最後一聯使用 40 克書寫紙，其他聯次統一使用總局發票定點防偽紙生產企業生產的干式復寫紙。

（2）存根聯、發票聯背涂顏色為紫色，記帳聯無背涂。

（3）區域專署性。存根聯和發票聯背面，在發票紙張的涂布環節中，夾印有「四川國稅」字樣。

3. 總局保留票種

（1）機動車銷售統一發票。使用紙張防偽：①發票最後一聯使用 40 克書寫紙，其他聯次繼續使用總局原來規定的干式復寫紙。②發票最後一聯無背涂，其他聯次背涂顏色均為黑色。③各聯次印色仍按《國家稅務總局關於使用新版機動車銷售統一發票有關問題的通知》（國稅函〔2006〕479 號）規定保持不變。發票聯為棕色，抵扣聯為綠色，報稅聯為紫色，註冊登記聯為藍色，記帳聯為紅色，存根聯為黑色。發票代碼、發票號碼印色為黑色。

（2）二手車銷售統一發票。①紙張。發票最後一聯使用 40 克書寫紙，其他聯次統一使用總局發票定點防偽紙生產企業生產的干式復寫紙。②各聯次背涂顏色。發票聯和轉移登記聯背涂顏色為紫色，其他聯次背涂顏色為黑色，最後一聯無背涂。③區域專署性。發票聯和轉移登記聯背面，在發票紙張的涂布環節中，夾印有「四川國稅」字樣。④各聯次印色仍按《國家稅務總局關於統一二手車銷售發票式樣問題的通知》（國稅函〔2005〕693 號）規定保持不變。發票聯為棕色，轉移登記聯為藍色，出入庫聯為紫色，記帳聯為紅色，存根聯為黑色。各聯次發票代碼隨印色，發票號碼第一聯為普通大紅色，其他聯次為轉移色。

4. 國稅定額有獎發票防偽措施

（1）使用溫變圖案防偽紙印製。發票紙張背面有稅徽和「四川國稅」字樣組成

的區域屬性標示。標示在常溫下顯淺紅色，高溫下變為無色。

（2）發票票面加印密碼。

（3）發票監制章使用防偽熒光油墨印製。

（二）地稅普通發票的防偽措施

1. 驗證碼

新版發票的發票聯（城市公交客票除外）均採用驗證碼防偽措施。驗證碼由 8 位數字組成。有獎發票驗證碼為密碼，其他發票驗證碼為明碼。

2. 防偽紙

（1）四川省新版定額發票（無獎、有獎）和單聯機打發票［平推、卷式（出租車發票除外）］使用 70 克白水印稅徽圖案和黑水印「四川地稅」字樣加背面具有劃痕顯紫紅色線條的防偽水印紙。

（2）新版多聯機打發票［平推（含建築業銷售不動產發票）、卷式］和手工發票的發票聯（第一聯）使用 45 克有色和無色熒光彩織加背面具有劃痕顯紫紅色線條的防偽壓感紙。

（3）新版貨運發票各聯仍使用背塗干式復寫紙。

（4）通用發票無法涵蓋的門票和城市公交車客票暫不使用防偽紙。

四、新版發票各聯印色及套印（加蓋）發票專用章的規定

（一）新版發票各聯印色

新版發票聯為棕色；記帳聯為藍色；存根聯為黑色。如聯次有增加印色，依次為紫色、紅色。定額發票印色統一為棕色。

新版公路、內河貨物運輸業統一發票、建築業統一發票、銷售不動產統一發票各聯印色與舊版發票印色一致。

（二）新版發票的發票聯套印（加蓋）發票專用章的規定

（1）所有印有單位名稱發票原則上都必須在印製環節套印用票單位發票專用章，通用發票則由用票單位在開具發票時加蓋發票專用章；發票專用章套印（加蓋）在發票右下方。

（2）發票專用章的形狀為橢圓形，長軸為 40 毫米、短軸為 30 毫米、邊寬 1 毫米，印色為紅色。發票專用章中央刊納稅人識別號，外刊納稅人名稱，自左而右環行，如名稱字數過多，可使用規範化簡稱。下刊「發票專用章」字樣。

（3）使用多枚發票專用章的納稅人，應在每枚發票專用章正下方刊順序編碼，如「（1）、（2）……」字樣。發票專用章所刊漢字，應當使用簡化字，字體為仿宋體。「發票專用章」字樣字高 4.6 毫米、字寬 3 毫米；納稅人名稱字高 4.2 毫米、字寬根據名稱字數確定；納稅人識別號數字為 Arial 體，數字字高為 3.7 毫米，字寬

1.3 毫米。

五、新版普通發票分類代碼及號碼

（一）普通發票分類代碼及編製規則

普通發票分類代碼（以下簡稱分類代碼）為12位阿拉伯數字。從左至右排列：

第1位為稅務機關代碼：「0」代表國家稅務總局監製發票；「1」代表國家稅務局監製發票；「2」代表地方稅務局監製發票。

第2、3、4、5位為普通發票監製單位所在地區的行政區劃代碼（地、市級）的前4位。例如：四川省地方稅務局為5100，成都市地方稅務局為5101，瀘州市地方稅務局為5105等。

第6、7位為年份代碼，表示印製發票的年度，取後兩位數字，例如2012年以12表示。

第8位為發票格式代碼，各省、市、自治區根據自己的實際情況確定。比如，四川省國稅發票中的1表示通用機打平推式發票，5表示通用機打定長卷式發票，6表示通用機打定不長卷式冠名發票，7表示通用手工發票，9表示定額發票；四川省地稅發票中的4表示通用機打發票，5表示通用手工發票，6表示定額發票等。

第9、10、11、12位為細化的發票種類代碼，按照保證每份發票編碼唯一的原則，由省、自治區、直轄市和計劃單列市國家稅務局、地方稅務局自行編製。

比如，四川省成都市地稅通用手工發票第12位數字的含義：1表示千元票，2表示百元票。通用定額發票第12位數字的含義：1表示壹元票，2表示貳元票，3表示伍元票，4表示拾元票，5表示貳拾元票，6表示伍拾元票，7表示壹佰元票。

例如，圖5-20的發票代碼是251051252001，其含義為：

第1位2，表示是地方稅務局監製的；

第2、3、4、5位5105，表示四川省瀘州市的選擇代碼；

第6、7位12，表示發票的印製年度即2012年；

第8位5，表示通用手工發票；

第9、10、11位，表示發票順序；

第12位1，表示是千元票。

（二）普通發票號碼

普通發票號碼在發票的右上方，其編製規則同增值稅發票號碼編製規則，此處不再贅述。

第五章 發票管理實務

● 第三節 發票的領購與使用

一、發票的領購

(一) 發票領購的基本規定

一般情況下，企業使用的發票是由國家稅務機關統一設計樣式，並指定印刷廠印刷，並套印（縣）市以上稅務機關發票監督印章；由納稅人自行到主管稅務機關申請領購。

已辦理稅務登記的單位和個人，可以按下列規定向主管稅務機關申請領購發票。

第一，提出購票申請。單位或個人在申請購票時，必須提出購票申請報告，在報告中載明單位和個人的名稱、所屬行業、經濟類型、需要發票的種類、名稱、數量等內容，並加蓋單位公章和經辦人印章。

第二，提供有關證件。領購發票的單位或者個人必須提供稅務登記證件，購買專用發票的，應當提供蓋有「增值稅一般納稅人」確認專章的稅務登記證件、經辦人身分證明和其他有關證明、財務印章或發票專用章的印模。

第三，持簿購買發票。購票申請報告經有權稅務機關審查批准後，購票者應當領取稅務機關核發的「普通發票領購簿」或「增值稅專用發票領購簿」，根據核定的發票種類、數量以及購票方式，到指定的稅務機關領購發票。單位或個人購買專用發票的，還應當場在發票聯和抵扣聯上加蓋發票專用章或財務印章等章戳。

第四，領購發票的數量。按照「發票領購簿」上核准的數量向主管稅務機關領購發票。

(二) 增值稅專用發票的領購

一般納稅人憑「發票領購簿」、IC卡和經辦人身分證明領購專用發票。

一般納稅人有下列三種情形之一的，不得領購開具專用發票：

（1）會計核算不健全，不能向稅務機關準確提供增值稅銷項稅額、進項稅額、應納稅額數據及其他有關增值稅稅務資料的。上列其他有關增值稅稅務資料的內容，由省、自治區、直轄市和計劃單列市國家稅務局確定。

（2）有《中華人民共和國稅收徵管法》規定的稅收違法行為，拒不接受稅務機關處理的。

（3）有下列行為之一，經稅務機關責令限期改正而仍未改正的：

① 虛開增值稅專用發票；

② 私自印製專用發票；

③ 向稅務機關以外的單位和個人買取專用發票；

④ 借用他人專用發票；

⑤ 未按規定開具專用發票；

⑥ 未按規定保管專用發票和專用設備；（指未設專人保管專用發票和專用設備；未按稅務機關要求存放專用發票和專用設備；未將認證相符的專用發票抵扣聯、「認證結果通知書」和「認證結果清單」裝訂成冊；未經稅務機關查驗，擅自銷毀專用發票基本聯次）

⑦ 未按規定申請辦理防偽稅控系統變更發行；

⑧ 未按規定接受稅務機關檢查。

有上列情形的，如已領購專用發票，主管稅務機關應暫扣其結存的專用發票和IC卡。

（三）發票領購的基本程序

根據《中華人民共和國發票管理辦法》第十六條規定：「申請領購發票的單位和個人應當提出購票申請，提供經辦人身分證明、稅務登記證件或者其他有關證明，以及財務印章或者發票專用章印模，經主管稅務機關審核後，發給發票領購簿，領購發票的單位和個人憑發票領購簿核准的種類、數量以及購票方式，向主管稅務機關領購發票。」

所以，單位或個人領購發票，首先要領取「發票領購簿」，然後再根據領購簿領購發票。

1. 領取「發票領購簿」的基本程序

（1）領購發票的納稅人具備的條件：第一，依法辦理稅務登記、依法納稅；第二，申請領購發票種類與營業執照核定的經營範圍相符；第三，依法不需要辦理稅務登記證。

（2）申請材料目錄：

① 「稅務行政許可申請表」；

② 「營業執照」（副本）原件及複印件；

③ 「稅務登記證」（副本）原件及複印件；

④ 經辦人身分證或其他有效身分證明複印件；

⑤ 財務專用章或者發票專用章印模。

（3）領取「發票領購簿」（又稱「發票準購證」）的基本程序如下：

① 申請人如實填寫「稅務行政許可申請表」，向主管稅務機關提出許可申請；

② 申請人將「稅務行政許可申請表」和有關資料報送主管地方稅務機關「行政許可」窗口；

③ 主管地方稅務機關對申請人提出的申請，分別做出不受理、不予受理、要求補正材料、受理的處理；

④ 主管地方稅務機關對申請人提出的申請進行審查，做出決定；

⑤ 領取「發票領購簿」。

圖5-23是成都市地方稅務局辦理「普通發票準購證」流程圖。

第五章　發票管理實務

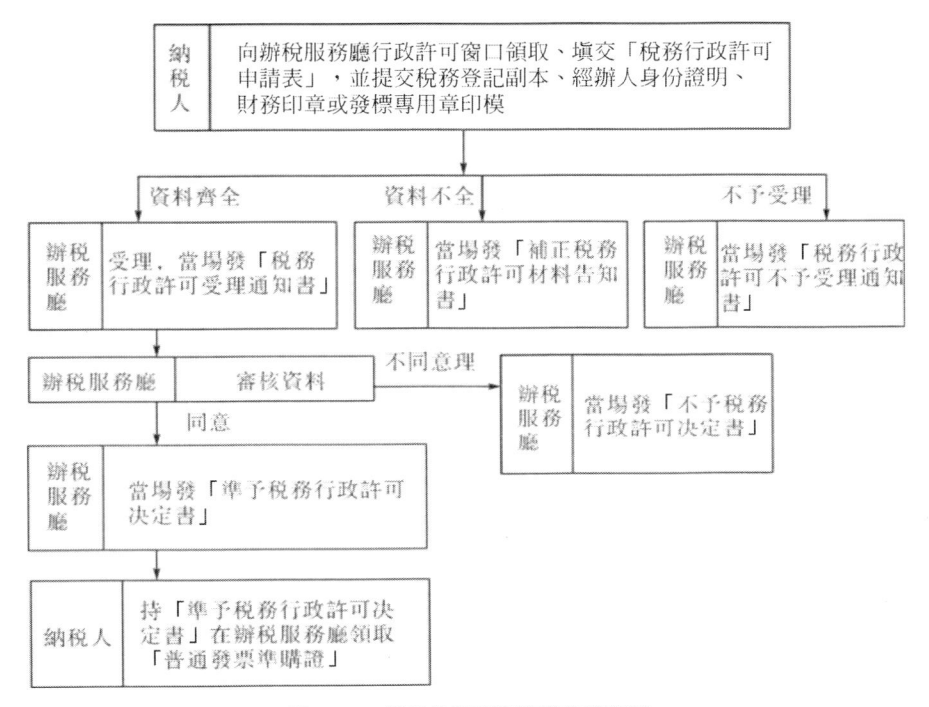

圖 5-23　辦理普通發票準購證流程圖

2. 領購發票基本程序

圖 5-24 是成都市地方稅務局領購發票的流程圖。

如果是第一次領購發票，納稅人首先要持「發票準購證」到主管稅務所作發票鑒定，然後才能持「發票準購證」到辦稅服務廳發票窗口購票。

如果不是第一次購票，而發票鑒定內容又未發生改變的，納稅人可直接持「發票準購證」及核銷清單到發票窗口辦理核銷、購票。

（四）申請領購「發票購用印製簿」

有固定生產經營場所、財務和發票管理製度健全、發票使用量較大的單位，可以申請印有本單位名稱的普通發票；如普通發票式樣不能滿足業務需要，也可以自行設計本單位的普通發票樣式，報省轄市稅務局批准，按規定數量、時間到指定印刷廠印製。自行印製的發票應當交主管稅務機關保管，並按前款規定辦理領購手續。

1. 申請領購「發票購用印製簿」的基本條件

（1）依法納稅。
（2）有固定的生產經營場所。
（3）財務會計和發票管理製度健全。
（4）發票使用數量大。
（5）統一發票式樣不能滿足業務需要。

125

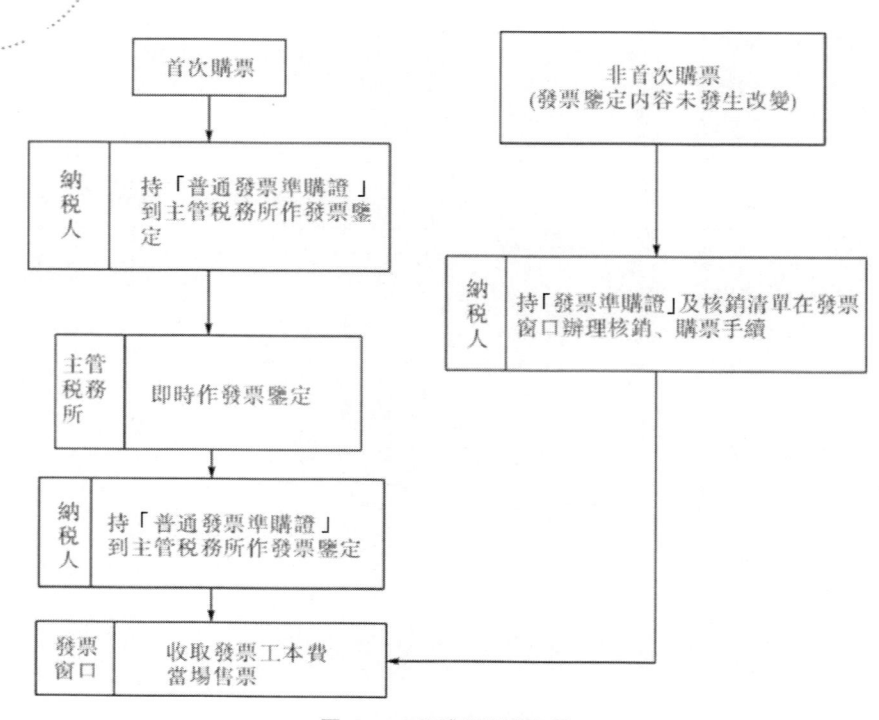

圖 5-24　領購發票流程圖

2. 程序

圖 5-25 是成都市地方稅務局領購「發票購用印製簿」的流程圖。

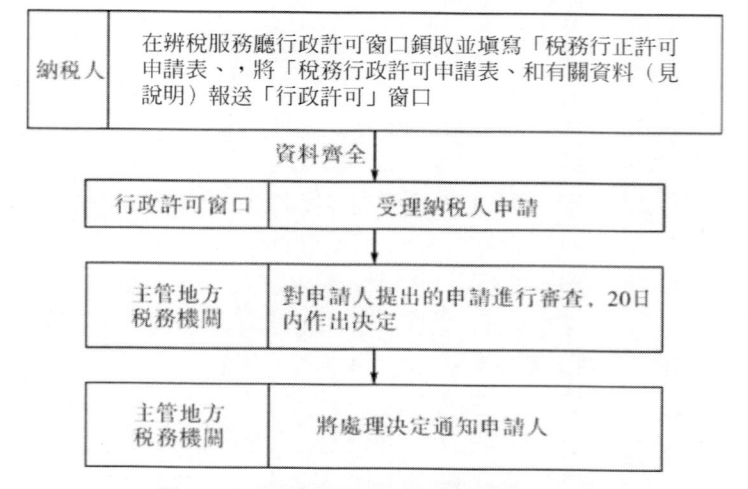

圖 5-25　申領領購「發票購用印製簿」流程

第五章　發票管理實務

（1）申請人如實填寫「稅務行政許可申請表」，向縣（市、區）以上地方稅務機關提出許可申請。

（2）申請人將「稅務行政許可申請表」和有關資料報送主管地方稅務機關「行政許可」窗口，省地方稅務局印製的發票由申請人將「稅務行政許可申請表」和有關資料報送省地方稅務局徵收管理處。

（3）主管地方稅務機關和省地方稅務局對申請人提出的申請，分別做出不受理、不予受理、要求補正材料、受理的處理。

（4）主管地方稅務機關對申請人提出的申請進行審查，做出初步審查意見，並將初步審查意見及有關材料報審批地方稅務機關審批，做出決定。

（5）審批地方稅務機關做出許可決定後，及時退交受理窗口，由受理窗口送達申請人。

3. 申請材料目錄

（1）「稅務行政許可申請表」。

（2）「營業執照」（副本）原件及複印件。

（3）「稅務登記證」（副本）原件及複印件。

（4）經辦人身分證或其他有效身分證明複印件。

（5）財務專用章或者發票專用章印模。

二、發票的使用

（一）基本規定

（1）建立發票使用登記製度，設置發票登記簿，並定期向主管稅務機關報告發票使用情況。

（2）出納人員領用發票時，須辦理發票的領用手續，填寫發票領用單，經有關領導簽字批准後，順序領用發票。

（3）使用中的具體規定：

① 發票的使用應當按照發票號的先後順序；

② 不得隔頁跳號使用；

③ 不得拆本使用；

④ 不得自行擴大專用發票的使用範圍；

⑤ 更不能轉讓、代開發票。

（4）發票使用完畢，其存根聯應當單獨保存在一本憑證裡，且存根號應當是連續的，如存根號不連續，應及時通知稅務機關，與之核對，查明其原因。

(二) 發票的使用區域

發票只限於用票單位或個人自己使用，不得帶到本省、自治區、直轄市以外的區域填開。到本省、自治區、直轄市以外的區域從事經營活動的，需要開具發票的，視不同情況，按下列規定辦理。

(1) 固定工商業戶到外地銷售貨物的，應當憑機構所在地稅務機關填發的「外出經營活動稅收管理證明」向經營地稅務機關申請領購或者填開經營地的普通發票。

申請領購發票時，應當提供保證人或者根據所領購發票的票面限額及數量交納不超過一萬元的發票保證金，並限期繳銷發票。按期繳銷發票的，解除保證人的擔保義務或者退還保證金；未按期繳銷發票的，由保證人承擔法律責任或者收繳保證金。

(2) 臨時經營者，依法不需要辦理稅務登記的納稅人以及其他未領取稅務登記證的納稅人不得領購發票，需用發票時，可向經營地主管國家稅務機關申請填開。申請填開時，應提供足以證明發生購銷業務或者提供勞務服務以及其他經營業務活動方面的證明，對稅法規定應當繳納稅款的，應當先繳稅後開票。

(三) 發票開具的基本規定

(1) 發票只限於用票本單位自己填開使用，不得轉借、轉讓、代開發票；未經國家稅務機關批准，不準拆本使用發票。

(2) 出納人員只能使用按照國家稅務機關批准印製或購買的發票，不得用「白條」和其他票據代替發票，也不得自行擴大專業發票的使用範圍。

(3) 發票只準在領購發票所在地填開，不準攜帶到外縣（市）使用。到外縣（市）從事經營活動，需要填開普通發票的，按規定可到經營地國家稅務機關申請購買發票或者申請填開。

(4) 凡銷售商品、提供服務以及從事其他經營業務活動的單位和個人，對外發生經營業務收取款項，收款方應如實向付款方填開發票；但對收購單位和扣繳義務人支付個人款項時，可按規定由付款單位向收款個人填開發票；對向消費者個人零售小額商品或提供零星勞務服務，可以免於逐筆填開發票，但應逐日記帳。

(5) 出納人員必須在實現經營收入或者發生納稅義務時填開發票，未發生經營業務一律不準填開發票。

(6) 出納人員填開發票時，必須按照規定的時限、號碼順序填開，填寫時必須保證項目齊全、內容真實、字跡清楚，全份一次復寫，各聯內容完全一致，並加蓋單位財務印章或者發票專用章。填開發票應使用中文，也可以使用中外兩種文字。

第五章　發票管理實務

對於填開發票後，發生銷貨退回或者折價的，在收回原發票或取得對方國家稅務機關的有效證明後，方可填開紅字發票。

（7）發票一經填開，不得塗改，如填錯發票，應當另行開具，並在錯誤的發票上書寫或加蓋「作廢」字樣，完整保存各聯備查。

（8）所填發票的票面金額必須與實際收取的金額相符，即票物相符。

（四）增值稅專用發票開具

1. 專用發票的開具範圍

一般納稅人銷售貨物或者提供應稅勞務，應向購買方開具專用發票。但下列情況不得開具增值稅專用發票：向消費者銷售應稅項目，銷售免稅項目，銷售報關出口的貨物、在境外銷售應稅勞務，將貨物用於非應稅項目，將貨物用於集體福利或個人消費，將貨物無償贈送他人，提供應稅勞務（應當徵收增值稅的除外）、轉讓無形資產或銷售不動產，商業企業一般納稅人零售的菸、食品、服裝、鞋帽（不包括勞保福利用品）、化妝品等消費品，向小規模納稅人銷售應稅項目。

2. 一般納稅人開具專用發票的時限

採用預收貨款、托收承付、委託銀行收款結算方式的，為貨物發出的當天。採用交款提貨結算方式的，為收到貨款的當天。採用賒銷、分期付款結算方式的，為合同約定的收款日期的當天。設有兩個以上機構並實行統一核算的納稅人，將貨物從一個機構移送其他機構用於銷售，按規定應當徵收增值稅的，為貨物移送的當天。將貨物交付他人代銷的，為收到受託人送交的代銷清單的當天。將貨物作為投資提供給其他單位或個體經營者，為貨物移送的當天。將貨物分配給股東，為貨物移送的當天。

3. 專用發票開具要求

（1）項目齊全，與實際交易相符；

（2）字跡清楚，不得壓線、錯格；

（3）在發票聯和抵扣聯加蓋財務專用章或者發票專用章；

（4）按照增值稅納稅義務的發生時間開具。

對不符合上列要求的專用發票，購買方有權拒收。

4. 一般納稅人銷售貨物或者提供應稅勞務可匯總開具增值稅專用發票

匯總開具專用發票的，同時使用防偽稅控系統開具「銷售貨物或者提供應稅勞務清單」（如表5-2所示）並加蓋財務專用章或者發票專用章。

表 5-2　　　　　　　　　銷售貨物或者提供應稅勞務清單

購買方名稱：

銷售方名稱：

所屬增值稅專用發票代碼：　　　　號碼：　　　　　共　頁　第　頁

序號	貨物（勞務）名稱	規格型號	單位	數量	單價	金額	稅率	稅額
備註								

　　　　　　　　　　　　　　　　　　　　填開日期：　　年　月　日

註：本清單一式兩聯，第一聯由銷售方留存，第二聯由銷售方送交購買方。

5. 小規模納稅人申請代開專用發票

增值稅小規模納稅人需要開具增值稅專用發票的，可向主管稅務機關申請代開。小規模納稅人申請代開專用發票的規定如下：

首先，向主管國家稅務機關提出書面申請，報縣（市）國家稅務機關批准後，領取「××省國家稅務局代開增值稅專用發票許可證」（以下簡稱「許可證」）；

然後，持「許可證」、供貨合同、進貨憑證等向主管國家稅務機關提出申請，填寫「填開增值稅專用發票申請單」，經審核無誤後，才能開具專用發票。

6. 發生銷貨退回或開票有誤等情形的處理

（1）一般納稅人在開具增值稅專用發票當月，發生銷貨退回、開票有誤等情形，收到退回的發票聯、抵扣聯符合作廢條件的，按作廢處理；開具時發現有誤的，可即時作廢。作廢條件：

① 收到退回的發票聯、抵扣聯時間未超過銷售方開票當月；

② 銷售方未抄稅並且未記帳；

③ 購買方未認證或者認證結果為「納稅人識別號認證不符」「專用發票代碼、號碼認證不符」。

作廢專用發票須在防偽稅控系統中將相應的數據電文按「作廢」處理，在紙質專用發票（含未打印的專用發票）各聯次上註明「作廢」字樣，全聯次留存。

（2）一般納稅人取得專用發票後，發生銷貨退回、開票有誤等情形但不符合作

第五章 發票管理實務

廢條件的,或者因銷貨部分退回及發生銷售折讓的,購買方應向主管稅務機關填報「開具紅字增值稅專用發票申請單」(以下簡稱「申請單」),具體如表 5-3 所示。

表 5-3　　　　　　　　　　開具紅字增值稅專用發票申請單

NO.

銷售方	名　稱		購買方	名　稱	
	稅務登記代碼			稅務登記代碼	

開具紅字專用發票內容	貨物(勞務)名稱	單價	數量	金額	稅額
	合計		—	—	

說明	對應藍字專用發票抵扣增值稅銷項稅額情況: 　　　　已抵扣□ 　　　　未抵扣□ 　　　　納稅人識別號認證不符□ 　　專用發票代碼、號碼認證不符□ 　對應藍字專用發票密碼區內打印的代碼:＿＿＿＿＿ 　　　　　號碼:＿＿＿＿＿ 　開具紅字專用發票理由:

申明:我單位提供的「申請單」內容真實,否則將承擔相關法律責任。
　購買方經辦人:　　　　　　　　購買方名稱(印章):＿＿＿＿＿＿
　　　　　　　　　　　　　　　　　　　　　年　　月　　日

註:本申請單一式兩聯,第一聯由購買方留存,第二聯由購買方主管稅務機關留存。

「申請單」應加蓋一般納稅人財務專用章。

「申請單」所對應的藍字專用發票應經稅務機關認證;經認證結果為「認證相符」並且已經抵扣增值稅進項稅額的,一般納稅人在填報「申請單」時不填寫相對應的藍字專用發票信息。

經認證結果為「納稅人識別號認證不符」「專用發票代碼、號碼認證不符」的,一般納稅人在填報「申請單」時應填寫相對應的藍字專用發票信息。

(3) 主管稅務機關對一般納稅人填報的「申請單」進行審核後,出具「開具紅

字增值稅專用發票通知單」（以下簡稱「通知單」），具體如表 5-4 所示。「通知單」應與「申請單」一一對應。

「通知單」應加蓋主管稅務機關印章。

「通知單」應按月依次裝訂成冊，並比照專用發票保管規定管理。

表 5-4　　　　　　　　　　　開具紅字增值稅專用發票通知單

填開日期：　　年　月　日　　　　　　　　　　　　　　　　　NO.

銷售方	名　稱		購買方	名　稱	
	稅務登記代碼			稅務登記代碼	

開具紅字發票內容	貨物（勞務）名稱	單價	數量	金額	稅額
	合計	—	—		

說明	需要做進項稅額轉出□ 不需要做進項稅額轉出□ 納稅人識別號認證不符□ 專用發票代碼、號碼認證不符□ 對應藍字專用發票密碼區內打印的代碼：＿＿＿＿ 　　　　　　　　　　　　　　號碼：＿＿＿＿ 開具紅字專用發票理由：

經辦人：　　　　負責人：　　　　主管稅務機關名稱（印章）：＿＿＿＿＿＿

註：（1）本通知單一式三聯，第一聯由購買方主管稅務機關留存，第二聯由購買方送交銷售方留存，第三聯由購買方留存。

（2）通知單應與申請單一一對應。

（3）銷售方應在開具紅字專用發票後到主管稅務機關進行核銷。

（4）購買方必須暫依「通知單」所列增值稅稅額從當期進項稅額中轉出，未抵扣增值稅進項稅額的可列入當期進項稅額，待取得銷售方開具的紅字專用發票後，與留存的「通知單」一併作為記帳憑證。

經認證結果為「納稅人識別號認證不符」「專用發票代碼、號碼認證不符」的，不做進項稅額轉出。

（5）銷售方憑購買方提供的「通知單」開具紅字專用發票，在防偽稅控系統中

以銷項負數開具。

紅字專用發票應與「通知單」一一對應。

第四節　發票的保管與繳銷

一、發票保管的基本規定

（1）建立發票保管製度，設置發票登記簿，指派專人負責保管發票，妥善保管，不得丟失。發票丟失，應於當日書面報告主管稅務機關，並在報刊和電視等傳播媒介上公開聲明作廢，同時接受稅務機關的處罰。

（2）開具發票的單位和個人應當在辦理變更或者註銷稅務登記的同時，辦理發票和發票領購簿的變更、繳銷手續。

（3）開具發票的單位和個人應當按照稅務機關的規定存放和保管發票，不得擅自損毀。已開具的發票存根聯和發票登記簿，應當保存五年。保存期滿，報經稅務機關查驗後銷毀。

（4）對於填寫錯誤的發票，應完整保管其各聯，不得私自銷毀。作廢的發票要加蓋「作廢」專用章，各聯要連同存根聯一併保管，不得撕毀、丟失。

二、發票丟失、被盜的處理

（一）發票丟失、被盜的處理程序

1. 報告

納稅人發生丟失、被盜增值稅發票或普通發票時，應立即書面報告主管國家稅務機關，向稅務機關文書受理窗口領取並填寫好「發票掛失聲明審批表」「丟失、被盜發票清單」「《發票遺失聲明》刊出登記表」（如表5-5所示），同時向文書受理窗口提供以下材料：

（1）遺失證明材料；

（2）刊登作廢聲明的文字材料；

（3）「發票領購簿」；

（4）經辦人身分證及複印件。

2. 審理

稅務機關文書受理窗口為納稅人開具「稅務文書領取通知單」，並將有關資料轉發票供售部門按稅務違法、違章工作程序處理後，在「發票掛失聲明申請審批表」（如表5-6所示）上簽章交文書受理窗口，納稅人憑「稅務文書領取通知單」到文書受理窗口領取。

3. 公開聲明作廢

（1）如果是增值稅專用發票丟失、被盜，納稅人必須將「《發票遺失聲明》刊

出登記表」和「掛失登報費」一併郵寄中國稅務報社,在《中國稅務報》上公開聲明作廢。

(2) 如果普通發票丟失、被盜,納稅人在當地新聞媒介上公開聲明作廢。

4. 驗銷發票

納稅人公開聲明作廢後,持刊物原件及以下資料到稅務機關的發票供售部門驗銷發票:

(1)「發票掛失聲明審批表」;

(2)「發票繳銷登記表」;

(3)「發票領購簿」;

(4) 經辦人身分證。

發票供售部門審核以上資料合格後,在徵管電腦系統中驗銷其相應的領購記錄,在「發票領購簿」上登記驗銷記錄,在「發票繳銷登記表」上簽章後交納稅人。

表 5-5　　　　　(FP041)《專用發票遺失聲明》刊出登記表

請按下列表格填寫清楚

刊出內容:					
地　　址					
聯繫電話		郵政編碼		聯繫人	

申請刊出單位（蓋章）

年　　月　　日

主管稅務機關名稱					
地　　址					
聯繫電話		郵政編碼		聯繫人	

主管稅務機關（公章）

年　　月　　日

註:(1) 刊出內容包括納稅人名稱、遺失發票份數、字軌號碼、是否蓋財務章、備註等。

(2) 本表一式兩份,一份納稅人留存,一份稅務機關留存。

(3) 本表為 A4 豎式。

第五章　發票管理實務

表 5-6　　　　　　　（FP039）納稅人發票掛失聲明申請審批表

納稅人識別號：□□□□□□□□□□□□□□□
納稅人名稱：

<table>
<tr><th rowspan="2">發票丟失、被盜情況</th><th rowspan="2">發票名稱</th><th rowspan="2">發票代碼</th><th rowspan="2">份數</th><th colspan="2">發票號碼</th><th colspan="3">其中：空白發票</th></tr>
<tr><th>起始號碼</th><th>終止號碼</th><th>份數</th><th>起始號碼</th><th>終止號碼</th></tr>
<tr><td></td><td></td><td></td><td></td><td></td><td></td><td></td><td></td></tr>
<tr><td></td><td></td><td></td><td></td><td></td><td></td><td></td><td></td></tr>
<tr><td></td><td></td><td></td><td></td><td></td><td></td><td></td><td></td></tr>
<tr><td></td><td></td><td></td><td></td><td></td><td></td><td></td><td></td></tr>
<tr><td></td><td></td><td></td><td></td><td></td><td></td><td></td><td></td></tr>
</table>

丟失、被盜原因：

（簽章）

法定代表人（負責人）：	辦稅人員：	年　　月　　日
主管稅務機關發票管理環節意見： （公章） 負責人： 經辦人：　　　年　月　日	上級稅務機關發票管理環節意見： （公章） 負責人： 經辦人：　　　年　月　日

註：本表一式四份，基層、上級稅務機關發票管理環節、報社、納稅人各一份。本表為 A4 豎式。

（二）已開具專用發票丟失的處理

1. 一般納稅人丟失已開具專用發票的發票聯和抵扣聯

如果丟失前已認證相符的，購買方憑銷售方提供的相應專用發票記帳聯複印件及銷售方所在地主管稅務機關出具的「丟失增值稅專用發票已報稅證明單」（如表 5-7 所示），經購買方主管稅務機關審核同意後，可作為增值稅進項稅額的抵扣憑證。

如果丟失前未認證的，購買方憑銷售方提供的相應專用發票記帳聯複印件到主

管稅務機關進行認證，認證相符的，憑該專用發票記帳聯複印件及銷售方所在地主管稅務機關出具的「丟失增值稅專用發票已報稅證明單」，經購買方主管稅務機關審核同意後，可作為增值稅進項稅額的抵扣憑證。

表 5-7　　　　　　　　丟失增值稅專用發票已報稅證明單

NO.

銷售方	名　稱			購買方	名　稱			
	稅務登記代碼				稅務登記代碼			

丟失增值稅專用發票	發票代碼	發票號碼	貨物(勞務)名稱	單價	數量	金額	稅額

報稅及納稅申報情況	報稅時間： 納稅申報時間： 經辦人：　　　　　　負責人： 主管稅務機關名稱（印章）：＿＿＿＿＿ 　　　　　　　　　　　　年　　月　　日
備註	

註：本證明單一式三聯，第一聯由銷售方主管稅務機關留存，第二聯由銷售方留存，第三聯由購買方主管稅務機關留存。

2. 一般納稅人丟失已開具專用發票的抵扣聯

如果丟失前已認證相符的，可使用專用發票發票聯複印件留存備查。

如果丟失前未認證的，可使用專用發票發票聯到主管稅務機關認證，專用發票發票聯複印件留存備查。

第五章　發票管理實務

3. 一般納稅人丟失已開具專用發票的發票聯

一般納稅人丟失已開具專用發票的發票聯，可將專用發票抵扣聯作為記帳憑證，專用發票抵扣聯複印件留存備查。

三、發票的繳銷

（一）發票繳銷的原因

納稅人要區別以下原因，相應地辦理繳銷發票：

第一種情況是，納稅人因辦理了名稱、地址、電話、開戶行、帳號變更業務，需廢止原有發票或註銷稅務登記的，應持「稅務登記變更申請表」或「註銷稅務登記申請審批表」，向主管稅務機關文書窗口領取並填寫好「發票繳銷登記表」，並持「發票領購簿」及未使用的發票交稅務機關發票供售部門辦理發票繳銷手續。（其中，辦理跨區遷移納稅人的普通發票不需要繳銷）

第二種情況是，發票發生霉變、鼠咬、水浸、火燒等殘損，或被通知發票將進行改版、換版，或發現有次版發票等問題，按有關規定到文書發放窗口領取並填報「發票繳銷登記表」，連同「發票領購簿」及應繳銷的改版、換版和次版發票一併交稅務機關發票供售部門辦理。

第三種情況是，納稅人被取消增值稅一般納稅人資格，應當填寫「發票繳銷登記表」，持「取消增值稅一般納稅人資格決定書」，並將「發票領購簿」及應繳銷的發票交稅務機關的發票供售部門。

（二）發票繳銷處理

稅務機關發票供售部門收到「發票繳銷登記表」「發票領購簿」及未使用的發票後，根據不同情況進行發票繳銷處理。

1. 註銷稅務登記的發票繳銷處理

（1）將其「發票領購簿」和未使用發票剪角作廢。

（2）在徵管電腦系統中驗銷其相應的領購記錄。

（3）在「註銷稅務登記申請審批表」「發票繳銷登記表」中簽章交納稅人。

2. 變更稅務登記的發票繳銷處理

（1）將其未使用發票剪角作廢。

（2）需要變更「發票登記表」內容的，收繳舊的「發票領購簿」，按「稅務登記變更表」內容重新核發的「發票領購簿」。

（3）在徵管電腦系統中驗銷其相應的領購記錄。

（4）在「發票繳銷登記表」「稅務變更登記表」中簽章交納稅人。

3. 殘損發票、改（換）版發票及次版發票的繳銷處理

（1）將其未使用發票剪角作廢。

（2）將繳銷記錄登記在電腦臺帳和「發票領購簿」上。

(3) 在「發票繳銷登記表」中簽章交納稅人。

4. 增值稅專用發票繳銷處理

增值稅專用發票的繳銷，是指主管稅務機關在紙質專用發票監制章處按「V」字剪角作廢，同時作廢相應的專用發票數據電文。

一般納稅人註銷稅務登記或者轉為小規模納稅人，應將專用設備和結存未用的紙質專用發票送交主管稅務機關。

主管稅務機關應繳銷其專用發票，並按有關安全管理的要求處理專用設備；被繳銷的紙質專用發票應退還納稅人。

第五節　發票網上查詢與驗證

目前，全國各個省市自治區稅務局網站都開通過了網上發票查詢與驗證。

一、發票網上查詢與驗證的基本方法

第一步，進入稅務局網站，並點擊發票查詢。

目前中國大多數省、市、自治區的國稅局網站與地稅局網站是分開的，所以查詢國稅發票（國稅普通發票、增值稅普通發票、增值稅專用發票）都是登錄各地的國稅局網站，查詢地稅發票都是登錄各地的地稅局網站。但是上海市等少數省、市的國稅局網站與地稅局網站是合二為一的，所以，在這些省、市查詢國稅發票和地稅發票都直接進入稅務局網站即可。

第二步，根據不同發票類型登記相應的查詢頁，並顯示發票查詢頁面。比如查詢有獎發票就點擊有獎發票處；查詢機打發票就點擊機打發票處；顯示出該發票的查詢頁面。

第三步，按照網頁面提示，分別輸入相關發票信息後，點擊查詢。

一般情況下，輸入發票代碼、發票號碼即可；但有的省、市、自治區要求輸入的發票信息會多一些，根據不同發票的性質，除發票代碼、發票號碼外，可能還要求輸入開票單位稅務登記號或發票金額、驗證碼等內容。

第四步，顯示發票查詢結果。

根據查詢結果判斷其發票的真實情況。一般情況下，發票通過驗證無誤，會顯示該發票的開票方的單位名稱以及發票的售出稅務機關等信息；如果發票不能通過驗證，會顯示查詢的發票有誤，請重新按發票代碼發票號碼發票密碼的順序輸入或到當地稅務局進一步確認等信息。

第五章　發票管理實務

二、發票網上查詢與驗證實例

（一）國稅普通發票查詢

第一步：進入國家稅務局網站並點擊普通發票查詢，如圖 5-26 所示。

圖 5-26　國稅普通發票網上查詢 1

第二步：顯示普通發票信息查詢頁面，如圖 5-27 所示。

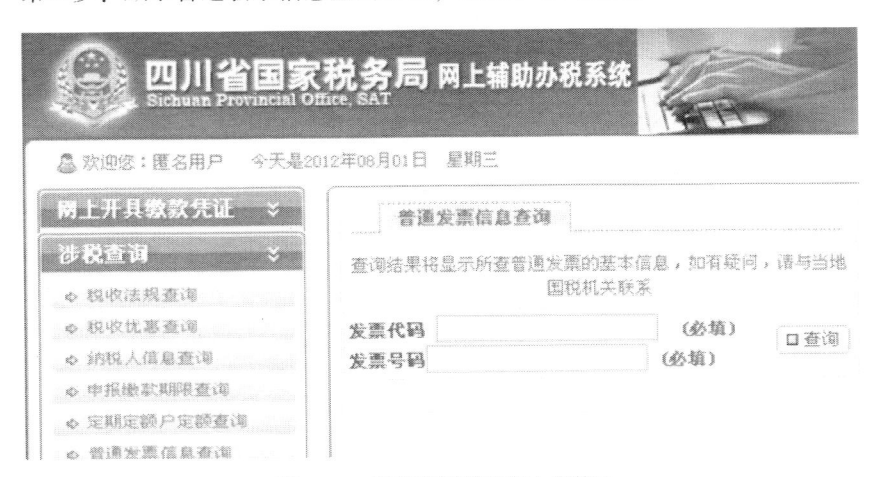

圖 5-27　國稅普通發票網上查詢 2

第三步，輸入發票代碼和發票號碼並點擊查詢，如圖 5-28 所示。

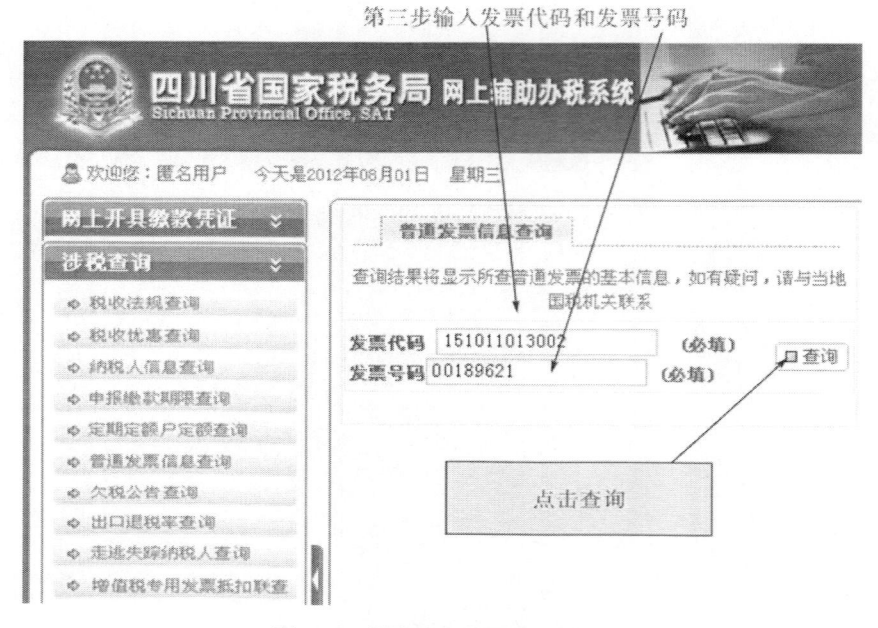

圖 5-28　國稅普通發票網上查詢 3

第四步，顯示查詢結果，如圖 5-29 所示。

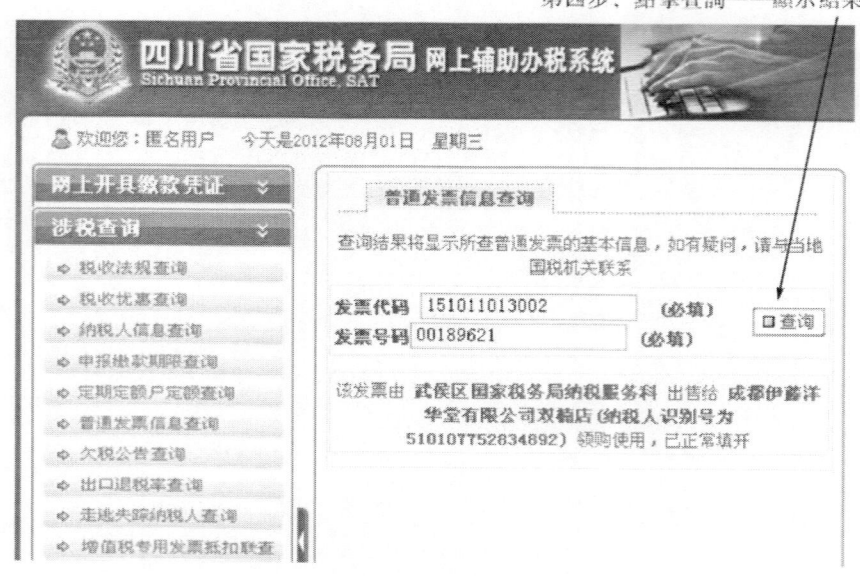

圖 5-29　國稅普通發票網上查詢 4

第五章　發票管理實務

(二) 增值稅專用發票查詢

第一步：進入國家稅務局網站並點擊發票信息網上查詢，如圖5-30所示。

圖5-30　增值稅專用發票網上查詢1

第二步，點擊發票信息網上查詢，如圖5-31所示。

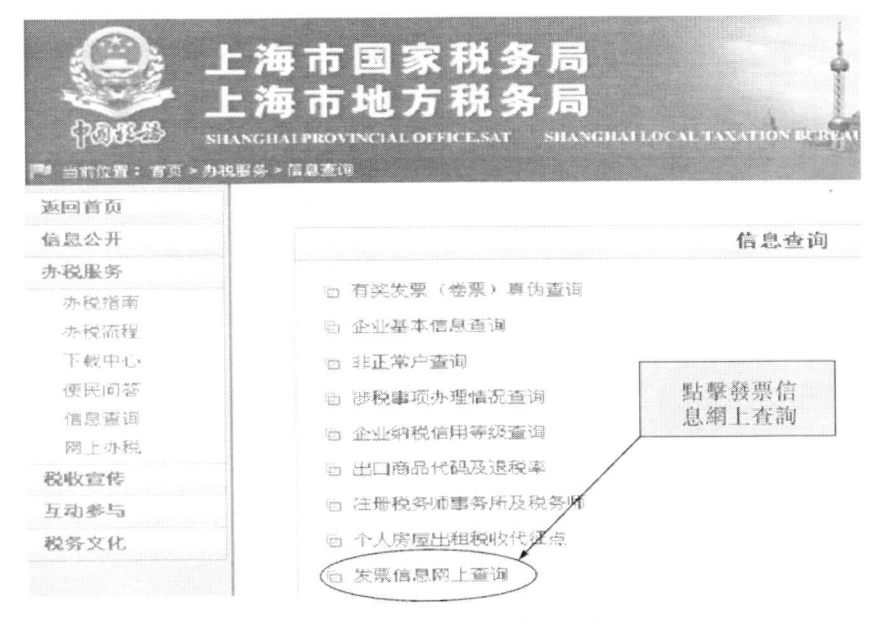

圖5-31　增值稅專用發票網上查詢2

第三步，進入發票網上查詢，如圖5-32所示。

圖 5-32　增值稅專用發票網上查詢 3

第四步，輸入發票代碼、發票號碼、開票單位稅務登記號和驗證碼並點擊確認，如圖 5-33 所示。

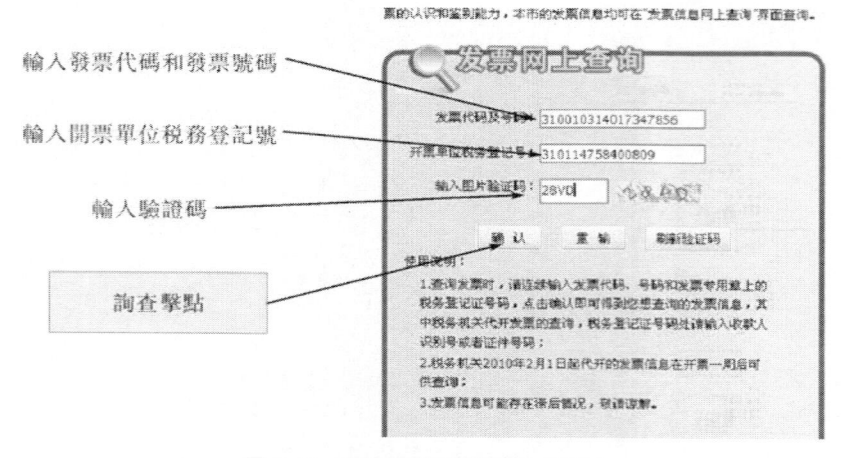

圖 5-33　增值稅專用發票網上查詢 4

第五步，顯示查詢結果，如圖 5-34 所示。

第五章　發票管理實務

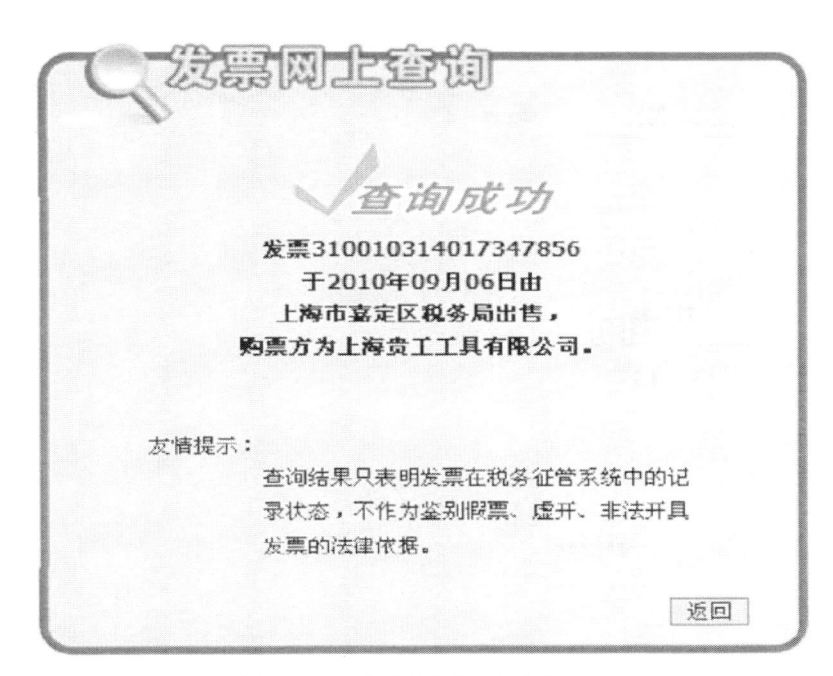

圖 5-34　增值稅專用發票網上查詢 5

(三) 地稅普通發票查詢

第一步：進入地方稅務局網站並點擊發票信息查詢，如圖 5-35 所示。

圖 5-35　地稅發票網上查詢 1

第二步，點擊有獎發票，顯示有獎發票查詢，如圖 5-36 所示。

143

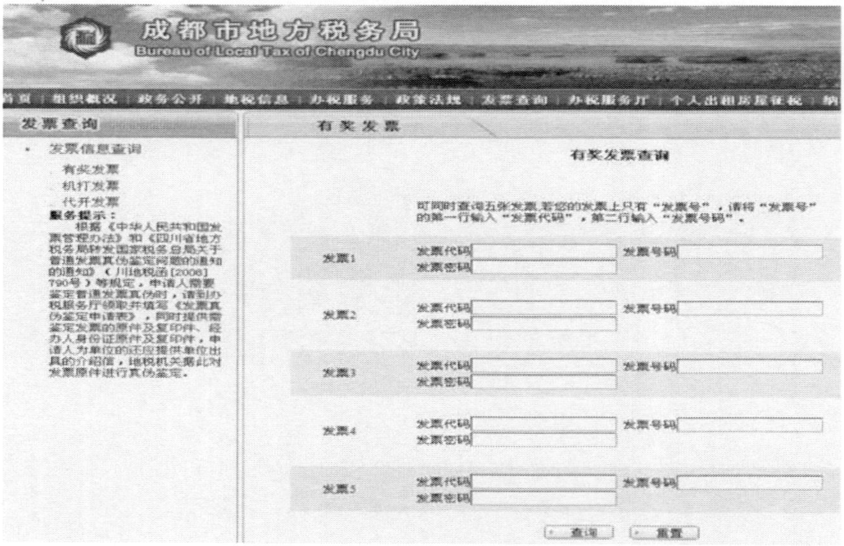

圖 5-36　地稅發票網上查詢 2

第三步，輸入發票代碼、發票號碼、發票密碼並點擊確認，如圖 5-37 所示。

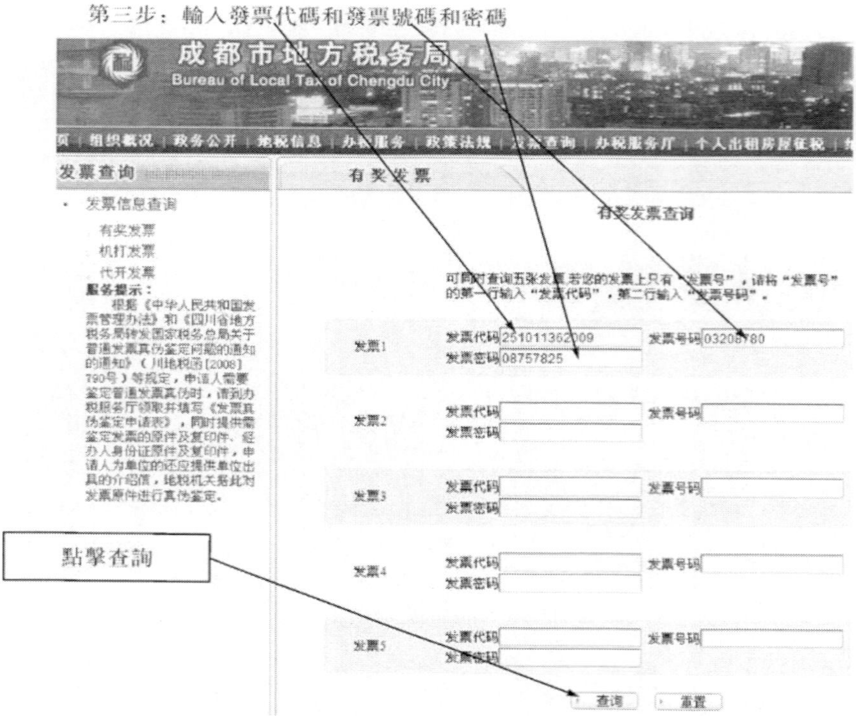

圖 5-37　地稅發票網上查詢 3

第五章　發票管理實務

第四步：顯示查詢結果，如圖 5-38 所示。

圖 5-38　地稅發票網上查詢 4

思考題

1. 什麼是發票？增值稅發票和普通發票有何不同？
2. 什麼是增值稅防偽稅控系統？為什麼要採用增值稅防偽稅控系統進行增值稅管理？
3. 如何進行增值稅專用發票的認證？哪些情形不得或暫不得作為抵扣憑證？
4. 國稅普通發票的防偽措施主要有哪些？
5. 地稅普通發票的防偽措施主要有哪些？
6. 如何領購增值稅專用發票？
7. 發票使用有哪些基本規定？
8. 發票開具有哪些基本規定？如何正確開具增值稅專用發票？
9. 發票丟失或者被盜後，應當採取哪些措施補救並正確處理？

讨论题

如何發揮發票在中國社會經濟生活中的積極作用？作為一名出納人員，在自己的工作中怎樣正確使用和管理好各種發票，維護國家的財經法規？

实验项目

實驗項目名稱：發票網上查詢與驗證

（一）實驗目的及要求

通過本實驗掌握網上發票認證和真偽識別基本技能。

要求同學們完成對上網認證發票的全部操作過程。

（二）實驗設備、資料

1. 計算機。
2. 發票一套（增值稅專用發票、增值稅普通發票、國稅普通發票、地稅普通發票）。

（三）實驗內容與步驟

1. 將同學們按每5位一組進行分組，每組同學準備一套發票；
2. 登錄國家稅務局網站和地稅局網站；
3. 點擊發票查詢，進入查詢頁面；
4. 輸入發票代碼；
5. 輸入發票號碼；
6. 對顯示結果進行檢驗，判斷發票的真偽，並保存結果；
7. 打印結果。

（四）實驗結果（結論）

1. 瞭解發票的基本知識；
2. 熟悉網上查詢驗證發票的基本程序；
3. 掌握網上發票查詢驗證的方法。

第六章　現金管理實務

第一節　現金出納憑證與帳簿

一、現金出納憑證

（一）會計憑證及其種類

1. 會計憑證的意義

會計憑證是記錄經濟業務、明確經濟責任、作為收付款和記帳依據的書面證明，是憑以登記帳簿的重要依據。一切企事業單位辦理任何經濟業務，都必須辦理憑證手續，由執行和完成該項經濟業務的有關人員填制具有一定格式的憑證，載明經濟業務發生的日期和有關實物和貨幣資金的數額等，並在憑證上簽名蓋章，對憑證的正確性和真實性負完全責任。憑證經過有關人員嚴格審核，出納人員認為合法後，辦理貨幣的收支手續，然後登記帳簿。總之，取得、填制會計憑證是會計核算所使用的一個重要方法，也是反應、監督經濟活動、財務收支的手段。

2. 會計憑證的作用

會計憑證是各單位進行會計核算的基礎，對於提供會計信息、加強會計監督、明確會計責任具有十分重要的作用。

（1）反應經濟業務情況，保證核算資料可靠。

（2）明確經濟責任，加強經濟監督。

（3）保證財產、資金的完整與安全。

3. 會計憑證的種類

會計憑證按其填制程序和用途不同，分為原始憑證和記帳憑證兩大類。

（1）原始憑證是指經濟業務發生時取得或填制的憑證。它是證明經濟業務已經

發生，明確經濟責任、據以記帳的原始依據，具有法律效力。

（2）記帳憑證，又稱記帳憑單、傳票，是指以審核合格的原始憑證或匯總原始憑證為依據，通過歸類整理，用以記載經濟業務的簡要內容，確定會計分錄而編制的憑證。它是登記帳簿的直接依據。

（二）現金出納憑證的意義和作用

1. 現金出納憑證的意義

現金出納憑證是記錄現金收付業務活動，明確現金出納工作中經濟責任的書面證明，是憑以登記現金帳簿的重要依據。

企事業單位每天都要發生大量的現金收付業務，這便要求出納人員取得或填制現金出納憑證，真實、完整地記錄和反應單位現金出納業務情況，以明確經濟責任。

2. 現金出納憑證的作用

現金出納憑證不僅具有初步記載現金出納業務、傳遞經濟信息，並作為記帳依據的作用，同時還有傳送現金收支情況、作為辦理現金出納業務手續依據的作用。因此，填制和審核現金出納憑證對於全面完成現金出納任務有十分重要的意義。

（1）通過現金出納憑證的填制和審核，可以如實、及時地歸類記載現金收付業務。

（2）通過現金出納憑證的填制和審查，可以分清各自的經濟責任，強化經濟責任制。

（3）通過現金出納憑證的填制和審核，可以檢查現金出納業務的合理性、合法性，保護國家現金財產的安全、完整，使之得到合理使用。

（三）現金出納憑證的種類

現金出納憑證仍然可分為現金收支原始憑證和現金收支記帳憑證兩種。

1. 現金收支原始憑證

現金收支原始憑證主要是出納人員收入現金和支付現金的會計憑證。它可以是出納人員自己填制的，也可以是其他單位人員或本單位的非出納人員填制的。

（1）外來原始憑證是指來自外單位的各種憑證。比如第五章中的增值稅專用發票和各種普通發票、非經營性收據、現金繳款單、現金支票等。

① 非經營性收據是由財政部門印製的，作用類似稅務機關的發票，出納按照規定向國家機關、事業單位、社會團體等支付規定費用和諮詢服務費用時，應當向它們收取非經營性收據作為付款憑證。

②「現金繳款單」（現金存款單）如圖 6-1 所示，是出納人員將現金送存銀行時填寫的原始憑證。現金繳款單一式二聯：第一聯為存根聯，交由銀行蓋章（現金收訖章或業務清訖章）後退回出納，作為記帳依據；第二聯為憑證聯，作為記帳憑證，由銀行裝訂入傳票。

第六章 現金管理實務

```
中國銀行                現金繳款單
BANK OF CHINA
```

銀行打印		客戶簽字： 銀行簽章：			第一聯 銀行留存
客戶填寫	客戶名稱				
	賬　號			開戶行	
	幣種		金額	大寫	
				小寫	
	來源			摘要	

圖 6-1　現金繳款單

（2）自製原始憑證是指本單位人員（可以是出納，也可以是非出納人員）填制的原始憑證，如表 6-1 所示的內部收據、表 6-2 所示的請（借）款單、表 6-3 所示的差旅費報銷單等。

① 內部收據一般只使用於單位內部職能部門或與職工之間現金往來。內部收據是由各個單位根據自己的需要設計印製或者在商店購買，不需要到稅務機構購買。內部收據一式三聯：第一聯為存根，單位留存；第二聯為收據聯，交給交款人留存；第三聯為記帳聯。

表 6-1　　　　　　　　　　　收　　據
　　　　　　　　　　　　　年　月　日　　　　　　　　　NO：＿＿＿＿＿

今收到：			
人民幣（大寫）：			¥：
事由：		現金	
		支票第　　　　　號	
收款單位	財務主管	收款人	

② 請款單（或借款單）是單位內部職工因各種原因向單位借款和歸還款項時使用的。它一般也是一式三聯：第一聯作為支出憑證，第二聯作為暫付清算單，第三聯由借款人留存。

149

表6-2　　　　　　　　　　請（借）款單
　　　　　　　　　　　　　　年　　月　　日　　　　　　　　NO._____

用途		請款單位	
		付款戶	
申領金額：萬　千　佰　拾　元　角　分　¥：_____		付款方式	現金
			支票
批准金額：萬　千　佰　拾　元　角　分　¥：_____			匯票
			本票
領導批示		請(借)款單位領導	
財務主管		請款人	
備註：			

表6-3　　　　　　　　　　差旅費報銷單

報銷部門：　　　　　　　　　　　　　　　　　填報日期：　　年　　月　　日

姓名		職別		出差事由		單據	張

出差起止日期：自　　年　　月　　日起至　　年　　月　　日止　共　　天

日期		起訖地點	天數	飛機票	車船費	市內交通費	住宿費	出差補助	住宿節約補助	其他	小計
月	日										

總計金額（大寫）	萬　千　佰　拾　元　角　分　¥：_____

借支：_____元　　　　　　　　　　　　　　　補付：_____元

單位領導：　　　　會計：　　　　審核：　　　　部門領導：　　　　出差人：

　　③差旅費報銷單是本單位人員因公出差歸來後填制的保險差旅費的原始憑證，一般情況下只有一聯，但差旅費報銷單後面必須附有粘貼好的、用以報銷的各種出差原始憑證。

　　2. 現金收支記帳憑證

　　現金收支記帳憑證主要是會計人員根據現金收付業務的原始憑證編制的現金收款記帳憑證（如圖6-2所示）和現金付款記帳憑證（如圖6-3所示）。如單位上使用的是通用記帳憑證格式，則現金收、付記帳憑證如圖6-4所示。

　　出納人員是不能填制現金收支記帳憑證的，只能根據現金收支記帳憑證登記現金日記帳。

第六章　現金管理實務

圖 6-2　收款憑證

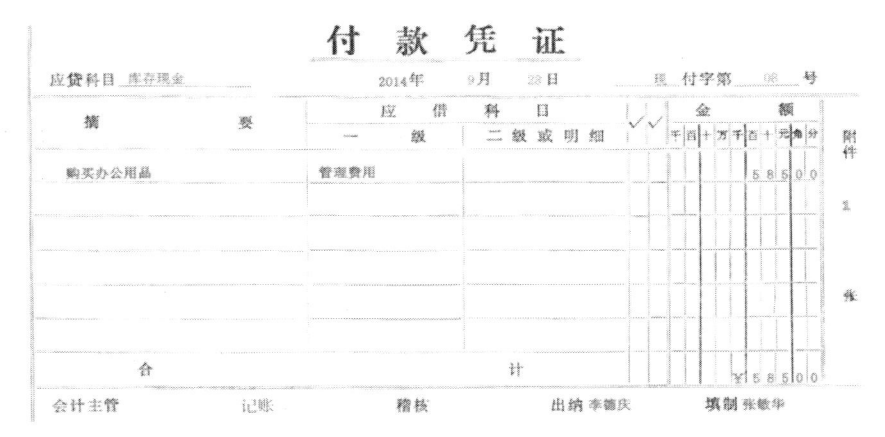

圖 6-3　付款憑證

圖 6-4　記帳憑證

151

(四) 現金出納憑證的填制

填制現金出納憑證要求做到內容齊全、書寫清晰、數據規範、會計科目準確、編號合理、簽章手續完備等。

(1) 現金出納憑證的內容必須齊全。凡是憑證格式上規定的各項內容必須逐項填寫齊全，不得遺漏和省略，以便完整地反應經濟活動全貌，這是填制現金出納憑證最起碼的要求。

(2) 填寫現金出納憑證的文字、數字必須清晰、工整、規範。

(3) 記帳憑證中所運用的會計科目必須適當。按照原始憑證所反應的現金出納業務的性質，根據會計製度的規定，確定應「收」、應「付」會計科目，需要登記明細帳的還應列明二級科目和明細科目的名稱並據以登帳。一般來說，出納人員只涉及收、付款憑證，不涉及轉帳憑證。對於收款憑證，其借方科目為「庫存現金」或「銀行存款」，其貸方科目則應根據經濟業務內容和本行業具體情況而定，如銷售產品取得現金，股份制企業貸方科目為「主營業務收入」；對於付款憑證，貸方科目為「庫存現金」或「銀行存款」，借方科目也是根據經濟業務內容和行業會計製度情況而定，比如企業用現金採購材料借記「原材料」。

(4) 現金出納憑證要求連續編號以便備查，如一式幾聯的發票收款收據都應連續編號，按編號順序使用。作廢時應加蓋「作廢」戳記，連同存根聯一起保存，不得撕毀。記帳憑證一般是按月順序編寫，即將每月第一天第一筆現金收付事項作為會計憑證的第一號，順序編至月末。不允許漏號、重號、錯號，為了防止記帳憑證丟失，應在填制憑證時及時編號。

(5) 現金出納的簽章必須完備。從外單位或個人處取得的原始憑證，必須蓋有填制單位的公章或財務專用章；出納人員辦理收付款項以後，應在收付款的原始憑證上加蓋「收訖」「付訖」戳記；記帳憑證中要有憑證填制人員、稽核人員、記帳人員、會計主管人員的簽名或蓋章。另外，凡是經過審查和處理的憑證，必須加蓋規定的公章並有有關人員的簽章；傳票附件要加蓋「作附件」戳記；對外的重要單證，如存單、存折、收據應加蓋業務公章。

(五) 現金出納憑證的審核

審查現金出納憑證是保證現金出納資料真實可靠的重要措施，不論是自製還是外來的現金出納憑證都必須根據業務的具體要求，嚴格進行審查，保證真實、正確、完整、合理、合法。只有審核合格的憑證才能作為辦理現金收付和據此登記帳簿的根據。現金出納憑證的審核包括政策性審核和技術性審核兩個方面。具體審核辦法及技能見第二章的有關內容

(六) 現金出納憑證的保管

現金出納憑證是記錄經濟業務、明確經濟責任的書面文件和記帳根據。因此，

第六章 現金管理實務

它是重要的經濟檔案和歷史資料。所以各單位對憑證必須妥善保管,以便隨時抽查;同時便於上級或其他有關機關事後瞭解經濟業務、檢查帳務。現金出納憑證的保管包括登帳以後的整理、裝訂和歸檔存查的過程。憑證保管的技術要求參見第二章的有關內容。

二、現金出納帳簿

(一) 會計帳簿及其分類

會計帳簿是指根據會計憑證全面、系統、序時、分類地記錄和反應各項經濟業務情況,具有一定格式的簿籍。按不同的標準,會計帳簿有不同的分類。

1. 會計帳簿按其用途不同分類

會計帳簿按其用途不同可分為序時帳簿、分類帳簿和備查帳簿。

(1) 序時帳簿,又稱日記帳,是指按經濟業務發生的時間先後順序逐日、逐筆登記經濟業務的帳簿。用來登記全部經濟業務發生情況的序時帳簿稱為普通日記帳;用來記錄某一類經濟業務發生情況的日記帳稱為特種日記帳,如現金日記帳、銀行存款日記帳。在中國,出納須填製現金日記帳和銀行存款日記帳。

(2) 分類帳簿,是指對全部經濟業務按照總分類科目和明細分類科目分類登記的帳簿。它又分為總分類帳簿和明細分類帳簿。

(3) 備查帳簿,又稱輔助帳簿,是指對以上兩種主要帳簿進行補充登記的帳簿,如有價證券登記簿等。

按照單位內部控製製度規範,出納人員只能登記現金日記帳和銀行存款日記帳以及部分備查帳簿,不得經手分類帳簿。

2. 會計帳簿按其外表形式不同分類

會計帳簿按其外表形式不同可分為訂本帳、活頁帳、卡片帳。

(1) 訂本式帳簿,簡稱訂本帳,是指在啟用前把編有順序號的若干帳頁固定裝訂成冊的帳簿。這種帳簿可以防止帳頁散失、抽換,用於總分類帳、現金日記帳和銀行存款日記帳的登記。

(2) 活頁式帳簿,又稱活頁帳,是指把零散的帳頁放置在活頁帳夾內,可以隨時增減帳頁的帳簿。其特點是使用靈活。

(3) 卡片式帳簿,也稱卡片帳,是指由具有一定格式的卡片組成,存放在卡片箱中,可以隨時取放的帳簿。

單位的日記帳和總帳必須採用訂本式帳簿,其他的帳可以採用活頁式或卡片式帳簿。

(二) 現金出納帳簿

1. 現金出納帳簿的概念

現金出納帳簿主要指現金日記帳,是出納用以記錄和反應現金增減變動和結存

情況的帳簿。它是出納人員以現金收款憑證和付款憑證為根據，全面、系統、連續地記錄和反應本單位現金收付業務及其結存情況的一種工具，是各單位會計帳簿的重要組成部分，在現金管理中具有十分重要的作用。

2. 現金出納帳的基本內容

由於各個單位各行業特點以及業務活動對現金出納工作的要求不同，現金出納帳的內容略有不同，但一般應具備以下基本內容：

（1）封面。在帳簿封面上應標明帳簿名稱及單位名稱，以及所屬年份。

（2）啟用登記表。每本出納帳的扉頁都要填明啟用日期、截止日期、頁數、冊數、經管人員一覽表和簽章以及單位公章等。

（3）帳頁。帳頁應包括記帳日期（年、月、日）、憑證種類及編號、經濟業務摘要、收入金額、付出金額、結存金額、對應科目等。

（三）現金日記帳的格式

庫存現金的核算要設置「庫存現金」總帳和現金日記帳。總帳由會計負責登記，現金日記帳又稱序時帳，由各單位出納人員負責開設和登記。按會計製度規定，各單位的現金日記帳必須使用訂本式帳簿，帳頁按順序編號，不得隨意抽換或增添，以保持帳頁頁數和序時記錄的系統性、完整性。其格式一般為三欄式，即在同一帳頁上設置「借方」「貸方」「餘額」三欄，分別反應現金收入、付出和結存的情況。其格式如圖6-10所示。

現金日記帳的登記、結帳、對帳，其方法可參見第二章的有關內容。

第二節　現金收付業務的處理

現金的收付是一項政策性較強的工作，要求出納人員嚴格把好現金收支關。特別是對現金支出，一定要有有效的支出憑證，並嚴格審查支出憑證的審批手續。如費用報銷單必須有報銷人單位負責人以及會計的簽字，並嚴格審查現金支付範圍，對已辦理現金收付的會計憑證，出納人員應在憑證上蓋「現金收訖」和「現金付訖」的標誌，避免收付憑證重複使用。

一、現金收入業務的處理程序

現金收入業務是各單位在其生產經營和非生產經營活動中取得現金的業務。其內容包括銷售商品、提供勞務而取得現金的業務，提供非經營性服務而取得收入的業務以及其他罰沒收入，還包括單位內部現金往來的收入項目等。出納人員在進行現金收入業務時，主要依據的是發票、非經營性收據、內部收據、現金支票等原始

第六章　現金管理實務

憑證以及收付款記帳憑證。

（一）從銀行提取現金的程序

任何單位必須具有一定的庫存現金才能開展支出業務，當庫存現金小於需用現金時，除按國家規定可以「坐支」外，均應按規定從銀行提取現金。從銀行提取現金的程序如下：

1. 簽發現金支票

單位需要現金時，一般是由領導批准，出納人員填寫現金支票到銀行提取現金。現金支票的填寫要求是：必須使用碳素墨水填寫，簽發日期必須用中文大寫數字填寫且是實際出票日期，金額必須按規定填寫，用途欄應當填明真實用途，不得弄虛作假。現金支票的正面要加蓋單位預留銀行印鑒，背面要有收款單位或取款人背書。

2. 取款

出納人員持簽發的現金支票到銀行提取款時，將支票交給經辦本單位結算業務的銀行經辦出納人員審核無誤後，等待取款；取款人收到銀行出納人員付給的現金時，應當面點清數量，清點無誤後才離開櫃臺。如果金額較大時，應當有其他人陪同前往銀行提款。

3. 保管

出納人員取回現金後，應當立即將現金放入保險櫃保管。

4. 記帳

將現金支票存根交由會計編制銀行存款付款憑證，再根據該記帳憑證登記現金日記帳或者直接根據現金支票存根登記現金日記帳。（視各單位出納核算程序不同而分別採用）

（二）出納人員直接收款的程序

直接收款業務，是指由交款人直接持現金到出納部門交款，出納人員根據有關的收款原始憑證，辦理收取現金的事項，如購貨單位交來貨款、職工交回欠款、多餘款項等。出納人員在辦理這些業務時的基本程序如下：

（1）受理收款業務，查看收款依據是否真實、完整。

（2）審核現金來源是否合法合理，手續是否完備。

（3）與付款人當面清點現金，保證收款依據與收款金額一致，做到收付兩清、一筆一清。

（4）開具收款憑證，並在收款憑證和收款依據上加蓋「現金收訖」章。

（5）根據收款憑證和收款依據登記現金日記帳。

（三）其他人收款後交出納人員的處理程序

在商品流通企業、餐飲、旅遊、服務業等大量行業中，由於收款業務較為頻繁，一般都由營業員分散收款或由收款員集中收款後，每天定時向出納人員繳款。其現

金收入業務處理的一般程序如下：

(1) 受理收款業務，查看收款依據是否齊備。

(2) 根據收款依據來確定應收金額。

(3) 根據收款金額來收取現金。與付款人當面清點現金，保證收款依據與收款金額一致。

(4) 收取現金後開具收款收據，並在收款收據上加蓋「現金收訖」章。

(5) 根據收款收據登記現金日記帳。

二、現金支出業務的處理程序

現金支付業務是指各單位在其生產經營過程和非生產性經營過程中向外支付現金的業務。它包括各單位向外購買貨物、接受勞務而支付現金的業務，發放工資業務，費用報銷業務，現金存入銀行以及向有關部門支付備用金等。出納人員在進行現金支付業務時，主要依據是發票、非經營性收據、內部收據、工資發放表、借款單、現金繳款單等原始憑證。

(一) 現金送存銀行的程序

出納人員對當天收入的現金和超過庫存限額、坐支範圍的現金，應當及時送存開戶銀行。其程序如下：

第一步，清點票幣。出納人員送存現金之前，必須清點票幣：將同等面額紙幣擺放在一起，然後按100張為一把整理好，不夠整把的，從大額到小額順序排列好；將同額硬幣放在一起，按100枚用紙卷成一卷，不足一卷的硬幣一般不送存銀行，留作找零用。

第二步，填寫「現金繳款單」。款項清點好後，出納人員填寫「現金繳款單」，填寫時要用雙面復寫紙復寫，繳款日期必須填寫繳款當日，繳款單位名稱應當填寫全稱，款項來源如實填寫，金額大小寫的書寫要標準。卷種和張數欄按實際送存時各種卷面的張數和卷數填寫。

第三步，將款項和「現金繳款單」一同送開戶銀行收款窗口收款。

第四步，銀行收款核對後，在「現金繳款單」第一聯（回單）蓋章退出納人員。

第五步，出納人員根據「現金繳款單」登記現金日記帳，或交會計人員編制現金付款憑證，再據以登記現金日記帳。

(二) 出納人員直接支付現金的程序

出納人員按現金支付單據直接將現金支付給收款單位或個人的基本程序是：

(1) 受理現金支付憑證。這些憑證包括報銷單據、借款單、領款收據、工資表、外單位或個人的收款收據或發票等。

（2）審核付款憑據。出納人員在取得現金支付依據後，應當進行認真審核；對於出納人員直接經辦的業務，如現金匯款等，還需要填制有關原始憑證並補齊手續。

（3）支付現金並當著收款人面進行復點，要求收款人當面確認。

（4）付款完畢，出納人員應當在審核無誤的原始單證上加蓋「現金付訖」章。

（5）出納人員根據付款單證登記現金日記帳，或交由會計編制現金付款憑證，再據以登記現金日記帳。

第三節　現金結算實務

下面以成都光華機械有限責任公司 2015 年 1 月份發生的現金收付業務為例，說明現金業務的實際操作過程。該公司的現金處理流程為：會計人員對現金收付的各種原始憑證進行審核無誤後填制記帳憑證，然後傳遞給出納人員，出納人員審核無誤後收付現金，並根據現金收付記帳憑證登記現金日記帳。

光華公司 2015 年 1 月初現金餘額為 15,000 元，銀行核定的庫存限額為 20,000 元。

（1）4 日，王其借支差旅費 2,000 元，填制了借款單，並報請領導簽了字。

（2）4 日，銷售部章華持手續齊備的領款單，領取備用金 1,000 元。

（3）4 日，銷售 A 產品，收到 5 筆現金，開出增值稅專用發票 5 份，價款共計 4,000 元，稅款共計 680 元。

（4）4 日，職工陳棟歸還借款 800 元。

（5）4 日，將銷售款項 4,680 元存入銀行，帶回現金繳款單第一聯。

若該單位的會計和出納是分開辦公的，那麼，以上 5 筆業務發生時，出納人員嚴格審核有關憑證後再付款或收款，下班前 1 小時，直接根據這些業務的原始憑證登記現金日記帳後，再將這些原始憑證傳遞給會計人員，以便他們編制現金收付記帳憑證及登記庫存現金總帳。

本例中，該公司的會計和出納是一起辦公的，那麼，以上 5 筆業務發生時，由會計人員嚴格審核有關憑證後，編制現金收付記帳憑證，並傳遞給出納人員。出納人員審核無誤後再付款或收款，並於下班前，根據這些記帳憑證登記現金日記帳，再將這些記帳憑證傳遞給會計人員，以便他們登記庫存現金總帳。

會計人員編制的記帳憑證如下：

第一筆業務根據借款單編制現金付款憑證如圖 6-5 所示。

付款凭证

应贷科目 库存现金　　2015年 1月 4日　　现付字第 01 号

摘要	应借科目 一级	应借科目 二级或明细	√	√	金额（千百十万千百十元角分）	附件
王其借支差旅费	其他应收款	王其			200000	1 张
合计					200000	

会计主管　　记账　　稽核　　出纳 李德庆　　填制 张敏华

圖 6-5　付款憑證 1

第二筆業務根據領款單編制現金付款憑證如圖 6-6 所示。

付款凭证

应贷科目 库存现金　　2015年 1月 4日　　现付字第 02 号

摘要	应借科目 一级	应借科目 二级或明细	√	√	金额（千百十万千百十元角分）	附件
销售部门领备用金	其他应收款	销售部			￥100000	1 张
合计					￥100000	

会计主管　　记账　　稽核　　出纳 李德庆　　填制 张敏华

圖 6-6　付款憑證 2

第三筆業務根據增值稅專用發票第一聯編制現金收款憑證如圖 6-7 所示。

收 款 凭 证

应借科目 库存现金　　2015年 1 月 4 日　　银 收字第 01 号

摘要	应贷科目 一级	应贷科目 二级或明细	✓	金额（千百十万千百十元角分）	附件
销售甲产品	主营业务收入	甲产品		¥400000	
	应交税费	应交增值税			
		——销项税额			5
					张
合计				¥400000	

会计主管　　记账　　稽核　　出纳 李德庆　　填制 张华敏

圖 6-7　收款憑證 1

第四筆業務根據借款單編制現金收款憑證如圖 6-8 所示。

收 款 凭 证

应借科目 库存现金　　2015 年 1 月 4 日　　银 收字第 02 号

摘要	应贷科目 一级	应贷科目 二级或明细	✓	金额（千百十万千百十元角分）	附件
陈栋归还借款	其他应收款	陈栋		¥80000	
					1
					张
合计				¥80000	

会计主管　　记账　　稽核　　出纳 李德庆　　填制 张华敏

圖 6-8　收款憑證 2

第五筆業務根據現金繳款單第一聯編制現金付款憑證如圖 6-9 所示。

當業務同時涉及現金和銀行存款的收付時，只編制付款憑證。

付款憑證

應貸科目：庫存現金　　2015年 1月 4日　　現付字第 03 號

摘要	應借科目（一級 / 二級或明細）	✓	金額 千百十萬千百十元角分	附件
銷售款送存銀行	銀行存款	✓✓	￥4 6 8 0 0 0	1張
合計			￥4 6 8 0 0 0	

會計主管　　記賬　　稽核　　出納 李德慶　　填製 張敏華

圖 6-9　收款憑證 3

下面發生的經濟業務，都以會計分錄代替記帳憑證。

（6）8日，出納簽發一張現金支票，到銀行提取現金 5,000 元。

該業務根據現金支票存根登記現金日記帳或編制銀行存款付款憑證，會計分錄為：

　　借：庫存現金　　　　　　　　　　　　　　5,000
　　　貸：銀行存款　　　　　　　　　　　　　　　　5,000

（7）8日，公司用現金 900 元購買辦公用品。

該業務根據購貨發票登記現金日記帳或編制現金付款憑證，會計分錄為：

　　借：管理費用——辦公費　　　　　　　　　　900
　　　貸：庫存現金　　　　　　　　　　　　　　　　900

（8）8日，職工桑名報銷醫藥費 100 元。

該業務根據醫藥費保險單登記現金日記帳或編制現金付款憑證，會計分錄為：

　　借：應付職工薪酬——福利費　　　　　　　　100
　　　貸：庫存現金　　　　　　　　　　　　　　　　100

（9）8日，收到職工王枚的賠償款 120 元，開出內部收據一張。

該業務根據內部收據第三聯登記現金日記帳或編制現金付款憑證，會計分錄為：

　　借：庫存現金　　　　　　　　　　　　　　120
　　　貸：其他應收款——賠償款　　　　　　　　　　120

（10）15日，王其出差歸來，報銷差旅費 1,800 元，並退回多餘款項。

該業務根據王其填寫的差旅費報銷單，並由出納或會計對其進行審核無誤後，登記現金日記帳或編制現金收款憑證和轉帳憑證，會計分錄為：

第六章　現金管理實務

借：庫存現金　　　　　　　　　　　　　　　　　　　　200
　　貸：其他應收款——王其　　　　　　　　　　　　　　　　200
借：管理費用　　　　　　　　　　　　　　　　　　　　1,800
　　貸：其他應收款——王其　　　　　　　　　　　　　　　1,800

（11）15日，收回乙公司前欠貨款900元，開出普通發票一張。

該業務根據普通發票第三聯登記現金日記帳或編製現金收款憑證，會計分錄為：

借：庫存現金　　　　　　　　　　　　　　　　　　　　900
　　貸：應收帳款——乙公司　　　　　　　　　　　　　　　　900

（12）15日，支付第四季度報刊費600元。

該業務根據收到的郵局發票第二聯登記現金日記帳或編製現金付款憑證，會計分錄為：

借：管理費用——報刊費　　　　　　　　　　　　　　　600
　　貸：庫存現金　　　　　　　　　　　　　　　　　　　　600

（13）15日，退回預收甲公司的包裝物押金800元。

該業務根據收回以前開出的押金收據和付款單登記現金日記帳或編製現金付款憑證，會計分錄為：

借：其他應付款——甲公司　　　　　　　　　　　　　800
　　貸：庫存現金　　　　　　　　　　　　　　　　　　　　800

（14）30日，車間購買考勤表等辦公用品，款項300元用現金支付，取得普通發票。

該業務根據普通發票第三聯登記現金日記帳或編製現金付款憑證，會計分錄為：

借：製造費用　　　　　　　　　　　　　　　　　　　　300
　　貸：庫存現金　　　　　　　　　　　　　　　　　　　　300

（15）30日，根據領導已經審批的工資表，上午，開出金額為100,000元的現金支票一張到銀行提現。下午發放1月份工資100,000元。其中：生產工人工資60,000元，生產車間管理人員工資5,000元，行政管理人員工資25,000元，銷售人員工資10,000元。

該業務根據支票存根和工資表登記現金日記帳或編製銀行存款付款憑證、現金付款憑證，會計分錄為：

借：庫存現金　　　　　　　　　　　　　　　　　　　100,000
　　貸：銀行存款　　　　　　　　　　　　　　　　　　　100,000
借：應付職工薪酬——工資　　　　　　　　　　　　　100,000
　　貸：庫存現金　　　　　　　　　　　　　　　　　　　100,000

（16）出售辦公室廢舊報刊，取得現金100元。

該業務根據收據第三聯登記現金日記帳或編制現金收款憑證，會計分錄為：

借：庫存現金　　100

　貸：管理費用　　100

（17）31 日，開出現金支票 3,500 元，補足庫存限額。

該業務根據現金支票存根登記現金日記帳或編制銀行存款付款憑證，會計分錄為：

借：庫存現金　　3,500

　貸：銀行存款　　3,500

根據上述業務，出納人員登記現金日記帳，如圖 6-10 所示。

現金日记账

第 15 頁　　2015 年度

15年		记帐凭证		摘要	对方科目	总页	借方	✓	贷方	✓	结存	✓
月	日	收款	付款				千百十万千百十元角分		千百十万千百十元角分		千百十万千百十元角分	
1	1			期初余额							1500000	
	4		现1	借差旅费					200000			
	4		现2	领备用金					100000			
	4	现1		销售甲产品			468000					
	4	现2		归还借款			80000					
	4		现3	销售款送存银行					468000			
				本日合计			548000		768000		1280000	
	8		银3	支票提现			500000					
	8		现4	购买办公用品					90000			
	8		现5	报销医药费					10000			
	8	现3		收到赔偿款			12000					
				本日合计			512000		100000		1692000	
	15	现4		退回多余款项			20000					
	15	现5		收回货款			90000					
	15		现6	支付报刊费					60000			
	15		现7	退回押金					80000			
				本日合计			110000		140000		1662000	
	30		现8	购买办公用品					30000			
	30		银6	提现发工资			10000000					
	30		现9	发工资					10000000			

現金日记账

第 16 頁　　2015 年度

15年		记帐凭证		摘要	对方科目	总页	借方	✓	贷方	✓	结存	✓
月	日	收款	付款				千百十万千百十元角分		千百十万千百十元角分		千百十万千百十元角分	
1	30	现6		出售废报纸			10000					
				本日合计			10010000		10030000		1642000	
	31	银10		支提现票			350000					
				本月合计			11530000		11038000		1992000	

圖 6-10　現金日記帳

第六章 現金管理實務

思考題

1. 什麼是現金出納憑證？出納人員應當如何正確填制現金出納憑證？
2. 出納人員在辦理現金收入業務時應當採用的正確程序是什麼？
3. 出納人員在辦理現金支付業務時應當採用的正確程序是什麼？

討論題

出納人員主要使用什麼帳簿？為什麼不能填制記帳憑證？為什麼不能登記分類帳簿？如果出納人員同時掌管現金日記帳和庫存現金總分類帳，可能會帶來什麼後果？

實驗項目

實驗項目名稱：登記現金日記帳

（一）實驗目的及要求

1. 通過本實驗掌握登記現金日記帳的基本技能，達到熟練做現金日記帳的目的。
2. 要求同學們完成現金日記帳登記的全部登帳過程，並正確結出本月發生額及餘額。

（二）實驗設備、資料

1. 現金日記帳2頁、收款憑證20張、付款憑證20張。
2. 計算器或算盤。
3. 企業經濟業務：

成都華素公司為一般納稅人，2015年3月庫存現金日記帳期初餘額為34,000元，銀行核定的庫存限額為40,000元。該公司當月發生經濟業務如下：

（1）3日，銷售A產品，收到8筆現金，開出增值稅專用發票8份，價款共計5,000元，稅款共計850元。

（2）3日，採購人員持手續齊備的借款單，領取備用金5,000元。

（3）3日，萬達到北京出差，借支差旅費8,000元，填制了借款單，並報請領導簽了字。

（4）3日，銷售產品A，收到對方轉帳支票一張，金額117,000元。

（5）3日，職工楊明歸還借款2,000元。

(6) 3日，將銷售款項5,850元存入銀行，帶回現金繳款單第一聯。

(7) 3日，收到銀行本票一張20,000元，手續辦理完畢。

(8) 8日，收到A企業開出的一張普通支票，歸還欠款900元。

(9) 8日，企業用現金購買原材料900元。

(10) 8日，萬達出差歸來，報銷差旅費8,500元。

(11) 8日，收到職工丁述的賠償款220元，開出內部收據一張。

(12) 8日，出納簽發一張現金支票，到銀行提取現金8,000元。

(13) 8日，企業銷售產品B給上海公司，金額為50,000元。採用托收承付方式進行結算，產品已經發運，辦妥了托收承付手續。

(14) 18日，職工華數出差歸來，報銷差旅費2,000元，該職工沒有借款。

(15) 18日，乙公司用現金歸還前欠貨款990元，出納開出普通發票一張。

(16) 18日，支付第四季度報刊費600元。

(17) 18日，退回預收甲公司的包裝物押金800元。

(18) 18日，企業購買考勤表等辦公用品，款項500元用現金支付，取得普通發票。

(19) 18日，王經理報銷招待費用990元。

(20) 18日，出納人員到開戶銀行辦理銀行承兌匯票一張，金額為100,000元，手續費率為0.5‰。

(21) 30日，領導審批完畢工資表。其中：生產工人工資60,000元，生產車間管理人員工資5,000元，行政管理人員工資25,000元，銷售人員工資10,000元。出納人員根據該工資表將每位職工的工資上到了各自的銀行卡上。

(22) 30日出售辦公室廢舊報刊，取得現金200元。

(20) 30日張都報銷招待費3,500元。

(21) 31日，開出現金支票3,500元，補足庫存限額。

(三) 實驗內容與步驟

1. 每個同學準備現金日記帳及記帳憑證一套。
2. 三位同學為一組，分別以制證、審核、登帳不同角色進行實驗。
3. 同學們共同熟悉企業經濟業務。
4. 根據經濟業務編制現金收款憑證和現金付款憑證。
5. 根據記帳憑證登記現金日記帳，每天結出餘額。
6. 期末結帳。

(四) 實驗結果 (結論)

1. 瞭解日記帳的基本知識。
2. 熟悉登記現金日記帳的基本要領。
3. 掌握登記現金日記帳的核算技能。

第七章　銀行存款管理實務

● 第一節　銀行存款出納憑證與帳簿

銀行存款的核算主要包括序時核算和總分類核算。出納人員主要從事銀行存款的序時核算，銀行存款的總分類帳核算由會計人員承擔。

一、銀行存款出納憑證

（一）銀行存款出納憑證的意義和作用

1. 銀行存款出納憑證的意義

銀行存款出納憑證是記錄銀行存款收付業務活動、明確出納與其他相關人員在銀行存款工作中經濟責任的書面證明，是憑以登記銀行存款帳簿的重要依據。

企事業單位每天都要發生大量的銀行存款收付業務，這便要求出納人員取得或填制與銀行存款相關的出納憑證，真實、完整地記錄和反應單位銀行存款業務情況，以明確經濟責任。

2. 銀行存款出納憑證的作用

銀行存款出納憑證不僅具有初步記載銀行存款業務、傳遞經濟信息、作為記帳依據的作用，同時還有傳送銀行存款收支情況、作為辦理銀行存款業務手續依據的作用。因此，填制和審核銀行存款出納憑證對於全面完成出納任務有十分重要的意義。

（1）通過銀行存款出納憑證的填制和審核，可以如實、及時地歸類記載銀行存款收付業務。

（2）通過銀行存款出納憑證的填制和審查，可以分清各自的經濟責任，強化經

濟責任制。

(3) 通過銀行存款出納憑證的填制和審核，可以檢查銀行存款出納業務的合理性、合法性，保護單位銀行存款財產的安全、完整，使之得到合理使用。

(二) 銀行存款出納憑證的種類

出納在進行銀行存款的序時核算使用的憑證分為銀行存款收支原始憑證和銀行存款記帳憑證兩種。

1. 銀行存款收支原始憑證

銀行存款收支原始憑證主要是出納人員收入和支付銀行存款的會計憑證。它們可以是出納人員自己填制的，也可以是其他單位人員或本單位的非出納人員填制的。

銀行存款收支原始憑證主要是各種票據和結算憑證，具體內容將在第八章中詳細介紹。

2. 銀行存款記帳憑證

銀行存款記帳憑證是根據銀行存款收、付的原始憑證編制的銀行存款收款憑證、銀行存款付款憑證或銀行存款通用記帳憑證，其格式和內容與現金收、付記帳憑證相同，可參見圖6-2、圖6-3和圖6-4，這裡不再贅述。

二、銀行存款日記帳

銀行存款日記帳是本單位進行銀行存款序時核算的工具，是由出納人員掌管和登記的出納帳簿之一，是由出納人員逐日、逐項記錄本單位銀行存款收支及結存情況的帳簿，其格式如圖7-6所示。它與現金日記帳的格式基本相同。銀行存款日記帳由出納人員根據銀行存款原始憑證或銀行存款收、付款憑證進行登記，並在每日終了時結算出銀行存款收支發生額和結存額。月末還要計算出本月收入、支出的合計數和月末結餘數，並與「銀行存款」總分類帳進行核對。銀行存款日記帳的建立和使用，為隨時掌握銀行存款收、支動態和結餘情況，合理調度資金，實現收、支平衡提供信息資料。

只要有結算業務的單位，不管其規模大小，都要設置銀行存款日記帳。銀行存款日記帳可按存款種類設置帳簿，也可以在一本帳簿中根據不同種類的存款分設不同的類欄。對於外幣存款，應按不同幣種和開戶銀行分別設置日記帳。銀行存款日記帳的帳簿格式有三欄式和多欄式之分。對於業務量較大的企業，可採用多欄式銀行存款日記帳。不同單位，由於其經濟性質、規模大小、經營管理的要求各不相同，相應需要設置的日記帳的種類、格式也就不同。在具體設置日記帳時，應從本單位實際情況出發，遵循節約原則，避免複雜與浪費。

有外幣存款的企業，應分別按人民幣和各種外幣設置「銀行存款日記帳」進行明細核算。企業發生外幣業務時，應將有關外幣金額折合為人民幣記帳。除另有規定外，所有與外幣業務有關的帳戶，應採用業務發生時的匯率，也可以採用業務發

第七章　銀行存款管理實務

生當期期初的匯率折合。期末，各種外幣帳戶的期末餘額，應按期末匯率折合為人民幣金額。按照期末匯率折合的人民幣金額與原帳面人民幣金額之間的差額，作為匯兌損益。

第二節　銀行存款核算實務

一、銀行存款的序時核算

　　銀行存款的核算主要包括序時核算和總分類核算。出納人員主要從事序時核算。

　　銀行存款的序時核算就是指利用銀行存款日記帳，按照經濟業務發生完成的時間順序，對銀行存款的收、支、餘情況逐日、逐筆地反應。

　　銀行存款的核算程序與現金的核算程序相同，根據出納與會計分工的不同，可由出納人員直接根據銀行存款收付原始憑證登記銀行存款日記帳，也可由會計人員先根據收付憑證編製銀行存款記帳憑證後，再傳遞給出納人員，出納人員再登記銀行存款日記帳。

　　若該公司的會計和出納是分開辦公的，那麼，發生銀行存款收付業務時，由出納人員嚴格審核有關憑證後再付款或收款。下班前適當時間，直接根據這些業務的原始憑證登記現金日記帳後，再將這些原始憑證傳遞給會計人員，以便他們編製銀行存款收付記帳憑證及登記銀行存款總帳。

　　若該單位的會計和出納是一起辦公的，那麼，發生銀行存款收付業務時，由會計人員嚴格審核有關憑證後，編製銀行存款收付記帳憑證，並傳遞給出納人員。出納人員審核無誤後再付款或收款，下班前，根據這些記帳憑證登記銀行存款日記帳後，再將這些記帳憑證傳遞給會計人員，以便他們登記銀行存款總帳。

二、銀行存款序時核算實務

　　下面以成都光華機械有限責任公司2015年1月份發生的銀行存款收付業務為例，說明銀行存款序時核算的實際操作過程。該公司的銀行存款處理流程為：會計人員對銀行存款的各種原始憑證進行審核後填製記帳憑證，然後傳遞給出納人員，出納人員審核無誤後收、付銀行存款並據此登記銀行存款日記帳。

　　該公司2015年「銀行存款」帳戶期初餘額為1,990,000元，1月份發生銀行存款收付業務如下：

　　（1）4日，銷售乙產品給丙公司，開出增值稅專用發票一張，價款為100,000元，稅額為17,000元，對方開具轉帳支票一張，出納人員填製進帳單將其存入開戶銀行。

　　該業務的操作程序：

①出納人員在轉帳支票背面「被背書人」一欄填寫開戶銀行名稱，在「背書人簽章」一欄填寫「委託收款」並加蓋預留銀行印鑒。

②填寫進帳單（格式如圖10-32所示）。

③將轉帳支票（格式如圖10-29所示）和進帳單一併交開戶銀行辦理收款。

④銀行審核無誤後，在進帳單第一聯加蓋「轉訖」章後退還出納人員。

⑤銀行收妥款項後，退回進帳單收帳通知聯（第三聯）。

⑥會計人員根據增值稅專用發票第三聯（記帳聯）和進帳單第三聯編製銀行存款收款憑證，如圖7-1所示。

⑦會計人員將銀行存款收款憑證傳遞給出納人員。

收款憑證

應借科目 銀行存款	2015年 1月 4日		收 收字第 01 號	
摘要	應貸科目		金額	附件
	一級	二級或明細	千百十萬千百十元角分	
銷售乙產品	主營業務收入	乙	10000000	
	應交稅費	應交增值稅——銷項稅額	1700000	2張
合計				
會計主管 記帳 稽核 出納 李德庆 填製 张华敏				

圖7-1 收款憑證1

（2）4日，公司採購原材料M，交回增值稅專用發票一張，價稅合計234,000元，出納人員開出轉帳支票一張及進帳單，支付貨款。

該業務的操作程序：

①出納人員根據發票金額簽發轉帳支票、填寫進帳單。

②將轉帳支票和進帳單一併交開戶銀行辦理收付款，銀行審核無誤後，在進帳單第一聯加蓋「轉訖」章後退還出納人員。

③會計人員根據增值稅專用發票第三聯（記帳聯）、轉帳支票存根（格式如圖10-29所示）和進帳單第一聯編製銀行存款付款憑證如圖7-2所示。

④會計人員將銀行存款付款憑證傳遞給出納人員。

第七章　銀行存款管理實務

圖 7-2　付款憑證 1

（3）4 日，出納人員到銀行辦理金額為 200,000 元的銀行匯票一張。

該業務的操作程序：

①出納人員填寫銀行匯票申請書（格式如圖 10-6 所示）。

②銀行審核無誤後，出納人員交存款項，銀行簽發銀行匯票（格式如圖 10-1 所示），並將銀行匯票申請書第一聯、銀行匯票第二聯和第三聯交回出納人員。

③會計人員根據銀行匯票申請書第一聯編制銀行存款付款憑證，如圖 7-3 所示。

④會計人員將銀行存款付款憑證傳遞給出納人員。

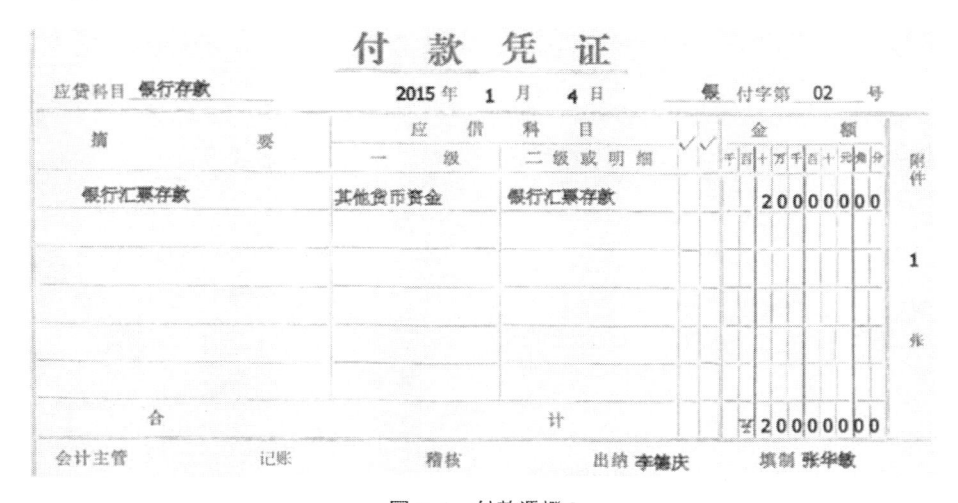

圖 7-3　付款憑證 2

（4）4 日，將銷售款項 4,680 元存入銀行，帶回現金繳款單第一聯。

169

出納人員填寫現金繳款單後到銀行存入款項，銀行收款後在現金繳款單第一聯上加蓋印章後退回出納人員。出納人員帶回交會計人員，會計編制現金付款憑證（如圖7-4所示）後再將銀行存款付款憑證傳遞給出納人員。

付款憑證
應貸科目：庫存現金
2015年 1月 4日　　現付字第 03 號
摘要：銷售款送存銀行
應借科目：銀行存款
金額：¥4 680 00
合計：¥4 680 00
附件：1張
會計主管　記賬　稽核　出納 李德慶　填製 張敏華

圖7-4　付款憑證3

（5）4日，銀行傳來信匯憑證收帳通知，上月大地公司所欠貨款58,000元於今日收到。

會計人員根據信匯憑證收帳通知（信匯憑證第四聯）（格式如圖10-44所示）編制銀行收款憑證（如圖7-5所示）後傳遞給出納人員。

收款憑證
應借科目：銀行存款
2015年 1月 4日　　收字第 02 號
摘要：收回貨款
應貸科目：應收賬款　大地公司
金額：5 890 000
合計：¥5 890 000
附件：1張
會計主管　記賬　稽核　出納 李德慶　填製 張華敏

圖7-5　收款憑證2

4號下午4點左右（各個單位根據其業務量大小確定具體時間），出納人員根據當天的銀行存款收、付憑證登記當日的銀行存款日記賬，並結出當日餘額。

第七章　銀行存款管理實務

下面發生的經濟業務，都以會計分錄代替記帳憑證，處理程序和方法與前日相同。

（6）8日，出納人員簽發一張現金支票（格式如圖10-27所示），到銀行提取現金5,000元。

根據現金支票存根編制銀行存款付款憑證，會計分錄為：

借：庫存現金　　　　　　　　　　　　　　　　　　　5,000
　　貸：銀行存款　　　　　　　　　　　　　　　　　　　5,000

（7）8日，向本市N企業出售丙產品一批，取得價款150,000元，增值稅額25,500元，出納人員開具增值稅專用發票，收到對方的開出金額為175,500的銀行本票一張。

該業務的操作程序：

①出納人員在銀行本票背面加蓋預留銀行印鑒，填寫進帳單，然後一併交開戶銀行辦理轉帳；

②銀行審核無誤後，即辦理兌付手續，予以劃款，並在第三聯進帳單收款通知上加蓋「轉訖」章後退還出納人員；

③出納人員將第三聯進帳單帶回交會計人員編制銀行存款收款憑證，會計分錄為：

借：銀行存款　　　　　　　　　　　　　　　　　　　175,500
　　貸：主營業務收入——丙　　　　　　　　　　　　　150,000
　　　　應交稅費——應交增值稅（銷項稅額）　　　　　 25,500

（8）8日，出納人員一張到期銀行承兌匯票送交銀行辦理收款，票款200,000元已經存入公司帳戶。

該業務的操作程序：

①出納人員在到期的銀行承兌匯票第二聯、第三聯（格式如圖10-17、圖10-18所示）加蓋預留銀行印鑒，並填寫進帳單。

②然後持進帳單、銀行承兌匯票第二聯和第三聯到開戶銀行辦理收款。

③銀行受理後將款項劃入公司帳戶，並在進帳單第一聯和第三聯上加蓋銀行業務章後退回出納人員。

④出納人員帶回進帳單交會計人員，會計人員根據進帳單第三聯編制銀行存款收款憑證，然後再傳遞給出納人員。會計分錄為：

借：銀行存款　　　　　　　　　　　　　　　　　　　200,000
　　貸：應收票據——銀行承兌匯票　　　　　　　　　　200,000

（9）8日，銀行傳來托收承付收款通知即托收承付憑證第四聯（格式如圖10-50所示），委託銀行收取K公司的款項117,000元，已經收存銀行。

會計人員根據托收承付憑證第四聯登記編制銀行存款收款憑證，會計分錄為：

借：銀行存款　　　　　　　　　　　　　　　　　　　117,000
　　貸：應收帳款——K公司　　　　　　　　　　　　　117,000

8 號下午，出納人員根據當天的銀行存款收、付憑證登記當日的銀行存款日記帳，並結出當日餘額。

（10）15 日，向大江廠出售丙產品，價稅合計 234,000 元，當即收到對方的銀行匯票一張，出納人員到銀行辦理了兌現手續，出納人員開出增值稅專用發票。

該業務的操作程序：

①出納人員對銀行匯票審核無誤後，將實際結算金額和匯票上的多餘金額填入「銀行匯票」的有關欄內，並在匯票背面「持票人向銀行提示付款簽章」處加蓋印章，然後根據實際結算金額填製「進帳單」，將進帳單、銀行匯票、解訖通知一起交開戶銀行辦理轉帳。

②銀行受理後，將款項劃入公司帳戶，退回進帳單第三聯。

③會計根據進帳單第三聯編製銀行存款收款憑證，會計分錄為：

借：銀行存款 234,000
　貸：主營業務收入——B 產品 200,000
　　　應交稅費——應交增值稅（銷項稅額） 34,000

（11）15 日，金額為 58,500 的商業承兌匯票一張到期，收到銀行委託收款憑證收帳通知。

該業務的操作程序：

①出納人員在匯票到期前一週，填寫委託收款憑證（托收憑證），在商業承兌匯票背面加蓋銀行預留印鑒，將托收憑證和商業承兌匯票一併交給開戶銀行辦理收款，銀行受理後退回托收憑證第一聯（格式如圖 10-47 所示）。

②銀行收到款項後，將款項劃入公司帳戶，並將托收憑證收帳通知（第四聯）傳給本公司。

③會計根據委託收款憑證收帳通知編製銀行存款收款憑證，會計分錄為：

借：銀行存款 58,500
　貸：應收票據——商業承兌匯票 58,500

（12）15 日，採購員王強出差，借支差旅費 5,000 元，出納人員開出現金支票。出納人員審核請款單無誤後，開具現金支票，會計根據請款單和現金支票存根登記編製銀行存款付款憑證。會計分錄為：

借：其他應收款——王強 5,000
　貸：銀行存款 5,000

（13）15 日，出納人員以信匯方式支付前欠海洋廠的材料款 100,000 元。

該業務的操作程序：

①出納人員填寫信匯憑證（格式如圖 10-44 所示），在第二聯「匯款人」蓋章處加蓋預留銀行印鑒，然後到開戶銀行辦理匯兌。

②銀行審核無誤後，將信匯憑證第一聯加蓋「轉訖」章後退回出納人員，並將款項從基本存款帳戶匯出。

③會計根據信匯憑證第一聯編製銀行存款付款憑證。會計分錄為：

第七章　銀行存款管理實務

　　借：應付帳款　　　　　　　　　　　　　　　　　　100,000
　　　　貸：銀行存款　　　　　　　　　　　　　　　　　　100,000
　　本日下午，出納人員根據當日銀行存款收款憑證和付款憑證登記銀行存款日記帳，並結出當日餘額。
　　（14）30日，根據領導已經審批的工資表，開出金額為100,000元的現金支票一張到銀行提現。會計人員根據現金支票存根和工資表編制銀行存款付款憑證，會計分錄為：
　　借：庫存現金　　　　　　　　　　　　　　　　　　100,000
　　　　貸：銀行存款　　　　　　　　　　　　　　　　　　100,000
　　（15）30日，公司簽發的一張金額為351,000元的銀行承兌匯票到期，公司收到開戶行傳來的銀行支付到期銀行承兌匯票的付款通知。
　　會計人員根據銀行承兌匯票付款通知登記編制銀行存款付款憑證，會計分錄為：
　　借：應付票據——銀行承兌匯票　　　　　　　　　　351,000
　　　　貸：銀行存款　　　　　　　　　　　　　　　　　　351,000
　　（16）30日，收到銀行的商業承兌匯票付款通知。此匯票是三個月前開出的一張金額為200,000元的商業承兌匯票到期。
　　會計人員根據商業承兌匯票付款通知編制銀行存款付款憑證，會計分錄為：
　　借：應付票據——商業承兌匯票　　　　　　　　　　200,000
　　　　貸：銀行存款　　　　　　　　　　　　　　　　　　200,000
　　（17）30日，從本市機器廠購回機器一臺，價稅合計234,000元，採用銀行本票結算。
　　該業務的操作程序：
　　①出納人員向簽發銀行填寫一式三聯的「銀行本票申請書」（格式如圖10-25所示），並將款項交存銀行。
　　②銀行同意後，在「銀行本票申請書」第一聯上加蓋業務章，同時按申請金額簽發銀行本票，並將「銀行本票申請書」第一聯和銀行本票交給出納人員帶回。
　　③出納人員將銀行本票交給採購人員辦理結算。
　　④出納人員將銀行本票申請書存根交會計，會計據此編制銀行存款付款憑證，會計分錄為：
　　借：其他貨幣資金——銀行本票存款　　　　　　　　351,000
　　　　貸：銀行存款　　　　　　　　　　　　　　　　　　351,000
　　本日下午，出納人員根據當日銀行存款收款憑證和付款憑證登記銀行存款日記帳，並結出當日餘額。
　　（18）31日，開出現金支票3,500元，補足庫存限額。
　　會計人員根據現金支票存根編制銀行存款付款憑證，會計分錄為：
　　借：庫存現金　　　　　　　　　　　　　　　　　　　3,500
　　　　貸：銀行存款　　　　　　　　　　　　　　　　　　　3,500

（19）31 日，購買 K 公司 M 材料，價稅合計 46,800 元，對方開出增值稅專用發票，出納人員開出等額轉帳支票一張交對方。

根據增值稅專用發票第二聯和支票存根登記銀行存款日記帳並編制銀行存款付款憑證，會計分錄為：

借：原材料　　40,000

　　應交稅費——應交增值稅（進項稅額）　　6,800

　貸：銀行存款　　46,800

本日下午，出納人員根據當日銀行存款收款憑證和付款憑證登記銀行存款日記帳，並結出當日餘額。

根據上述業務，出納人員登記銀行存款日記帳，如圖 7-6 所示。

银行存款日记账

账　号 51015523456

存款种类 人民币

2015年度　　第 1 页

15年 月	日	记账凭证 收款	付款	摘要（外汇收支应说明原币及汇率）	支票 种类	号数	对方科目	借方	√	贷方	√	余额	√
1	1			期初余额								199000000	
	4	银1		销售乙产品				11700000					
	4		银1	采购M材料						23400000			
	4		银2	办理银行汇票						20000000			
	4		现3	销售款送存银行				468000					
	4	银2		收到货款				5890000					
				本日合计				18058000		43400000		173658000	
	8		银3	支票提现						500000			
	8	银3		销售丙产品				17550000					
	8	银4		银行承兑汇票兑现				20000000					
	8	银5		托收承付款项到账				11700000					
	8			本日合计				49250000		500000		222408000	
	15	银6		银行汇票收款				23400000					
	15	银7		商业承兑汇票到期兑现票				5850000					
	15		银4	借支备用金						500000			
	15		银5	信汇付材料款						10000000			
				本日合计				29250000		10500000		241158000	
	30		银6	提现发工资						10000000			
	30		银7	银行承兑汇票到期付款						35100000			
	30		银8	商业承兑汇票到期付款						20000000			

银行存款日记账

账　号 51015523456

存款种类 人民币

2015年度　　第 2 页

15年 月	日	记账凭证 收款	付款	摘要（外汇收支应说明原币及汇率）	支票 种类	号数	对方科目	借方	√	贷方	√	余额	√
1	30	银9		银行本票付购机器款						23400000			
				本日合计						88500000		152658000	
	31		银10	支票提现						350000			
	31		银11	购买原材料						4680000			
				本日合计						5030000		147628000	
				本月合计				96558000		147930000		147628000	

圖 7-6　銀行存款日記帳

第七章　銀行存款管理實務

● 第三節　銀行存款餘額調節表編制實務

一、銀行存款餘額調節表與未達帳項

（一）銀行存款餘額調節表的意義

銀行存款餘額調節表是出納人員為了核對本單位銀行存款日記帳餘額與銀行方的存款帳面餘額而編制的，通過對雙方未達帳項進行調整而實現雙方餘額平衡的一種報表，其格式如表7-1所示。編制銀行存款餘額調節表的意義如下：

（1）編制銀行存款餘額調節表的目的只是為了核對帳目，檢查帳簿記錄是否正確，所以調整的未達帳項並不入帳。

（2）調節後如果雙方餘額相等，一般可以認為雙方記帳沒有差錯；調節後如果雙方餘額仍不相等，原因不外乎兩個，要麼是未全部查出，要麼是一方或雙方帳簿記錄還有差錯。無論何種原因，都要進一步查清楚，並加以更正，直到調節表中雙方餘額相等為止。

（3）調整後的餘額是企業存款的真實數字，也是企業當日可以動用的銀行存款的極大值。

（二）未達帳項

未達帳項是指企業與銀行雙方由於接收憑證的時間差造成一方已入帳而另一方尚未入帳的款項。

企業與銀行之間產生的未達帳項，其原因有兩個方面四種情況：

原因一，單位出納人員已經入帳，銀行方尚未入帳的款項。具體包括兩種情況：

（1）單位存入銀行的款項，單位已經作為存款增加入帳，而銀行尚未辦理入帳手續。如單位收到外單位的轉帳支票，填好進帳單，並經銀行受理蓋章，即可記帳，而銀行則要辦妥轉帳手續後，才能入帳。

（2）單位開出轉帳支票或其他付款憑證，並已作為存款減少入帳，銀行尚未支付沒有記帳。如單位已開出支票，而持票人尚未去銀行提現或轉帳等。

原因二，銀行方已經入帳，單位尚未入帳的款項。具體包括兩種情況：

（1）銀行代單位劃轉收取的款項已經入帳，單位尚未收到銀行的收帳通知而入帳。如委託銀行收取的貸款，銀行已入帳，而單位尚未收到銀行的收款通知。

（2）銀行代單位劃轉支付的款項已經劃出並記帳，單位尚未收到付款通知而入帳。如扣借款利息、應付購貨款的托收承付、代付水電費、通信費等。

出現第1類第（1）種和第2類第（2）種情況時，單位銀行存款日記帳帳面餘

額會大於銀行對帳單的餘額；反過來，出現第 1 類第（2）種和第 2 類第（1）種情況時，單位銀行存款日記帳帳面餘額會小於銀行對帳單的餘額。

未達帳項不及時查對與調整，就不利於企業合理調配使用資金，還容易開出「空頭」支票，造成不必要的經濟損失。所以出納人員應當及時取得銀行對帳單，編制銀行存款餘額調節表。

二、銀行存款餘額調節表的編制

出納人員在收到銀行對帳單的當天都要編制銀行存款餘額調節表，對銀行存款進行檢查核對。

（一）銀行存款餘額調節原理

出納人員在確定了未達帳項的具體類型後，即可按照餘額調節公式進行試算平衡。餘額調節公式為：

銀行存款日記帳期末餘額+銀行已收單位未收的款項−銀行已付單位未付的款項＝
銀行對帳單期末餘額+單位已收銀行未收的款項−單位已付銀行未付的款項

根據上述原理，銀行存款餘額調節表的具體編制方法就是在銀行與開戶單位的帳面餘額的基礎之上，加上各自的未收款減去各自的未付款，然後再計算出雙方餘額。通過銀行存款餘額調節表調節後的餘額才是單位銀行存款的實存數。

（二）編制銀行存款餘額調節表

大華公司出納人員 3 月 5 日收到的銀行對帳單餘額為 1,573,080.00 元，而公司 3 月 4 日銀行存款日記帳餘額為 1,529,280 元，出納人員進行逐筆核對後發現有以下未達帳項：

（1）2 日，本公司開戶行代自來水公司和電力局扣本月水電費 8,000 元，銀行已入帳，而本單位尚未收到銀行的付帳通知，所以公司尚未入帳。

（2）3 日，本公司開出 5,000 元現金支票一張給職工胡名，作為借支的差旅費，本單位已入帳，但胡名尚未到銀行支取，所以銀行尚未入帳。

（3）3 日，本公司開戶行代為收妥 L 公司貨款 93,600 元，銀行已入帳，而本單位尚未收到銀行收帳通知，所以企業尚未入帳。

（4）4 日公司開出一張轉帳支票償付貨款，金額為 46,800 元，支票已送存銀行，銀行已受理，但尚未入帳。

根據以上資料，出納人員編制銀行存款餘額調節表，如表 7-1 所示。

第七章　銀行存款管理實務

表 7-1　　　　　　　　　光華公司銀行存款餘額調節表
2015 年 3 月 5 日

項　目	金額（元）	項　目	金額（元）
銀行存款日記帳餘額	1,529,280.00	銀行對帳單餘額	1,573,080.00
加：銀行已收，公司未收的款項	93,600.00	加：企業已收，銀行未收的款項	46,800.00
減：銀行已付，公司未入帳的款項	8,000.00	減：企業已付，銀行未付的款項	5,000.00
調整後的銀行存款餘額	1,614,880.00	調整後的銀行存款餘額	1,614,880.00

第四節　銀行借款辦理實務

一、銀行借款的含義及種類

（一）銀行借款的含義

銀行借款是企事業單位根據其生產經營業務的需要，為彌補自有資金不足，向銀行借入的款項，是企事業單位從事生產經營活動資金的重要來源。出納人員作為向銀行借款活動的直接經辦人，必須要瞭解借款的不同種類、借款條件及借款程序和手續，合法而高效地辦理銀行借款。

（二）銀行借款的種類

1. 銀行借款按期限長短分類

銀行借款按期限長短分為短期借款、中期借貸款和長期借款。

（1）短期借款是指借款期限在 1 年以內（含 1 年）的各種借款。這類借款一般是臨時性的週轉借款或為特定目的所借的款項。短期借款具有使用靈活、取得手續相對簡便且償還期短的特點，但是借款時取得的資本成本較高而且附加條件較多，對借款單位的短期償債能力要求較高。

（2）中期借款是指借款期限在 1 年以上（不含 1 年），5 年以下（含 5 年）的各類借款。

（3）長期借款是指借款期限在 5 年（不含 5 年）以上的借款。

中長期借款一般適用於基礎設施建設、技術改造、固定資產購置或大修理以及其他特殊事項。這些借款的資本成本相對較低，彈性空間較大，但在借款過程中手續比較複雜而且限制條件較多，對借款單位的長期償債能力要求較高。

2. 銀行借款按有無擔保分類

銀行借款按有無擔保分為信用借款和擔保借款。

（1）信用借款是指沒有擔保、僅依據借款人的信用狀況發放的借款。

(2) 擔保借款指由借款人或第三方依法提供擔保而發放的借款。擔保借款包括保證借款、抵押借款、質押借款。保證借款、抵押借款或質押借款是指按《中華人民共和國擔保法》規定的保證方式、抵押方式或質押方式發放的借款。

二、銀行借款的期限及利率

（一）銀行借款的期限

銀行借款的期限由借貸雙方根據借款用途、資金狀況、資產轉換週期等自主協商後確定，並在借款合同中載明。

（二）借款展期

借款展期是指借款人在銀行借款到期日前，不能按期歸還借款時，向銀行或其他金融機構申請延長還款期限的行為，但是否給予借款人展期是由貸款人決定的。

申請保證貸款展期、抵押貸款展期、質押貸款展期的，還應當有保證人、抵押人、出質人同意的書面證明。已有約定的，按約定執行。

到期借款展期期限累計不得超過原貸款期限；中期借款展期期限累計不得超過原貸款期限的一半；長期借款展期期限累計不得超過 3 年。借款人申請展期未能批准，其借款從翌日起轉入逾期貸款帳戶。

（三）借款利率

銀行借款利率水平及計息方式按照中國人民銀行利率管理規定及其他有關規定執行。

利率是一定時期內借款本金與利息的比率，即：

$$利率 = 利息 \div 本金$$

利率按計息期限不同可分為年利率、月利率和日利率，三者的關係如下：

$$年利率 = 年利息額 \div 本金$$
$$月利率 = 年利率 \div 12 = 日利率 \times 30$$
$$日利率 = 年利率 \div 360 = 月利率 \div 30$$

按照國家規定，如果在借款期限內國家的銀行利率發生調整，借款利息分段計算，在利率調整日之前的借款利息，按調整前的利率計算；利率調整日以後到結息日或清戶日為止的借款利息按調整後的利率計算。

三、借款人應具備的條件

（一）借款人為法人或其他組織的應具備的基本條件

（1）依法辦理工商登記的法人已經向工商行政管理部門登記並連續辦理了年檢手續；事業法人依照《事業單位登記管理暫行條例》的規定已經向事業單位登記管理機關辦理了登記或備案。

（2）有合法穩定的收入或收入來源，具備按期還本付息能力。

第七章 銀行存款管理實務

(3) 已開立基本帳戶、結算帳戶或一般存款帳戶。
(4) 按照中國人民銀行的有關規定，應持有貸款卡（號）的，必須持有中國人民銀行核准的貸款卡（號）。
(5) 管理機關另有規定的除外。

(二) 借款人為自然人的應具備的基本條件
(1) 具有合法身分證件或境內有效居住證明。
(2) 具有完全民事行為能力。
(3) 信用良好，有穩定的收入或資產，具備按期還本付息的能力。
(4) 管理機關另有規定的除外。

機關法人及其分支機構不得申請貸款；境外法人、其他組織或自然人申請貸款，不得違反國家外匯管理規定。

四、銀行借款的方法和程序

(一) 銀行借款的方法

企業向銀行申請借款的方法一般有四種：

第一種是逐筆申請、逐筆核貸、逐筆核定期限、到期收回、週轉使用。這是指企業每需要一筆借款，都要向銀行提出申請，銀行對每筆借款加以審查，如果同意借款，對每筆借款都要核定期限，借款期滿則要按期收回。收回的借款仍是銀行可用於發放借款的指標，可繼續週轉使用。這種方法適用於工業部門的生產週轉借款。

第二種是逐筆申請、逐筆核貸、逐筆核定期限、到期收回、借款指標一次使用，不能週轉。這種方法與上述方法相比，不同之處在於，到期收回的借款不能週轉使用。這種方法適用於專項用途的借款，如基本建設借款、技術改造借款等。

第三種是一次申請、集中審核、定期調整。企業一年或一個季度辦理一次申請借款的手續，銀行一次集中審核。平時企業需要這方面借款時，由銀行根據可借款額度定期主動進行調整，借款不受指標限制，企業不必逐項進行申請。這種借款方法適合於結算借款。

第四種是每年或每季一次申請借款，由銀行集中審核，根據實際情況，下達一定時期內的借款指標，企業進貨時自動增加借款，銷售時直接減少借款。借款不定期限，在指標範圍內，借款可以週轉使用，需要突破借款指標時，則要另行申請，調整借款指標。這種方法適用於商品流轉借款和物資供銷借款。

(二) 銀行借款程序

第一步，借款人提出借款申請。

實際工作中，借款方提出借款申請，一般採用填寫「借款申請書」（其格式如表7-2所示）的方式提出，並提供以下有關資料：

(1) 借款人上一年度經工商行政管理部門辦理年檢手續證明的文件的複印件。

179

(2) 借款人上一年度和最近一期的財會報告及生產經營、物資材料供應、產品銷售和出口創匯計劃及有關統計資料。

(3) 借款人的「貸款證」，借款人在銀行開立基本帳戶、其他帳戶情況，原有借款的還本付息情況。

(4) 借款人財務負責人的資格證書和聘用書複印件。

(5) 購銷合同複印件或反應企業資金需求的有關憑證、資料，項目建設書或項目可行性研究報告和國家有關部門的批准文件原件。

(6) 非負債的自籌資金落實情況的證明文件。

(7) 貸款行需要的其他資料。

表 7-2　　　　　　　　　　　借款申請書

人民幣萬元：　　　　　　　　　　外幣萬美元：

借款人		經濟性質	
開戶銀行		營業執照號碼	
結算帳戶		註冊資金	
法定代表人		電　話	
借款人住所			
申請借款金額(大寫)			
借款種類		借款期限		借款利率	
借款方式		還款來源		還款方式	
借款原因及用途：					
	法定代表人（簽字） 　　年　　月　　日			財務負責人（簽字） 　　年　　月　　日	

第二步，貸款方審查。

貸款銀行必對借款方的申請進行審查，以確定是否給予貸款。審查內容包括兩個方面：

一是形式審查，即檢查「借款申請書」等有關內容的填寫是否符合要求，有關的批准文件、計劃是否具備等。

二是實體審查，即檢查「借款申請書」的有關內容是否真實、正確、合法。對於符合貸款條件的項目，可在「借款申請書」的審查意見欄內註明「同意貸款」

第七章　銀行存款管理實務

字樣。

第三步，簽訂借款合同。

借款單位的借款申請，經銀行審查同意後，借貸雙方即可簽訂「借款合同」。在借款合同中，應明確規定借款的種類、金額、用途、期限、利率、還款方式、結算辦法和違約責任等條款，以及當事人雙方商定的其他事項。

思考題

1. 什麼是銀行存款出納憑證？出納人員應當如何正確填制和運用銀行存款的相關憑證？

2. 什麼是未達帳項？編制銀行存款餘額調節表有何意義？出納人員怎樣正確編制銀行存款餘額調節表？

3. 銀行借款的基本程序是什麼？

討論題

出納人員使用的銀行存款日記帳是什麼帳簿？為什麼不能用活頁帳簿？出納人員為什麼只能登記銀行存款日記帳，而不能登記銀行存款總分類帳簿？這樣做的目的是什麼？

实验项目

實驗項目名稱：登記銀行存款日記帳

(一) 實驗目的及要求

1. 通過本實驗掌握登記銀行存款日記帳的基本技能，達到熟練做銀行存款日記帳的目的。

2. 要求同學們完成銀行存款日記帳登記的全部登帳過程，並正確結出本月發生額及餘額。

(二) 實驗設備、資料

1. 銀行存款日記帳2頁、收款憑證20張、付款憑證20張。

2. 計算器或算盤。

3. 企業經濟業務：

成都大明公司為一般納稅人，2015年1月銀行存款日記帳期初餘額為150,000

元，該公司當月發生經濟業務如下：

(1) 3日，收到光明公司投入資本350,000元，款項已存入銀行。

(2) 3日，公司向銀行借入6個月借款200,000元，存入銀行。

(3) 3日，從銀行提取現金1,000元備用。

(4) 3日，向大眾公司購入A材料一批，已驗收入庫，貨款100,000元和增值稅17,000元尚未支付。

(5) 3日，向光明公司購入A材料，已驗收入庫。貨款80,000元和增值稅13,600元已用銀行存款支付。

(6) 3日，車間領用A材料一批，其中，用於產品生產25,000元，用於車間一般耗費1,000元。

(7) 3日，以銀行存款80,000元購入小汽車一輛。

(8) 9日，以銀行存款支付第一季度企業管理部門房屋租金10,000元。

(9) 9日，接銀行通知，收到群眾公司歸還的上月所欠貨款50,000元。

(10) 11日，職工張三出差，借支現金差旅費1,000元。

(11) 11日，銷售產品給群眾公司，貨款150,000元，增值稅25,500元，產品已發出，並向銀行辦妥托收手續。

(12) 15日，銷售一批產品給大毛公司，貨款100,000元，增值稅17,000元，款項已存入銀行。

(13) 15日，以銀行存款償還前欠大眾公司貨款117,000元。

(14) 15日，張三出差歸來，報銷差旅費800元，餘款退還現金。

(15) 15日，以銀行存款支付廣告費和其他銷售費用10,000元。

(16) 15日，以銀行存款5,000元支付電費，其中，產品生產用電費4,000元，車間照明用電500元，企業管理部門用電500元。

(17) 15日，用銀行存款支付管理部門辦公費5,000元。

(18) 29日，分配本月工資費用30,000元，其中生產工人工資20,000元，車間管理人員工資3,000元，企業行政管理人員工資7,000元。

(19) 29日，收到乙公司以現金預交的上半年倉庫租金12,000元。

(20) 29日，從銀行提取現金30,000元，準備發放工資。

(21) 29日，以現金發放工資30,000元。

(22) 30日，計提本月固定資產折舊費8,000元，其中車間使用固定資產應計提折舊費5,200元，企業行政管理部門使用固定資產應計提折舊費2,800元。

(23) 31日，結轉本月製造費用9,700元。

(24) 31日，結轉本月完工產品實際生產成本85,000元。

(25) 31日，結轉本月已銷售產品生產成本183,500元。

(26) 31日，根據銀行存款餘額和利率預計本月利息收入1,500元。

(27) 31日，銀行劃轉支付利息支出5,000元。

第七章　銀行存款管理實務

(三) 實驗內容與步驟
1. 每個同學準備現金日記帳及記帳憑證一套。
2. 三位同學為一組，分別以制證、審核、登帳不同角色進行實驗。
3. 同學們熟悉企業經濟業務。
4. 根據經濟業務編制銀行存款收款憑證和銀行存款付款憑證。
5. 根據記帳憑證登記銀行存款日記帳，每天結出餘額。
6. 期末結帳。

(四) 實驗結果 (結論)
1. 瞭解日記帳的基本知識。
2. 熟悉登記銀行存款日記帳的基本要領。
3. 掌握登記銀行存款日記帳的核算技能。

第八章　銀行支付結算實務

● 第一節　銀行匯票結算方式

一、銀行匯票的含義和特點

（一）銀行匯票的概念

銀行匯票是出票銀行簽發的，由其在見票時按照實際結算金額無條件支付給收款人或者持票人的票據。

（二）銀行匯票的特點

銀行匯票結算方式的特點主要有以下五個：

1. 適用範圍廣

銀行匯票是目前異地結算中較為廣泛採用的一種結算方式。這種結算方式不僅適用於在銀行開戶的單位、個體經濟戶和個人，而且適用於未在銀行開立帳戶的個體經濟戶和個人。凡是各單位、個體經濟戶和個人需要在異地進行商品交易、勞務供應和其他經濟活動及債權債務的結算，都可以使用銀行匯票。銀行匯票既可以用於轉帳結算，也可以支取現金。

2. 票隨人走，錢貨兩清

實行銀行匯票結算，購貨單位交款，銀行開票，票隨人走；購貨單位購貨給票，銷售單位驗票發貨，一手交票，一手交錢；銀行見票付款，這樣可以減少結算環節，縮短結算資金在途時間，方便購銷活動。

3. 信用度高、安全可靠

銀行匯票是銀行在收到匯款人款項後簽發的支付憑證，因而具有較高的信譽，銀行保證支付，收款人持有票據，可以安全、及時地到銀行支取款項。而且，銀行

第八章 銀行支付結算實務

內部有一套嚴密的處理程序和防範措施,只要匯款人和銀行認真按照匯票結算的規定辦理,匯款就能保證安全。一旦匯票丟失,如果確屬現金匯票,匯款人可以向銀行辦理掛失,填明收款單位和個人,銀行可以協助防止款項被他人冒領。

4. 使用靈活,適應性強

實行銀行匯票結算,持票人可以將匯票背書轉讓給銷貨單位,也可以通過銀行辦理分次支取或轉讓,另外還可以使用信匯、電匯或重新辦理匯票轉匯款項,因而有利於購貨單位在市場上靈活地採購物資。

5. 結算準確,餘款自動退回

一般來講,購貨單位很難準確確定具體購貨金額,因而常常出現匯多用少的情況。在有些情況下,多餘款項往往長時間得不到清算,從而給購貨單位帶來不便和損失。而使用銀行匯票結算則不會出現這種情況,單位持銀行匯票購貨,凡在匯票的匯款金額之內的,可根據實際採購金額辦理支付,多餘款項將由銀行自動退回。這樣可以有效地防止交易尾欠的發生。

二、銀行匯票及相關憑證

(一) 銀行匯票申請書

申請人需要使用銀行匯票,應向銀行填寫匯票申請書。銀行匯票申請書一式三聯:

第一聯存根(白紙黑油墨),由申請人留存,其格式如圖10-6所示。

第二聯借方憑證(白紙藍油墨),由申請人蓋章後交出票行作為借方憑證。申請人交現金辦理銀行匯票時,第二聯註銷,其格式如圖10-7所示。

第三聯貸方憑證(白紙紅油墨),由申請人填寫好後交出票行作為匯出款貸方憑證,其格式如圖10-8所示。

填寫銀行匯票申請書時須注意:需要辦理支取現金的銀行匯票,在申請書的匯款金額欄中必須先填寫「現金」字樣,其後填寫匯票金額(大寫)。

申請人和收款人均為個人的,並在申請書填明「現金」字樣的銀行匯票才能支取現金。

(二) 銀行匯票

1. 銀行匯票的內容和格式

銀行匯票由出票行在辦理好轉帳或收妥現金後簽發。銀行匯票憑證一式四聯,內容和格式如下:

第一聯卡片(白紙黑油墨),其內容和格式如圖10-1所示。由出票行結清匯票時作為借方憑證。

第二聯銀行匯票有正、背兩面。正面的內容和格式如圖10-2所示(專用水印紙藍油墨,出票金額欄加紅水印);背面的內容和格式如圖10-3所示。

第三聯解訖通知（白紙紅油墨），其內容和格式如圖 10-4 所示。

第四聯多餘款收帳通知（白紙紫油墨），此聯出票行結出多餘款後交申請人，本聯內容和格式如圖 10-5 所示。

填寫銀行匯票時須注意：銀行匯票號碼前加省別代號；匯票的出票日期和出票金額必須大寫；支取現金的銀行匯票，必須在出票金額欄中，先填寫「現金」字樣後，再緊接著填寫匯票金額（大寫）；實際付款金額小於或等於出票金額。

2. 銀行匯票的附件

銀行匯票的附件主要是粘單、掛失止付通知書和銀行匯票掛失電報格式。

（1）粘單（白紙黑油墨），其內容和格式如圖 10-9 所示。

（2）掛失止付通知書，其內容和格式如圖 10-10 所示。該通知書一式三聯：

第一聯（白紙黑油墨），是銀行給掛失止付人的受理回單。

第二聯（白紙黑油墨），用於掛失登記。

第三聯（白紙黑油墨），憑以拍電報。

（3）銀行匯票掛失電報，其內容和格式如圖 10-11 所示。

三、銀行匯票結算規定和程序

（一）銀行匯票結算的當事人

（1）出票人。銀行匯票結算的出票人是指簽發匯票的銀行。

（2）收款人。收款人是指從銀行提取匯票所匯款項的單位和個人。收款人可以是匯款人本身，也可以是與匯款人有商品交易往來或匯款人要與之辦理結算的人。

（3）付款人。付款人是指負責向收款人支付款項的銀行。如果出票人和付款人屬於同一個銀行，如都是中國工商銀行的分支機構，則出票人和付款人實際上為同一個人。如果出票人和付款人不屬於同一個銀行，而是兩個不同銀行的分支機構，則出票人和付款人為兩個人。

（二）銀行匯票結算的主要規定

（1）銀行匯票的簽發和解付，只能由中國人民銀行和商業銀行參加「全國聯行往來」的銀行機構辦理。跨系統銀行簽發的轉帳銀行匯票的解付，應通過同城票據交換將銀行匯票和解訖通知提交同城的有關銀行審核支付後抵用。省、自治區、直轄市內和跨省、市的經濟區域內，按照有關規定辦理。在不能簽發銀行匯票的銀行開戶的匯款人需要使用銀行匯票時，應將款項轉交附近能簽發銀行匯票的銀行辦理。

（2）銀行匯票一律記名。記名是指在匯票中指定某一特定人為收款人，其他任何人都無權領款；但如果指定收款人以背書方式將領款權轉讓給其指定的收款人，其指定的收款人有領款權。

（3）銀行匯票的提示付款期為銀行匯票自出票日起 1 個月（按次月對日計算，無對日的，月末日為到期日，遇法定休假日順延）。持票人超過付款期限提示付款

第八章　銀行支付結算實務

的，代理付款人不予受理。

(三) 銀行匯票結算程序

銀行匯票由企業出納人員負責辦理，其結算一般分為申請、出票、結算、兌付、餘款退回五個步驟。銀行匯票結算流程如圖 8-1 所示。

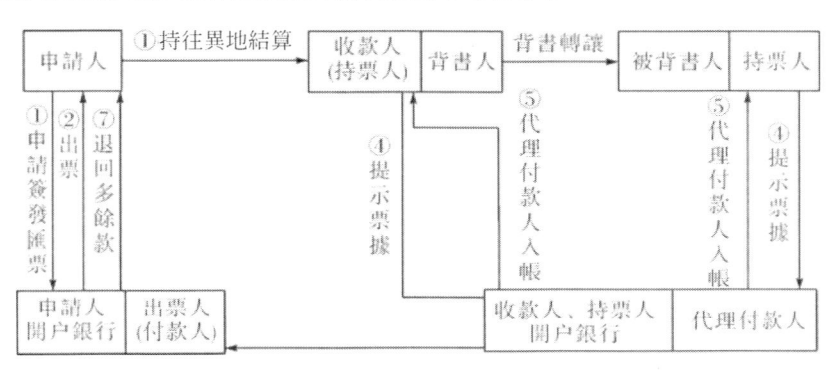

圖 8-1　銀行匯票結算流程圖

四、銀行匯票結算實務

(一) 申請銀行匯票

企業內部供應部門或其他業務部門因業務需要使用銀行匯票時，應填寫銀行匯票請領單，具體說明領用銀行匯票的部門、經辦人、匯款用途、收款單位名稱、開戶銀行、帳號等，由請領人簽章，並經單位領導審批同意後，由財會部門委派出納人員具體辦理銀行匯票手續。銀行匯票請領單的基本格式如表 8-1 所示。

表 8-1

銀行匯票請領單

請領日期　　　　　　　　年　月　日

收款人		開戶銀行		帳號	
匯款用途					
匯款金額	人民幣（大寫）		￥		
部門負責人意見		單位領導審批意見		請領人簽章	

凡是要求使用銀行匯票辦理結算業務的單位，財務部門均應按規定向簽發銀行提交「銀行匯票申請書」。「銀行匯票申請書」上必須逐項寫明匯款人名稱和帳號、收款人名稱和帳號、兌付地點、匯款金額、匯款用途等內容，並在「匯款委託書」上加蓋匯款人預留銀行的印鑒，由銀行審查後簽發銀行匯票。如匯款人未在銀行開

立存款帳戶，則可以交存現金辦理匯票。

　　匯款人辦理銀行匯票，能確定收款人的，須詳細填明單位、個體經濟戶名稱或個人姓名。確定不了的，應填寫匯款人指定人員的姓名。

　　交存現金辦理的匯票，需要在匯入銀行支取現金的，應在匯票委託書上的「匯款金額」大寫欄先填寫「現金」字樣，後填寫匯款金額。這樣，銀行可簽發現金匯票，以便匯款人在兌付銀行支取現金。企事業單位辦理的匯票，如需要在兌付銀行支取現金的，由兌付銀行按照現金管理有關規定審查支付現金。

　　（二）銀行簽發銀行匯票

　　銀行匯票必須記載下列事項：

　　（1）表明「銀行匯票」的字樣。

　　（2）無條件支付的承諾。

　　（3）確定的金額。

　　（4）付款人名稱。

　　（5）收款人名稱。

　　（6）出票日期。

　　（7）出票人簽章。

　　欠缺記載上列事項之一的，銀行匯票無效。

　　銀行填寫的匯票經復核無誤後，在第二聯上加蓋匯票專用章並由授權的經辦人簽名或蓋章，簽章必須清晰；在實際結算金額欄的小寫金額上端用總行統一製作的壓數機壓印出金額，然後連同第三聯（解訖通知）一併交給申請人。

　　（三）使用銀行匯票

　　（1）出納人員收到簽發銀行簽發的「銀行匯票聯（第二聯）」和「解訖通知聯（第三聯）」後根據銀行蓋章退回的「銀行匯票申請書」第一聯存根聯登記銀行存款日記帳或交由會計人員據此編制銀行存款付款憑證，會計分錄為：

　　借：其他貨幣資金——銀行匯票存款

　　　　貸：銀行存款

　　（2）出納人員將銀行匯票交採購人員（持票人）到匯入地點辦理採購，如果銀行匯票上「收款人」欄填寫的是匯款單位持票人的名字，則持票人可以持票到匯入銀行直接辦理轉帳結算，也可以背書轉讓給在銀行開戶的單位，由其持票到銀行辦理進帳。

　　（3）匯款單位在用銀行匯票購買貨物並辦理結算後，應等到簽發銀行轉來的銀行匯票第四聯，即「多餘款收帳通知聯」後，根據其「實際結算金額」欄的實際結算金額並和供應部門轉來的發票帳單等原始憑證上的實際結算金額核對相符後，編制記帳憑證，會計分錄為：

　　借：材料採購（或在途物資）——××商品

　　　　貸：其他貨幣資金——銀行匯票存款

第八章　銀行支付結算實務

對於銀行匯票實際結算金額小於銀行匯票匯款金額的差額，即多餘款，匯款單位財務部門應根據簽發銀行轉來的銀行匯票第四聯「多餘款收帳通知聯」中列明的「多餘金額」數編制銀行存款收款憑證，會計分錄為：

借：銀行存款
　　貸：其他貨幣資金——銀行匯票存款

（四）收款單位受理銀行匯票

1. 審查銀行匯票

收款單位出納人員受理銀行匯票時，應該認真審查，審查的內容主要包括：

（1）收款人或背書人是否確為本單位。
（2）銀行匯票是否在付款期內，日期、金額等填寫是否正確無誤。
（3）印章是否清晰，壓數機壓印的金額是否清晰。
（4）銀行匯票和解訖通知是否齊全、相符。
（5）匯款人或背書人的證明或證件是否無誤，背書人證件上的姓名與其背書是否相符。

2. 辦理結算

（1）審查無誤後，在匯款金額以內，根據實際需要的款項辦理結算，並將實際結算金額和多餘金額準確、清晰地填入銀行匯票和解訖通知的有關欄內。（實際結算金額和多餘金額如果填錯，應用紅線劃去全數，在上方重填正確數字並加蓋本單位印章，但只限更改一次）銀行匯票的多餘金額由簽發銀行退交匯款人。全額解付的銀行匯票，應在「多餘金額」欄寫上「0」符號。

（2）填寫完結算金額和多餘金額後，收款人或被背書人將銀行匯票和解訖通知同時提交兌付銀行，缺少任何一聯均無效，銀行將不予受理。

（3）在銀行開立帳戶的收款人或被背書人受理銀行匯票後，在匯票背面加蓋預留銀行印鑒並連同解訖通知和進帳單送交開戶銀行辦理轉帳。

（4）將「銀行匯票聯」「解訖通知聯」和進帳單送其開戶銀行辦理收帳手續後，出納人員根據銀行退回的進帳單第三聯（收帳通知）所列實際結算金額和發票存根聯等原始憑證，登記銀行存款日記帳或由會計人員據此編制銀行存款收款憑證：

借：銀行存款
　　貸：主營業務收入

（5）未在銀行開立帳戶的收款單位持銀行匯票向銀行辦理收款時，必須交驗兌付地有關單位足以證實收款人身分的證明，在銀行匯票背面蓋章或簽字，註明證件名稱、號碼及發證機關，才能辦理有關結算手續。

（6）收款單位支取現金的，銀行匯票上必須有簽發銀行按規定填明的「現金」字樣才能辦理，未填明「現金」字樣的，需要支取現金的，按支取現金的有關規定經銀行審查同意後辦理。

(五) 辦理銀行匯票的背書

1. 背書的含義

背書是指匯票持有人將票據權利轉讓他人的一種票據行為。其中所謂的票據權利是指票據持有人向票據債務人（主要是指票據的承兌人，有時也指票據的發票人、保證人和背書人）直接請求支付票據中所規定的金額的權利。通過背書轉讓其權利的人稱為背書人，接受經過背書匯票的人就被稱為被背書人。這種票據權利的轉讓，一般都是在票據的背面進行的，所以叫作背書。

按照現行規定，銀行匯票如果其收款人為個人的，可以經過背書將匯票轉讓給在銀行開戶的單位和個人。如果收款人為單位的，不得背書轉讓。匯票必須轉讓給在銀行開戶的單位和個人，不能轉讓給沒有在銀行開戶的單位和個人。在背書時，背書人必須在銀行匯票第二聯背面「背書」欄填明其個人身分證件及號碼，並簽章，同時填明被背書人名稱，並填明背書日期。被背書人按規定在匯票有效期內，在被背書人一欄簽章並填制一式兩聯進帳單後到開戶行辦理結算，其會計核算辦法與一般銀行匯票收款人相同。

2. 辦理銀行匯票的背書注意事項

（1）銀行匯票和匯款解訖通知須同時提交兌付行，兩者缺一無效。

（2）收款人直接進帳的，應在收款人蓋章處加蓋預留銀行印章；收款人為個人的，應交驗身分證件。

（3）收款人如系個人，可以經背書轉讓給在銀行開戶的單位和個人；在背書人欄簽章並填明被背書人名稱；被背書人簽章後持往開戶行辦理結算。

(六) 銀行匯票退款、超過付款期限付款和掛失的處理手續

1. 退款手續

（1）申請人因匯票超過付款期限或其他原因要求退款時，應交回匯票和解訖通知，並按照支付結算辦法的規定提交證明或身分證件。出票行審核無誤後辦理轉帳。多餘款收帳通知的多餘金額欄填入原出票金額並加蓋轉訖章作為收帳通知，交給申請人。

（2）申請人因短缺解訖通知要求退款的，應當備函向出票行說明短缺原因，並交回持有的匯票。出票行於提示付款期滿一個月後比照退款手續辦理退款。

2. 超過付款期限付款手續

持票人超過付款期不獲付款的，在票據權利時效內請求付款時，應當向出票行說明原因，並提交匯票和解訖通知。持票人為個人的，還應當驗證本人身分證件。出票行經審核無誤，多餘金額結計正確無誤，即可辦理付款手續。

3. 掛失手續

填明「現金」字樣及代理付款行的匯票喪失，失票人到代理付款行或出票行掛失時，應當提交三聯「掛失止付通知書」，分別做如下處理：

（1）代理付款行接到失票人提交的掛失止付通知書，應審查掛失止付通知書填

第八章 銀行支付結算實務

寫是否符合要求,是否屬本行代理付款的現金匯票,並查對確未付款的,方可受理。在第一聯掛失止付通知書上加蓋業務公章作為受理回單。

(2)出票行接到失票人提交的掛失止付通知書,應審查掛失止付通知書填寫是否符合要求,並查對匯出匯款帳和匯票卡片系屬指定代理付款行支取現金的匯票,並確未註銷時方可受理。在第一聯掛失止付通知書上加蓋業務公章作為受理回單。

第二節 商業匯票結算方式

一、商業匯票的概念和特點

(一)商業匯票的概念

商業匯票是指由收款人或存款人(或承兌申請人)簽發,由承兌人承兌,並於到期日向收款人或被背書人無條件支付款項的一種票據。承兌是指匯票的付款人承諾在匯票到期日支付匯票金額給收款人或持票人的票據行為。承兌僅限於商業匯票,付款人承兌商業匯票時應當在匯票正面記載「承兌」字樣和承兌日期並簽章。

商業匯票按其承兌人的不同,可以分為商業承兌匯票和銀行承兌匯票兩種。

(1)商業承兌匯票,是指由收款人簽發,經付款人承兌,或者由付款人簽發並承兌的一種商業匯票。

(2)銀行承兌匯票,是指由收款人或承兌申請人簽發,並由承兌申請人向開戶銀行申請,經銀行審查同意承兌的匯票。

(二)商業匯票結算的特點

商業匯票結算是指利用商業匯票來辦理款項結算的一種銀行結算方式。與其他銀行結算方式相比,商業匯票結算具有如下特點:

(1)與銀行匯票等結算方式相比,商業匯票的適用範圍相對較窄,各企業、事業單位之間只有根據購銷合同進行合法的商品交易,才能簽發商業匯票。除商品交易以外,其他方面的結算,如勞務報酬、債務清償、資金借貸等不可採用商業匯票結算方式。

(2)與銀行匯票等結算方式相比,商業匯票的使用對象也相對較少。商業匯票的使用對象是在銀行開立帳戶的法人。使用商業匯票的收款人、付款人、背書人、被背書人等必須同時具備兩個條件:一是在銀行開立帳戶,二是具有法人資格。個體工商戶、農村承包戶、個人、法人的附屬單位等不具有法人資格的單位或個人以及雖具有法人資格但沒有在銀行開立帳戶的單位都不能使用商業匯票。

(3)商業匯票可以由付款人簽發,也可以由收款人簽發,但都必須經過承兌。只有經過承兌的商業匯票才具有法律效力,承兌人負有到期無條件付款的責任。商業匯票到期,因承兌人無款支付或其他合法原因,債務人不能獲得付款時,可以按

照匯票背書轉讓的順序，向前手行使追索權，依法追索票面金額；該匯票上的所有關係人都應負連帶責任。商業匯票的承兌期限由交易雙方商定，一般為 3 個月至 6 個月，最長不得超過 6 個月，屬於分期付款的應一次簽發若干張不同期限的商業匯票。

（4）未到期的商業匯票可以到銀行辦理貼現，從而使結算和銀行資金融通相結合，有利於企業及時地補充流動資金，維持生產經營的正常進行。

（5）商業匯票在同城、異地都可以使用，而且沒有結算起點的限制。

（6）商業匯票一律記名並允許背書轉讓。商業匯票到期後，一律通過銀行辦理轉帳結算，銀行不支付現金。

二、商業匯票及相關憑證

（一）商業承兌匯票

商業承兌匯票一式三聯：

第一聯卡片（白紙黑油墨），出票人簽章後由承兌人留存，其格式如圖 10-12 所示。

第二聯匯票，有正、背兩面。正面的內容和格式如圖 10-13 所示（專用水印紙藍油墨，出票金額欄加紅水紋）；背面的內容和格式如圖 10-14 所示。此聯是銀行之間的傳遞憑證。

第三聯存根（白紙黑油墨），由出票人存查，其格式如圖 10-15 所示。

（二）銀行承兌匯票

銀行承兌匯票一式三聯：

第一聯卡片（白紙黑油墨），由承兌銀行留存備查，其格式如圖 10-16 所示。

第二聯匯票，有正、背兩面。正面的內容和格式如圖 10-17 所示（專用水印紙藍油墨，出票金額欄加紅水紋）；背面的內容和格式與商業承兌匯票的第二聯背面相同，如其格式如圖 10-14 所示所示。此聯是銀行之間的傳遞憑證。

第三聯存根（白紙黑油墨），由出票人存查，其格式如圖 10-18 所示。

（三）銀行承兌協議

銀行承兌協議，其內容和格式如圖 10-19 所示。出票人或持票人持銀行承兌匯票向匯票上記載的付款銀行申請或提示承兌時，承兌銀行審查同意後，即可與出票人簽署銀行承兌協議。本協議一式三聯（都是白紙黑油墨）：

第一聯由出票人留存。

第二聯、第三聯（副本）和匯票的第一、二聯一併交銀行會計部門。

（四）貼現憑證

持票人持未到期的商業匯票向銀行申請貼現時，應當根據匯票填制貼現憑證。貼現憑證一式五聯（都是白紙黑油墨）：

第八章 銀行支付結算實務

第一聯，既可作為銀行的貼現憑證，又可作為申請書，其格式如圖 10-20 所示。

第二聯，銀行作貼現申請人帳戶貸方憑證，其格式如圖 10-21 所示。

第三聯，銀行作貼現利息貸方憑證。

第四聯，是銀行給出票人的收帳通知。

第五聯，是到期卡。

(五) 承兌匯票申請書

持票人持商業匯票向銀行申請承兌時，應當根據匯票填制承兌匯票申請書。該申請書一式三聯，第一、二聯交存銀行，第三聯由申請單位留存。格式如圖 10-22 所示。

三、商業匯票結算規定和程序

(一) 商業匯票結算的基本規定

(1) 在銀行開立存款帳戶的法人以及其他組織之間，必須具有真實的交易關係或債權債務關係，才能使用商業匯票。

(2) 簽發商業匯票必須記載下列事項：表明「商業承兌匯票」或「銀行承兌匯票」的字樣；無條件支付的委託；確定的金額；付款人的名稱；收款人的名稱；出票日期；出票人簽章。

欠缺記載上列事項之一的，商業匯票無效。

(3) 商業匯票可以在出票時向付款人提示承兌後使用，也可以在出票後先使用再向付款人提示承兌。定日付款或者出票後定期付款的商業匯票持票人應當在匯票到期日前向付款人提示承兌。見票後定期付款的匯票，持票人應當自出票日起 1 個月內向付款人提示承兌。付款人接到提示承兌的匯票時，應當在自收到提示承兌的匯票之日起 3 日內承兌或者拒絕承兌（拒絕承兌必須出具拒絕承兌的證明）。

(4) 商業匯票的付款期限，最長不得超過 6 個月。（按到期月的對日計算，無對日的，月末日為到期日，遇法定休假日順延）

① 定日付款的匯票付款期限自出票日起計算，並在匯票上記載具體的到期日；

② 出票後定期付款的匯票付款期限自出票日起按月計算，並在匯票上記載；

③ 見票後定期付款的匯票付款期限自承兌或拒絕承兌日起按月計算，並在匯票上記載。

(5) 商業匯票的提示付款期限，自匯票到期日起 10 日。

(6) 符合條件的商業匯票的持票人可持未到期的商業匯票向銀行申請貼現。

(二) 商業匯票結算流程

商業匯票結算的具體辦理步驟為：商業匯票的簽發及承兌、收款人收款、付款人付款。商業承兌匯票和銀行承兌匯票的結算流程圖分別如圖 8-2 和圖 8-3 所示。

出納實務教程

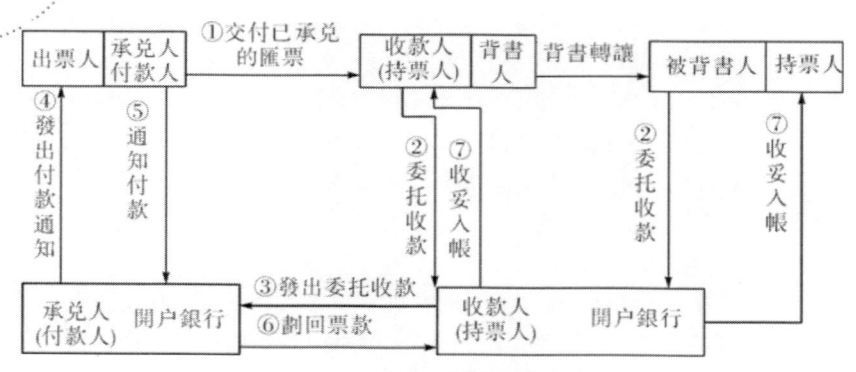

圖 8-2 商業承兌匯票結算流程圖

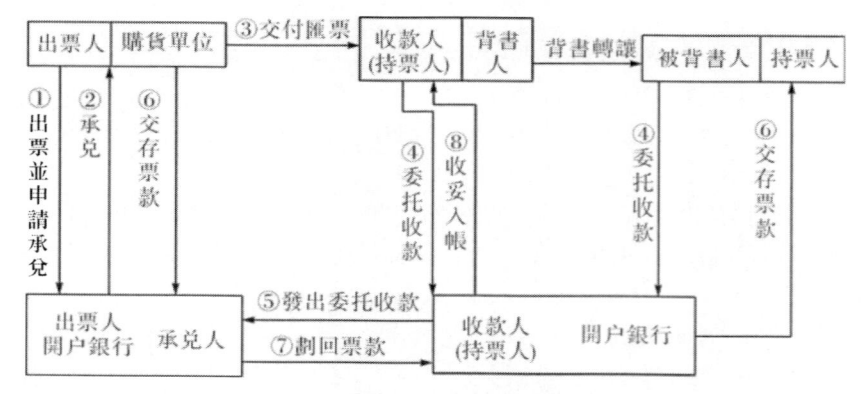

圖 8-3 銀行承兌匯票結算流程圖

四、商業匯票的辦理實務

（一）銀行承兌匯票的辦理

1. 簽訂交易合同

交易雙方經過協商，簽訂商品交易合同，並在合同中註明採用銀行承兌匯票進行結算。

2. 付款人簽發銀行承兌匯票

付款單位出納人員在填制銀行承兌匯票時，應當逐項填寫銀行承兌匯票中簽發日期，收款人和承兌申請人（即付款單位）的單位全稱、帳號、開戶銀行、匯票金額大、小寫，匯票到期日，交易合同編號等內容，並在銀行承兌匯票的第一聯、第二聯、第三聯的「匯票簽發人蓋章」處加蓋預留銀行印鑒及負責人和經辦人印章。

3. 申請匯票承兌

付款單位出納人員在填制完銀行承兌匯票後，應將匯票的有關內容與交易合同進行核對，核對無誤後填制「銀行承兌協議」，並在「承兌申請人」處蓋單位公章。

第八章　銀行支付結算實務

填制完銀行承兌協議後，有關人員應在銀行承兌匯票的第一、二聯中「承兌申請人蓋章」處加蓋預留銀行的印鑒，然後將銀行承兌匯票連同交易合同和銀行承兌協議一併遞交開戶銀行申請承兌。

4. 銀行受理並承兌匯票

（1）銀行按照有關政策規定對承兌申請進行審查，經過審查同意後，銀行與付款人簽訂承兌協議。

（2）銀行予以承兌，銀行在銀行承兌匯票上註明「承兌」字樣和協議書編號，在第二聯「承兌行簽章」處蓋匯票專用章，用壓數機壓印匯票金額後將銀行承兌匯票和解訖通知聯交承兌申請人轉交收款人。

5. 支付手續費

按照「銀行承兌協議」的規定，付款單位辦理承兌手續並向承兌銀行支付手續費，由開戶銀行從付款單位存款戶中扣收。銀行承兌手續費按銀行承兌匯票的票面金額的5‰計收，每筆手續費不足10元的，按10元計收。

付款單位出納人員按規定向銀行支付手續費時，應登記銀行存款日記帳或由會計填制銀行存款付款憑證，會計分錄為：

借：財務費用
　　貸：銀行存款

6. 交付銀行承兌匯票

付款單位按照交易合同的規定，向供貨方購貨，並將銀行承兌後的匯票第二、三聯交付收款單位，以便收款單位到期收款或背書轉讓。

付款單位的出納人員在寄交匯票時，應同時登記「應付票據備查簿」，逐項登記發出票據的種類（銀行承兌匯票）、交易合同號、票據編號、簽發日期、到期日期、收款單位及匯票金額等內容。

收款單位的出納人員收到銀行承兌匯票，據此登記「應收票據備查簿」，逐項填寫備查簿中的匯票種類（銀行承兌匯票）、交易合同號、票據編號、簽發日期、到期日期、票面金額、付款單位、承兌單位等有關內容。

7. 交存票款

按照銀行承兌協議的規定，承兌申請人即付款人應於匯票到期前將票款足額地交存其開戶銀行（即承兌銀行），以便承兌銀行於匯票到期日將款項劃撥給收款單位或貼現銀行。付款單位財務部門應經常檢查專類保管的銀行承兌協議和「應付票據備查簿」，及時將應付票款足額交存銀行。

8. 收款人在銀行承兌匯票到期時收款

（1）收款單位出納人員在匯票到期時，辦理收款手續。應填制進帳單，並在銀行承兌匯票第二、三聯背面加蓋預留銀行的印鑒，將匯票和進帳單一併送交其開戶銀行，辦理收取票款的手續。

（2）開戶銀行按照規定對銀行承兌匯票進行審查，審查無誤後將進帳單第三聯

收帳通知聯加蓋「轉訖」章交收款單位作為收款通知，並按規定辦理匯票收款業務。收款單位出納人員根據銀行退回的進帳單第三聯登記銀行存款日記帳，會計人員據此編制銀行存款收款憑證，會計分錄為：

借：銀行存款
　　貸：應收票據

同時在「應收票據備查簿」上登記承兌的日期和金額情況，並在註銷欄內予以註銷。

9. 承兌銀行在匯票到期日按照規定辦理銀行承兌匯票票款劃撥

承兌銀行在匯票到期日按照規定辦理銀行承兌匯票票款劃撥收款人，並向付款單位發出付款通知，付款單位收到銀行支付到期匯票的付款通知，出納人員登記銀行存款日記帳，會計人員編制銀行存款付款憑證，會計分錄為：

借：應付票據
　　貸：銀行存款

同時在「應付票據備查簿」上登記到期付款的日期和金額，並在註銷欄內予以註銷。

10. 銀行承兌匯票遺失及註銷

持票單位遺失銀行承兌匯票，應及時向承兌銀行辦理掛失註銷手續，待匯票到期日滿一個月再辦理如下手續：

（1）付款單位遺失的，應備函說明遺失原因，並附第四聯銀行承兌匯票送交銀行申請註銷，銀行受理後，在匯票第四聯註明「遺失註銷」字樣並蓋章後即可註銷。

（2）收款單位遺失的，由收款單位與付款單位協商解決，匯票到期滿一個月後，付款單位確未支付票款的，付款單位可代收款單位辦理遺失手續，其手續與付款單位遺失的手續相同。

（二）商業承兌匯票的辦理

商業承兌匯票的辦理除以下幾點外，其餘手續和銀行承兌匯票基本相同：

（1）付款人簽發匯票。付款人按照商品購銷合同簽發商業承兌匯票，將匯票第二聯正面簽署「承兌」字樣並加蓋預留銀行的印鑒後，交給收款人。

（2）收款人收到商業承兌匯票後，經審核無誤，按合同發運商品。

（3）收款人在匯票將要到期時，應當提前將匯票和委託收款憑證交開戶行辦理收款手續。

委託銀行收款時，應填寫一式五聯的「托收憑證」（格式如圖 10-47 所示），在「托收憑證名稱」欄內註明「商業承兌匯票」字樣，在商業承兌匯票第二聯背面加蓋收款單位公章後，一併送交開戶銀行。開戶銀行審查後辦理有關收款手續，並將蓋章後的「托收憑證」第一聯受理回單退回給收款單位保存。

（4）收款人開戶行將收到的憑證寄交付款人開戶行，委託代其收款。

第八章　銀行支付結算實務

（5）付款人在匯票到期日之前，應當將票款足額交存銀行，以備到期支付。

（6）付款人開戶行收到收款人開戶行轉來的有關憑證後，於匯票到期日，將票款從付款人帳戶內劃轉給收款人開戶行，並向付款人發出付款通知。付款人收到付款通知後，出納人員據此登記銀行存款日記帳，會計人員編制銀行存款付款憑證，會計分錄為：

借：應付票據——商業承兌匯票
　貸：銀行存款

（7）收款人開戶行收到票款後，將托收憑證的收款通知聯加蓋「轉訖」章後交給收款人，通知款項已收妥。收款單位的出納人員根據通知聯登記銀行存款日記帳，會計人員編制銀行存款收款憑證，會計分錄為：

借：銀行存款
　貸：應收票據——商業承兌匯票

（8）付款人到期無力兌現的處理。商業承兌匯票到期，付款單位存款帳戶無款支付或不足支付時，付款單位開戶銀行將按規定按照商業承兌匯票的票面金額的5%收取罰金，不足50元的按50元收取，並通知付款單位送回委託收款憑證及所附商業承兌匯票。付款單位應在接到通知的次日起2天內將委託收款憑證第五聯及商業承兌匯票第二聯退回開戶銀行。付款單位開戶銀行收到付款單位退回的委託收款憑證和商業承兌匯票後，應在其收存的委託收款憑證第三聯和第四聯「轉帳原因」欄註明「無款支付」字樣並加蓋銀行業務公章後，一併退回收款單位開戶銀行轉交給收款單位，再由收款單位和付款單位自行協商票款的清償問題。

如果付款單位財務部門已將委託收款憑證第五聯及商業承兌匯票第二聯做了帳務處理因而無法退回時，可以填制一式兩聯「應付款項證明單」，將其第一聯送付款單位開戶銀行，由其連同其他憑證一併退回收款單位開戶銀行再轉交收款單位。應付款項證明單的基本格式如圖10-53所示。

（9）商業承兌匯票遺失及註銷。商業承兌匯票遺失或未使用，不須向銀行辦理註銷手續，而由收付款單位雙方自行聯繫處理。

（三）辦理商業匯票的貼現

貼現是指匯票持有人將未到期的商業匯票交給銀行，銀行按照票面金額扣收自貼現日至匯票到期日期間的利息，將票面金額扣除貼現利息後的淨額交給匯票持有人。商業匯票持有人在資金暫時不足的情況下，可以憑承兌的商業匯票向銀行辦理貼現，以提前取得貨款。商業匯票持有人辦理匯票貼現，應按下列步驟：

1. 申請貼現

匯票持有人向銀行申請貼現，應填制一式五聯「貼現憑證」。

匯票持有單位（即貼現單位）出納人員應根據匯票的內容逐項填寫貼現憑證的有關內容，如貼現申請人的名稱、帳號、開戶銀行、貼現匯票的種類、發票日、到期日和匯票號碼、匯票承兌人的名稱、帳號和開戶銀行、匯票金額的大、小寫等。

其中，貼現申請人即匯票持有單位本身；貼現匯票種類是指銀行承兌匯票還是商業承兌匯票；匯票承兌人，銀行承兌匯票為承兌銀行即付款單位開戶銀行，商業承兌匯票為付款單位自身；匯票金額（即貼現金額）指匯票本身的票面金額。填完貼現憑證後，在第一聯貼現憑證「申請人蓋章」處和商業匯票第二、三聯背後加蓋預留銀行印鑒，然後一併送交開戶銀行信貸部門。

開戶銀行信貸部門按照有關規定對匯票及貼現憑證進行審查，重點是審查申請人持有匯票是否合法，是否在本行開戶，匯票聯數是否完整，背書是否連續，貼現憑證的填寫是否正確，匯票是否在有效期內，承兌銀行是否已通知不應貼現以及是否超過本行信貸規模和資金承受能力等。審查無誤後在貼現憑證「銀行審批」欄簽註「同意」字樣，並加蓋有關人員印章後送銀行會計部門。

2. 辦理貼現

銀行會計部門對銀行信貸部門審查的內容進行復核，並審查匯票蓋印及壓印金額是否真實有效。審查無誤後即按規定計算並在貼現憑證上填寫貼現率、貼現利息和實付貼現金額。其中，貼現率是國家規定的月貼現率；貼現利息是指匯票持有人向銀行申請貼現面額付給銀行的貼現利息；實付貼現金額是指匯票金額（即貼現金額）減去應付貼現利息後的淨額，即匯票持有人辦理貼現後實際得到的款項金額。按照規定，貼現利息應根據貼現金額、貼現天數（自銀行向貼現單位支付貼現票款日起至匯票到期日前一天止的天數）和貼現率計算求得。用公式表示為：

$$貼現利息 = 貼現金額 \times 貼現天數 \times 日貼現率$$

$$日貼現率 = 月貼現率 \div 30$$

貼現單位實得貼現金額則等於貼現金額減去應付貼現利息，用公式表示為：

$$實付貼現金額 = 貼現金額 - 應付貼現利息$$

銀行會計部門填寫完貼現率、貼現利息和實付貼現金額後，將貼現憑證第四聯加蓋「轉訖」章後交給貼現單位作為收帳通知，同時將實付貼現金額轉入貼現單位帳戶。貼現單位出納人員根據開戶銀行轉回的貼現憑證第四聯，按實付貼現金額登記銀行存款日記帳，會計人員編制銀行存款收款憑證。會計分錄為：

借：銀行存款
　　貸：應付票據

同時將貼現利息作為轉帳憑證，會計分錄為：

借：財務費用
　　貸：應付票據

並在「應收票據登記簿」登記有關貼現情況。

例：光華公司向滿心公司銷售產品，取得滿心公司簽發並承兌的商業承兌匯票一張，票面金額為1,000,000元，簽發承兌日期為6月8日，付款期為6個月。7月8日，光華公司因急需用款持該匯票到銀行申請貼現，經銀行同意後辦理貼現。假定銀行月貼現率為6‰，則貼現天數為5個月。

第八章　銀行支付結算實務

貼現利息＝1,000,000×5×6‰＝30,000（元）

實付貼現金額＝1,000,000－30,000＝970,000（元）

光華公司出納人員應根據銀行轉回的貼現憑證第四聯登記銀行存款日記帳或由會計人員編制銀行存款收款憑證，會計分錄為：

借：銀行存款　　　　　　　　　　　　　　　　970,000
　　貸：應收票據　　　　　　　　　　　　　　970,000

同時編制轉帳憑證，會計分錄為：

借：財務費用　　　　　　　　　　　　　　　　30,000
　　貸：應收票據　　　　　　　　　　　　　　30,000

3. 票據到期

匯票到期，由貼現銀行通過付款單位開戶銀行向付款單位辦理清算，收回票款。

（1）對於銀行承兌匯票，不管付款單位是否無款償付或不足償付，貼現銀行都能從承兌銀行取得票款，不會再與收款單位發生關係。銀行承兌匯票貼現的結算程序如圖8-4所示。

圖8-4　銀行承兌匯票貼現結算流程圖

（2）對於商業承兌匯票，貼現的匯票到期，如果付款單位有款足額支付票款，收款單位應於貼現銀行收到票款後將應收票據在備查簿中註銷。當付款單位存款不足，無力支付到期商業承兌匯票時，按照《支付結算辦法》的規定，貼現銀行將商業承兌匯票退還給貼現單位，並開出特種轉帳傳票，在其中「轉帳原因」欄註明「未收到××號匯票款，貼現款已從你帳戶收取」字樣，從貼現單位銀行帳戶直接劃轉已貼現票款。貼現單位收到銀行退回的商業承兌匯票和特種轉帳傳票時，憑特種轉帳傳票編制銀行存款付款憑證，會計分錄為：

借：應收帳款
　　貸：銀行存款

同時立即向付款單位追索票款。如果貼現單位帳戶存款也不足時，按照《支付

《結算辦法》的規定，貼現銀行將貼現票款轉作逾期貸款，退回商業承兌匯票，並開出特種轉帳傳票，在其中「轉帳原因」欄註明「貼現已轉逾期貸款」字樣，貼現單位據此編制轉帳憑證，會計分錄為：

借：應收帳款

　　貸：短期借款

商業承兌匯票貼現的結算程序如圖 8-5 所示。

圖 8-5　商業承兌匯票貼現結算流程圖

第三節　銀行本票結算方式

一、銀行本票的概念及特點

（一）銀行本票的概念

銀行本票是申請人將款項交存銀行，由銀行簽發的承諾自己在見票時無條件支付確定的金額給收款人或者持票人的票據。

（二）銀行本票結算的特點

1. 使用方便

中國現行的銀行本票使用方便靈活。單位、個體經濟戶和個人不管其是否在銀行開戶，他們之間在同城範圍內的所有商品交易、勞務供應以及其他款項的結算都可以使用銀行本票。收款單位和個人持銀行本票可以辦理轉帳結算，也可以支取現金，同樣也可以背書轉讓。銀行本票見票即付，結算迅速。

2. 信譽度高，支付能力強

銀行本票是由銀行簽發，並於指定到期日由簽發銀行無條件支付，因而信譽度很高，一般不存在得不到正常支付的問題。

第八章　銀行支付結算實務

二、銀行本票及相關憑證

（一）銀行本票式樣

銀行本票一式兩聯：

第一聯卡片（白紙紅油墨），由出票行留存，其格式如圖 10-23 所示。

第二聯本票（專用水印紙藍油墨），由出票行結清本票時作為借方憑證。第二聯本票分為正、背兩面，正面如圖 10-24 所示，背面與銀行匯票第二聯的背面相同，如圖 10-3 所示。

（二）銀行本票申請書

申請人需要使用銀行本票，應向銀行填寫本票申請書，銀行本票申請書一式三聯：

第一聯存根（白紙黑油墨），由申請人留存，其格式如圖 10-25 所示。

第二聯借方憑證（白紙藍油墨），由申請人蓋章後交出票行作為借方憑證。申請人交現金辦理銀行本票時，第二聯註銷，其格式如圖 10-26 所示。

第三聯貸方憑證（白紙紅油墨），由申請人填寫好後交出票行作匯出款貸方憑證。

填寫銀行本票申請書時注意：需要辦理支取現金的銀行本票，在申請書的匯款金額欄中必須先填寫「現金」字樣後填寫本票金額（大寫）。

申請人和收款人均為個人的，並在申請書填明「現金」字樣的銀行本票才能支取現金。

三、銀行本票結算規定與程序

（一）銀行本票結算的基本規定

（1）單位和個人在同一票據交換區域需要支付各種款項，均可以使用銀行本票，即銀行本票在指定城市的同城範圍內使用。

（2）銀行本票可以用於轉帳，註明「現金」字樣的銀行本票可以用於支取現金。申請人或收款人為單位的，銀行不得為其簽發現金銀行本票。

（3）銀行本票的提示付款期限自出票日起最長不超過 2 個月。逾期的銀行本票，兌付銀行不予受理，但可以在簽發銀行辦理退款。

（4）銀行本票一律記名，允許背書轉讓。

（5）銀行本票見票即付，不予掛失。遺失的不定額銀行本票在付款期滿後一個月確未被冒領的，可以辦理退款手續。

（6）簽發銀行本票必須記載下列事項：①表明「銀行本票」的字樣；②無條件支付的承諾；③確定的金額；④收款人名稱；⑤出票日期；⑥出票人簽章。欠缺記載上列事項之一的，銀行本票無效。

(二) 銀行本票結算程序

銀行本票結算可以分為銀行本票的簽發和款項的結算兩個步驟。銀行本票結算流程如圖8-6所示。

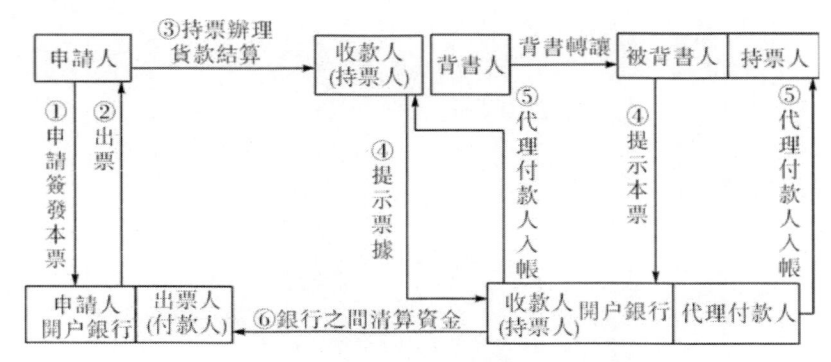

圖8-6 銀行本票結算流程圖

四、銀行本票結算實務

(一) 付款人辦理銀行本票

1. 申請

付款人需要使用銀行本票辦理結算，應向銀行填寫一式三聯「銀行本票申請書」，詳細寫明收款單位名稱等各項內容。如申請人在簽發銀行開立帳戶的，應在「銀行本票申請書」第二聯上加蓋預留銀行印鑒。個體經濟戶和個人需要支取現金的應在申請書上註明「現金」字樣。「銀行本票申請書」的格式由人民銀行各分行確定和印製。

2. 簽發本票

簽發銀行受理「銀行本票申請書」，審查無誤後，辦理收款手續並簽發銀行本票。

付款人在銀行開立帳戶的，簽發銀行直接從其帳戶劃撥款項；付款人用現金辦理本票的，簽發銀行直接收取現金。銀行按照規定收取辦理銀行本票的手續費，其收取的辦法與票款相同。銀行辦妥票款和手續費收取手續後，即簽發銀行本票。

簽發銀行在簽發銀行本票時，應按照申請書的內容填寫收款人名稱，並填寫簽發日期（大寫），用於轉帳的本票須在本票上劃去「現金」字樣，用於支取現金的本票須在本票上劃去「轉帳」字樣，然後在本票第一聯上加蓋匯票專用章和經辦、復核人員名章，用總行統一訂制的壓數機在「人民幣大寫」欄大寫金額後端壓印本票金額後，將本票第一聯連同「銀行本票申請書」存根聯一併交給申請人。

付款單位出納人員收到銀行本票和銀行退回的「銀行本票申請書」存根聯後，登記銀行存款日記帳或由會計據此編製銀行存款付款憑證，會計分錄為：

第八章　銀行支付結算實務

　　借：其他貨幣資金——銀行本票
　　　　貸：銀行存款
　　對於銀行按規定收取的辦理銀行本票手續費，付款單位應當編制銀行存款或現金付款憑證，會計分錄為：
　　借：財務費用——銀行手續費
　　　　貸：銀行存款或庫存現金
　　（二）付款單位持銀行本票購買貨物
　　付款單位收到銀行簽發的銀行本票後，即可持銀行本票向其他單位購買貨物，辦理貨款結算。付款單位可將銀行本票直接交給收款單位，然後根據收款單位的發票帳單等有關憑證編制轉帳憑證，會計分錄為：
　　借：材料採購（或商品採購）
　　　　貸：其他貨幣資金——銀行本票
　　如果實際購貨金額大於銀行本票金額，付款單位可以用支票或現金等補齊不足的款項，同時根據有關憑證按照不足款項編制銀行存款或現金付款憑證，會計分錄為：
　　借：物資採購
　　　　貸：銀行存款（或庫存現金）
　　如果實際購貨金額小於銀行本票金額，則由收款單位用支票或現金退回多餘的款項，付款單位應根據有關憑證，按照退回的多餘款項編制銀行存款或現金收款憑證，會計分錄為：
　　借：銀行存款（或庫存現金）
　　　　貸：其他貨幣資金——銀行本票
　　（三）收款人收到銀行本票的處理
　　收款人收到付款人交來的銀行本票後，首先應對銀行本票進行認真的審查。審查的內容主要包括：
　　（1）銀行本票上的收款人或被背書人是否為本單位，背書是否連續。
　　（2）銀行本票上加蓋的匯票專用章是否清晰。
　　（3）銀行本票是否在付款期內（付款期限為兩個月）。
　　（4）銀行本票中的各項內容是否符合規定。
　　（5）銀行本票是否有壓數機壓印的金額，本票金額大小寫數與壓印數是否相符。
　　審查無誤後，受理付款人的銀行本票，填寫一式三聯「進帳單」，並在銀行本票背面加蓋單位預留銀行印鑒，將銀行本票連同進帳單一併送交開戶銀行。開戶銀行接到收款單位交來的本票，按規定認真審查。審查無誤後即辦理兌付手續，在第三聯進帳單收款通知上加蓋「轉訖」章作為收款通知退回收款單位。如果購貨金額大於本票金額，付款單位用支票補足款項的，可將本票連同支票一併送存銀行，也

203

可分開辦理。如果收款單位收受的是填寫「現金」字樣的銀行本票，按規定同樣應辦理進帳手續。當然如果收款人是個體經濟戶和個人，則可憑身分證辦理現金支取手續。

收款單位出納人員應根據銀行退回的進帳單第三聯及有關原始憑證登記銀行存款日記帳，會計人員編制銀行存款收款憑證，會計分錄為：

借：銀行存款
　　貸：主營業務收入
　　　　應交稅費——應交增值稅（銷項稅額）

（四）銀行本票的背書轉讓

銀行本票的持有人轉讓本票，應在本票背面「背書」欄內背書，加蓋本單位預留銀行印鑒，註明背書日期，在「被背書人」欄內填寫受票單位名稱，之後將銀行本票直接交給被背書人，同時向被背書人交驗有關證件，以便被背書人查驗。被背書人對收受的銀行本票應認真進行審查，其審查內容與收款人審查內容相同。按照規定，銀行本票的背書必須連續，也就是說銀行本票上的任意一個被背書人就是緊隨其後的背書人，並連續不斷。如果本票的簽發人在本票的正面註有「不準轉讓」字樣，則該本票不得背書轉讓；背書人也可以在背書時註明「不準轉讓」，以禁止本票背書轉讓後再轉讓。

（五）銀行本票的退款處理

銀行本票見票即付，其流動性極強，銀行不予掛失。一旦遺失或被竊，被人冒領款項，後果由銀行本票持有人自負。所以銀行本票持有人必須像對待現金那樣，認真、妥善保管銀行本票，防止遺失或被竊。

按照規定，超過付款期限的銀行本票如果同時具備下列兩個條件的，可以辦理退款：

一是該銀行本票由簽發銀行簽發後未曾背書轉讓；

二是持票人為銀行本票的收款單位。

付款單位辦理退款手續時，應填制進帳單連同銀行本票一併送交簽發銀行，簽發銀行審查同意後，在進帳單通知聯上加蓋「轉訖」章，退給付款單位作為收帳通知。付款單位憑銀行退回的進帳單登記銀行存款日記帳，編制銀行存款收款憑證，會計分錄為：

借：銀行存款
　　貸：其他貨幣資金——銀行本票

如果遺失銀行本票，且付款期滿一個月確未冒領的，可以到銀行辦理退款手續。在辦理退款手續時，應向簽發銀行出具蓋有單位公章的遺失銀行本票退款申請書，連同填制好的進帳單一併交銀行辦理退款，並根據銀行退回的進帳單通知聯登記銀行存款日記帳和編制銀行存款收款憑證。

第八章　銀行支付結算實務

第四節　支票結算方式

一、支票的概念及特點

（一）支票的概念

支票是指由出票人簽發的，委託辦理支票存款業務的銀行在見票時無條件支付確定的金額給收款人或者持票人的票據。支票上印有「現金」字樣的為現金支票，現金支票只能用於支取現金。支票上印有「轉帳」字樣的為轉帳支票，轉帳支票只能用於轉帳。支票上未印有「現金」或「轉帳」字樣的為普通支票，普通支票既可以用於支取現金，也可以用於轉帳。在普通支票左上角劃兩條平行線的，為劃線支票。劃線支票只能用於轉帳，不得支取現金。

（二）支票的特點

支票結算具有簡便、靈活、迅速和可靠的特點，是目前較為常用的一種同城結算方式。

（1）簡便，是指使用支票辦理結算手續簡便。付款人只要在銀行有足夠的存款，就可以簽發支票給收款人，銀行憑支票就可以辦理款項的劃撥或現金的支付。

（2）靈活，是指按照規定，支票可以由付款人向收款人簽發以直接辦理結算，也可以由付款人出票委託銀行主動付款給收款人。另外轉帳支票在指定的城市中還可以背書轉讓。

（3）迅速，是指使用支票辦理結算，收款人將轉帳支票和進帳單送交銀行，一般當天或次日即可入帳，而使用現金支票當時即可取得現金。

（4）可靠，是指銀行嚴禁簽發空頭支票。各單位必須在銀行存款餘額內才能簽發支票，因而收款人憑支票就能取得款項。一般是不存在無法正常支付的情況的。

二、支票及其相關憑證

（一）現金支票

現金支票一頁兩面：正面分為存根聯和正聯（底紋按行別分色，大寫金額欄加紅水紋），其內容和格式如圖10-27所示；背面內容和格式如圖10-28所示。

（二）轉帳支票

轉帳支票一頁兩面：正面分為存根聯和正聯（底紋按行別分色，大寫金額欄加紅水紋），其內容和格式如圖10-29所示；背面內容和格式如圖10-30所示。

（三）普通支票

普通支票既可以用於支取現金，又可以用於轉帳。普通支票也為一頁兩面：正面分為存根聯和正聯（底紋按行別分色，大寫金額欄加紅水紋），其內容和格式如圖10-31所示；背面內容和格式與轉帳支票的背面相同，如圖10-30所示。

(四) 進帳單

出票人或持票人將支票送交銀行時，必須同時開具一式三聯的進帳單：

第一聯回單（白紙黑油墨），由銀行蓋章後交回出票人或持票人，其格式和內容如圖 10-32 所示。

第二聯貸方憑證（白紙紅油墨），由銀行收存，其格式和內容如圖 10-33 所示。

第三聯收帳通知（白紙黑油墨），由收款人銀行蓋章後交收款人，其格式和內容如圖 10-34 所示。

三、支票結算的規定及程序

(一) 支票結算的基本規定

(1) 單位和個人在同一票據交換區域的各種款項結算均可以使用支票。

(2) 簽發支票必須記載下列事項：

① 表明「支票」的字樣；

② 無條件支付的委託；

③ 確定的金額；

④ 付款人名稱；

⑤ 出票日期；

⑥ 出票人簽章。

欠缺記載上列事項之一的，支票無效。支票的付款人為支票上記載的出票人開戶銀行。

(3) 簽發支票要用墨汁或碳素墨水（或使用支票打印機）認真填寫；支票大小寫金額和收款人三處不得塗改，其他內容如有改動須由簽發人加蓋預留銀行印鑒之一證明。

(4) 簽發現金支票和用於支取現金的普通支票，必須符合國家現金管理的規定。

(5) 出票人不得簽發與其預留銀行簽章不符的支票；使用支票密碼的，出票人不得簽發支付密碼錯誤的支票；禁止簽發空頭支票（空頭支票是指簽發的支票金額超過銀行存款餘額的支票）。否則，銀行予以退票，並按票面金額處以 5%但不低於 1,000 元的罰款，持票人有權要求出票人賠償支票金額 2%的賠償金。對屢次簽發的，銀行應停止其簽發支票的權利。

(6) 支票的提示付款期限自出票日起 10 日有效（遇法定休假日順延）。過期支票作廢，銀行不予受理。

(7) 不準簽發遠期支票。遠期支票是指簽發當日以後日期的支票。因為簽發遠期支票容易造成空頭支票，所以銀行禁止簽發遠期支票。

(8) 不準出租、出借支票。

第八章　銀行支付結算實務

(9) 已簽發的現金支票遺失，可以向銀行申請掛失；掛失前已經支付的，銀行不予受理。已簽發的轉帳支票遺失，銀行不受理掛失，但可以請收款單位協助防範。

(二) 支票結算的程序

支票結算的辦理分為支票的領用和現金（或轉帳）支票的簽發與辦理兩步。收款人持支票結算流程如圖 8-7 所示，出票人持支票結算流程如圖 8-8 所示。

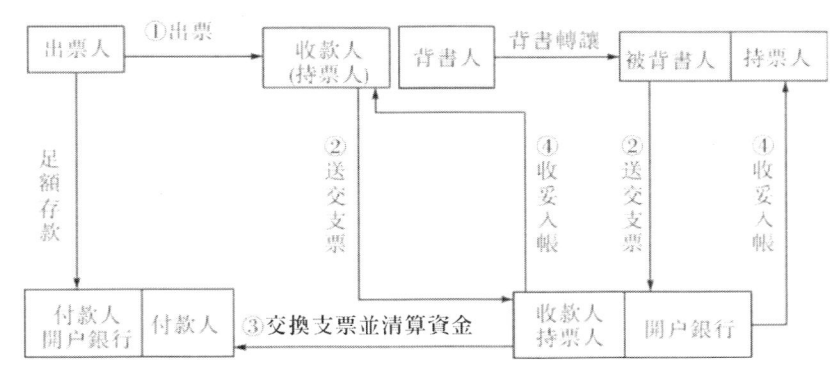

圖 8-7　收款人持支票結算流程圖

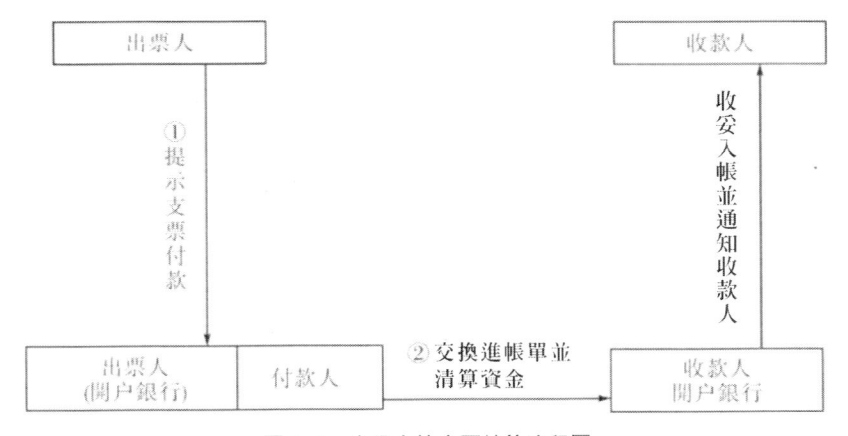

圖 8-8　出票人持支票結算流程圖

四、支票結算實務

(一) 現金支票的簽發與辦理

現金支票有兩種，一種是支票上印有「現金」字樣的現金支票，一種是用於支取現金的普通支票。各單位使用現金支票或普通支票（以下均稱現金支票）時，必須按《現金管理暫行條例》中的現金使用範圍及有關要求辦理。

(1) 簽現金支票必須寫明收款單位名稱或收款人姓名，並只準收款方或簽發單位持票向銀行提取現金或辦理轉帳結算，不得將現金支票流通。

207

(2) 簽發現金支票首先必須查驗銀行存款是否有足夠的餘額，簽發的支票金額必須在銀行存款帳戶餘額以內，不準超出銀行存款帳戶餘額簽發空頭支票。

(3) 簽發現金支票不得低於銀行規定的金額起點，起點以下的用庫存現金支付。支票金額起點為 100 元，但結清帳戶時，可不受其起點限制。

(4) 要嚴格執行支票有效期限的規定。

(5) 支票的持票人應當自出票日起 10 日內提示付款，異地使用的支票，其提示付款的期限由中國人民銀行另行規定。超過提示付款期限的，付款人可以不予付款。

(6) 各單位在填寫現金支票時，應按有關規定認真填寫支票中的有關欄目。現金支票須填寫的內容有收款人和開戶銀行名稱、支票號碼、簽發日期、簽發人帳號、大小寫金額、用途等項目，填寫時必須注意要素齊全、內容真實、數字正確、字跡清晰，不潦草，不錯漏，做到標準、規範、防止塗改。

出納人員簽發好現金支票後，撕下正聯即可到銀行辦理取現或將正聯交由收款人；出納人員根據現金支票存根聯登記銀行存款日記帳或交由會計人員編制銀行存款付款憑證後登記銀行存款日記帳。

(二) 轉帳支票的簽發與辦理

轉帳支票的簽發及辦理與現金支票基本相同。不同之處是：

(1) 經中國人民銀行總行批准的地區，轉帳支票可以背書轉讓。

(2) 轉帳支票的收帳手續不同，收款單位在收到轉帳支票時，除審核有關項目外，須填制進帳單，連同轉帳支票送交開戶銀行，並根據銀行退回的加蓋銀行印章的進帳單第一聯（回單）編制收款憑證，出納人員據以登記銀行存款日記帳。

在日常業務中，有時付款單位簽發轉帳支票後，同時代收款單位填制銀行進帳單，將支票連同進帳單一併送交銀行後，將銀行蓋章的進帳單第一聯送交收款單位，收款單位可據以編制收款憑證，出納人員據以登記銀行存款日記帳。

(三) 支票掛失處理

已經簽發的普通支票和現金支票，如因遺失、被盜等原因喪失的，應立即向銀行申請掛失。

(1) 出票人將已經簽發內容齊備的可以直接支取現金的支票遺失或被盜等，應當出具公函或有關證明，填寫兩聯掛失申請書（可以用進帳單代替），加蓋預留銀行的簽名式樣和印鑑，向開戶銀行申請掛失止付。銀行查明該支票確未支付，經收取一定的掛失手續費後受理掛失，在掛失人帳戶中用紅筆註明支票號碼及掛失的日期。

(2) 收款人將收受的可以直接支取現金的支票遺失或被盜等，也應當出具公函或有關證明，填寫兩聯掛失止付申請書，經付款人簽章證明後，到收款人開戶銀行申請掛失止付。其他有關手續同上。《票據法》第十五條第三款的規定：「失票人應當在通知掛失止付後 3 日內，也可以在票據喪失後，依法向人民法院申請公示催告，

第八章　銀行支付結算實務

或者向人民法院提起訴訟。」即可以背書轉讓的票據的待票人在票據被盜、遺失或滅失時，須以書面形式向票據支付地（即付款地）的基層人民法院提出公示催告申請。在失票人向人民法院提交的申請書上，應寫明票據類別、票面金額、出票人、付款人、背書人等票據主要內容，並說明票據喪失的情形，同時提出有關證據，以證明自己確屬喪失的票據的持票人，有權提出申請。

失票人在向付款人掛失止付之前，或失票人在申請公示催告以前，票據已經由付款人善意付款的，失票人不得再提出公示催告的申請，付款銀行也不再承擔付款的責任。由此給支票權利人造成的損失，應當由失票人自行負責。

按照規定，已經簽發的轉帳支票遺失或被盜等，由於這種支票可以直接持票購買商品，銀行不受理掛失，所以，失票人不能向銀行申請掛失止付。但可以請求收款人及其開戶銀行協助防範。如果喪失的支票超過有效期或者掛失之前已經由付款銀行支付票款的，由此所造成的一切損失，均應由失票人自行負責。

第五節　信用卡結算方式

一、信用卡的概念及種類

（一）信用卡的概念

信用卡，是指商業銀行向個人和單位發行的，憑以向特約單位購物、消費和向銀行存取現金，且具有消費信用的特製載體卡片。

（二）信用卡的種類

信用卡按使用對象，可分為單位卡和個人卡；按信譽等級，可分為金卡和普通卡。目前，中國各商業銀行發行的信用卡主要有：中國工商銀行發行的牡丹卡、中國銀行發行的長城卡、中國建設銀行發行的龍卡、中國農業銀行發行的金穗卡以及交通銀行發行的太平洋卡等。

使用信用卡購物、消費，既方便、安全，又可以應急，允許在規定限額內小額善意透支，是現代社會一種較理想的信用支付工具。

（三）信用卡結算的特點

（1）方便性，即可以憑卡在全國各地大中城市的有關銀行提取存入現金或在同城、異地的特約商場、商店、飯店、賓館購物和消費。

（2）通用性，即它可用於支取現金，進行現金結算，也可以辦理同城、異地的轉帳業務，代替支票、匯票等結算工具，具有銀行戶頭的功能。

（3）在存款餘額內消費，可以善意透支。信用卡的持卡人取現或消費以卡內存款餘額為限度，當存款餘額減少到一定限度時，應及時補充存款，一般不透支，如急需，允許在規定限額內小額善意透支，並計付透支利息。

二、信用卡及其相關憑證

（一）匯計單和簽購單

特約單位辦理信用卡時，應當填制進帳單和按發卡銀行分別填制匯計單並提交簽購單。

（1）匯計單一式三聯，其內容和格式如圖 10-35 所示。

第一聯是交費收據（白紙黑油墨），由銀行蓋章後退特約單位。

第二聯是銀行貸方憑證附件（粉紅紙黑油墨）。

第三聯是發卡機構存根（黃紙黑油墨）。

（2）簽購單由封面和內容組成：

① 封面的內容和格式如圖 10-36 所示。

② 簽購單的內容和格式如圖 10-37 所示，本單一式四聯：

第一聯回單（粉紅紙黑油墨），是特約單位給持卡人的回單；

第二聯是持卡人開戶行的借方憑證（藍紙黑油墨）；

第三聯是銀行的貸方憑證附件（淡綠紙黑油墨）；

第四聯是特約單位的存根（黃紙黑油墨）。

（二）取現單

取現單是持卡人持信用卡支取現金的憑證。它由封面和內容組成：

（1）取現單封面的內容和格式如圖 10-38 所示。

（2）取現單的內容如圖 10-39 所示，本取現單一式四聯：

第一聯回單（粉紅紙黑油墨），是代理行給持卡人的回單；

第二聯是持卡人開戶行的借方憑證（藍紙黑油墨）；

第三聯是銀行的貸方憑證附件（淡綠紙黑油墨）；

第四聯是代理行的存根（黃紙黑油墨）。

（三）存款單

存款單是持卡人憑個人卡存入現金時的憑證。它由封面和內容組成：

（1）存款單封面的內容和格式如圖 10-40 所示。

（2）存款單的內容如圖 10-41 所示，本存款單一式四聯：

第一聯回單（綠紙紅油墨），是代理行給持卡人的回單；

第二聯是持卡人開戶行的借方憑證（粉紅紙紅油墨）；

第三聯是銀行的貸方憑證附件（粉紅紙黑油墨）；

第四聯是特約單位的存根（黃紙黑油墨）。

（四）轉帳單

轉帳單持卡人銷戶時，憑藉發卡銀行壓制的憑證銷戶。它由封面和內容組成：

第八章　銀行支付結算實務

（1）轉帳單封面的內容和格式如圖 10-42 所示。
（2）轉帳單的內容如圖 10-43 所示，本轉帳單一式四聯：
第一聯回單，是發卡銀行給持卡人的回單（藍紙紅油墨）；
第二聯是持卡人開戶行的借方憑證（藍紙紅油墨）；
第三聯是銀行的貸方憑證附件（粉紅紙黑油墨）；
第四聯是發卡銀行給申請人的收款通知或取現單（黃紙黑油墨）。

三、信用卡結算的規定及程序

（一）信用卡結算的基本規定

為了加強信用卡結算的規範和管理，中國人民銀行於 1999 年頒發了《銀行卡業務管理辦法》，在《支付結算辦法》中又專設一章，對信用卡結算的一些主要方面做出了明確規定。

（1）凡在中國境內金融機構開立基本存款帳戶的單位可申領單位卡。單位卡可申請若干張，持卡人資格由申領單位法定代表人或其委託的代理人書面指定和註銷。

（2）單位卡帳戶的資金一律從基本存款帳戶轉帳存入，不得交存現金，不得將銷貨收入的款項存入其帳戶；單位卡在使用過程中，需要向其帳戶續存資金的，一律從其基本存款帳戶轉帳存入。

（3）信用卡備用金存款利息，按照中國人民銀行規定的活期存款利率及計算方法計算。

（4）信用卡僅限於合法持卡人本人使用，持卡人不得出租或轉借信用卡。

（5）持卡人可持信用卡在特約單位購物、消費。單位卡不得用於 100,000 元以上的商品交易、勞務供應款項的結算。

（6）單位卡一律不得支取現金。

（7）信用卡透支額，金卡最高不超過 10,000 元，普通卡最高不得超過 5,000 元。信用卡透支期限最長為 60 天。對信用卡透支利息的利率及其利息的計算規定是：自簽單日或銀行匯帳日起 15 日內按日息萬分之五計算，超過 15 日按日息萬分之十計算，超過 30 日或透支金額超過規定限額的，按日息萬分之十五計算。透支計息不分段，按最後期限或者最高透支額的最高利率檔次計算。

（8）持卡人使用信用卡不得發生惡意透支。惡意透支是指持卡人超過規定限額或規定期限，並且經發卡銀行催收無效的透支行為。

（二）信用卡結算的基本程序

信用卡使用結算一般可分為申領、受理、特約單位辦理信用卡進帳三個步驟。信用卡結算流程如圖 8-9 所示。

211

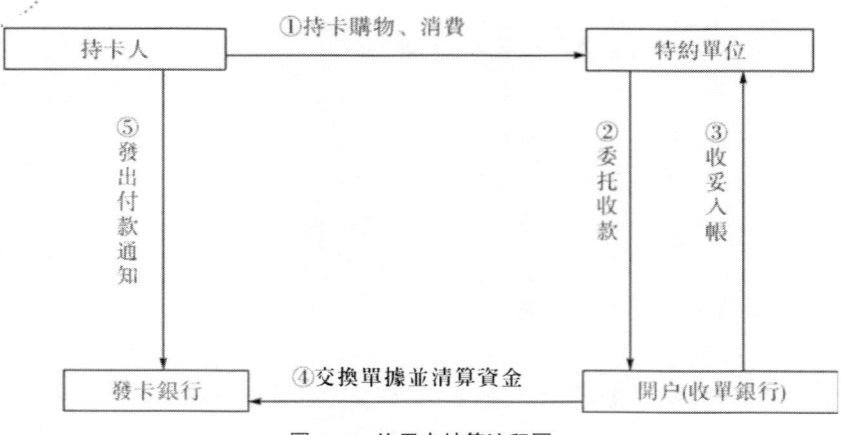

圖 8-9　信用卡結算流程圖

四、信用卡結算實務

（一）信用卡發卡的處理

單位申請使用信用卡，應按發卡銀行規定向發卡銀行填寫申請表。發卡銀行審查同意後，應及時通知申請人前來辦理領卡手續，並按規定向其收取備用金和手續費。

申請人從其基本存款帳戶交存備用金，須送交支票和進帳單，送開戶銀行，經銀行審查無誤，支付手續費。

（二）使用信用卡購物或直接消費

單位持卡人在取得信用卡後，可用於支取差旅費和採購零星物品，可在發卡銀行在各地約定的飯店、賓館、商店等特約單位記帳付款，也可憑卡在發卡銀行各地分支機構提取一定數額的現金。

持卡人持卡在特約單位購物或直接消費時，應向特約單位收款員出示本人身分證和信用卡。特約單位在銷貨或提供服務時，填制一式四聯直接購貨簽購單。收款員對持卡人出示的信用卡進行審查，包括信用卡是否在有效期內，是否已經止付，與身分證是否相符，等等。核對無誤後，請持卡人在簽購單上簽名，簽名式樣必須與信用卡背面預留簽名一致，蓋章後將第一聯簽購單退還給持卡人。如需開發票，由收款員另開發票交持卡人。

持卡人憑特約單位退回的簽購單第一聯和發票等原始憑證回單位報銷，財務部門據此編制轉帳憑證，會計分錄為：

借：物資採購等
　　貸：其他貨幣資金——信用卡存款

（三）使用信用卡支取現金

持卡人憑信用卡可在發卡銀行指定的銀行機構支取現金。持卡人在支取現金時，

第八章　銀行支付結算實務

應填製一式三聯取現單，並向銀行交驗信用卡和身分證。取現銀行按規定審查信用卡的真偽，有效期及是否列入止付名單，持卡人在取現單上的簽名與信用卡上的預留簽名是否相符，身分證與取現人是否相符，等等。超額付現需要授權的，付現銀行向發卡銀行信用卡部申請授權，審查無誤後辦理付款，並將第一聯取現單連同信用卡、身分證及現金交持卡人。按照規定，持卡人在當地支取現金不用支付任何費用，在異地支取現金須支付1%的手續費（也有的信用卡不需要支付此項手續費的），手續費不在現金中抵扣，通過銀行進行轉帳結算。各單位根據持卡人取現單編制現金收款憑證，會計分錄為：

借：庫存現金
　貸：其他貨幣資金——信用卡存款

（四）信用卡註銷的處理

發卡銀行在確認持卡人具備銷戶條件時，應通知持卡人辦理銷戶手續，並收回信用卡。有效卡無法收回時，應予以止付。發卡銀行核對帳務無誤後，按以下情況處理：

（1）個人卡銷戶時，銀行壓制一式四聯轉帳單。按規定計付利息，由持卡人簽名後結清帳戶，第一聯轉帳單加蓋轉訖章交給持卡人，第四聯轉帳單加蓋現金付訖章或加蓋轉訖章交給持卡人。

（2）單位卡銷戶時，持卡人應向發卡銀行提交授權單位的銷戶證明和基本存款帳戶開戶許可證及單位卡，銀行審查無誤後，壓制轉帳單，並按規定計付利息，由持卡人簽名後，結清帳戶。第一聯轉帳單加蓋轉訖章交給持卡人，第四聯轉帳單加蓋轉訖章交給申請人。

第六節　匯兌結算方式

一、匯兌的概念和特點

（一）匯兌的概念

匯兌，是指匯款人委託銀行將其款項支付給收款人的結算方式。

（二）匯兌的種類及特點

匯兌按款項劃轉方式的不同，可分為信匯和電匯兩種。信匯是指匯款人委託銀行通過郵寄方式將款項劃給收款人。電匯是指匯款人委託銀行通過電報方式將款項劃轉給收款人。在這兩種匯兌結算方式中，信匯費用較低，但速度相對較慢；電匯速度快，但費用較高。

單位和個人的各種款項的結算，均可使用匯兌結算方式。如單位之間先付款後發貨的商品交易，單位對在異地的退休職工支付工資、醫藥費一類款項都可採用信

213

（電）匯結算方式。

二、匯兌結算憑證

（一）信匯結算憑證

匯款人委託銀行辦理信匯時，應當向銀行填寫一式四聯的信匯憑證，其內容和格式如圖 10-44 所示。

第一聯是匯出銀行給匯款人的回單（白紙黑油墨）。

第二聯是匯出銀行的借方憑證（白紙藍油墨）。

第三聯是匯出銀行的貸方憑證（白紙紅油墨）。

第四聯是收款人的收帳通知或代收款收據（白紙黑油墨）。

2. 電匯憑證

匯款人委託銀行辦理電匯時，應當向銀行填寫一式三聯的電匯憑證，其內容和格式如圖 10-45 所示。

第一聯是匯出銀行給匯款人的回單（白紙黑油墨）。

第二聯是匯出銀行的借方憑證（白紙藍油墨）。

第三聯是匯出銀行的貸方憑證（白紙紫油墨）。

（二）支付結算通知查詢查復書

支付結算通知查詢查復書的內容和格式如圖 10-46（白紙黑油墨）所示。它用作支付結算時，只需將「查詢查復」字樣劃去；用作查詢書時，又將「通知」和「查復」字樣劃去；用作查復書時，將「通知」和「查詢」字樣劃去。

當匯款人要求退款時，由銀行填寫「退匯通知書」（用該支付結算通知查詢查復書格式代替）。支付結算通知查詢查復書一式四聯：

第一聯上批註「某月某日申請退匯，等款項退回後再辦理退款手續」字樣，交匯款人；第二、三聯寄匯入行；第四聯與函件和回單一起保管。

如果匯款人要求用電報通知退匯時，只需要填寫上述第一聯和第四聯即可。

三、匯兌結算的主要規定及流程

（一）使用匯兌結算的主要規定有：

（1）簽發匯兌憑證必須記載下列事項：表明「信匯」或「電匯」的字樣；無條件支付的委託；確定的金額；收款人的名稱；匯票人名稱；匯入地點、匯入行名稱；匯出地點、匯出行名稱；委託日期；匯款人簽章。匯兌憑證上欠缺上列記載事項之一的，銀行不予受理。匯兌憑證上記載的匯款人名稱、收款人名稱，其在銀行開立存款帳戶的，必須記載其帳號，欠缺記載的，銀行不予受理。委託日期是指匯款人向匯出銀行提交匯兌憑證的當日。

（2）匯兌憑證上記載收款人為個人的，收款人需要到匯入銀行領取匯款。匯款

第八章　銀行支付結算實務

人應在匯兌憑證「收款人帳號或住址」欄註明「留行待取」字樣。留行待取的匯款，需要指定單位的收款人領取匯款的，應註明收款人的單位名稱；信匯憑收款人簽章支取的，應在信匯憑證上預留其簽章。匯款人確定不得轉匯的，應在匯兌憑證備註中註明「不得轉匯」字樣。

（3）匯款人和收款人均為個人，需要在匯入銀行支取現金的，應在信匯或電匯憑證的「匯款金額」大寫欄，填寫「現金」字樣後，填寫匯款金額。

（4）匯入銀行對於向收款人發出取款通知，經過兩個月無法交付的匯款以及收款人拒絕接受的匯款，應主動辦理退匯。

（二）匯兌結算的程序

匯兌結算的具體辦理有兩個步驟，即付款人辦理匯款、收款人辦理進帳或取款。匯兌結算流程如圖8-10所示。

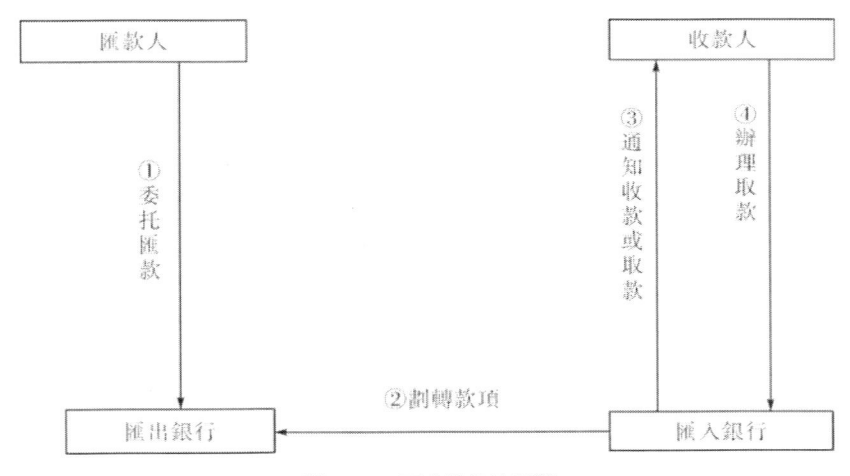

圖8-10　匯兌結算流程圖

四、匯兌結算實務

（一）信匯的處理手續

1. 匯款人的處理手續

匯款人委託銀行辦理信匯時，應向銀行填制一式四聯信匯憑證。

（1）匯款人派人到匯入行領取匯款，應在信匯憑證各聯的「收款人帳號或住址」欄註明「留行待取」字樣。「留行待取」的匯款，需要指定單位的收款人領取匯款的，應註明收款人的單位名稱；信匯憑簽章支取的，應在第四聯憑證上加蓋預留的收款人簽章。

匯款人和收款人均為個人需要在匯入行支取現金的，匯款人應在信匯憑證「匯款金額」大寫欄，先填寫「現金」字樣，後填寫匯款金額。

（2）匯出行受理信匯憑證時，應認真審查無誤後，在第一聯信匯憑證加蓋轉訖章後退給匯款人。

2. 收款人的處理手續

（1）直接收帳的，匯入行將第四聯信匯憑證加蓋轉訖章作為收帳通知交給收款人。

（2）不直接收帳的，匯入行以便條通知收款人來行辦理取款手續。

收款人持便條來行辦理取款，「留行待取」的向收款人問明情況，抽出第四聯信匯憑證，並認真審查收款人的身分證件，信匯憑證上是否註明其證件名稱、號碼及發證機關以及收款人是否在「收款人簽章」處簽章。如系信匯留交憑簽章付的，收款人簽章必須同預留簽章相符，然後辦理付款手續。

需要支取現金的，信匯憑證上必須有匯出銀行按規定填明的「現金」字樣，應一次辦理現金支付手續；未註明「現金」字樣，需要支取現金的，由匯入銀行按照現金管理規定審查支付。

（二）電匯的處理手續

1. 匯款人的處理手續

匯款人委託銀行辦理電匯時，應向銀行填制一式三聯電匯憑證。匯出行受理電匯時，比照信匯審查，無誤後，第一聯憑證加蓋轉訖章退匯款人。

電匯憑證上填明「現金」字樣的，應當在電報的金額前加拍「現金」字樣。

2. 收款人的處理手續

匯入行接到匯出行或轉匯行發出的電報，經審核無誤後，應編制三聯電劃貸方補充報單，第一聯代聯行來帳卡片，第二聯代貸方憑證，第三聯加蓋轉訖章代收帳通知，交給收款人或作為借方憑證附件，其餘各項處理手續，均與信匯相同。

（三）退匯的處理手續

1. 匯出行承辦的處理手續

匯款人要求退匯時，對收款人在匯入行開立帳戶的，由匯款人與收款人自行聯繫退匯；對收款人未在匯入行開立帳戶的，應由匯款人備函或本人身分證件連同原信（電）匯回單交匯出行辦理退匯。

匯出行接到退匯函件或身分證件以及回單，應填寫四聯「退回通知書」（用結算通知書格式，如圖10-46所示），在第一聯上批註「某年某月申請退匯，款項退回後再辦理退款手續」字樣，交給匯款人。

如匯款人要求用電報通知退匯時，只需填制兩聯退匯通知書，比照信件退匯通知書第一、四聯的手續處理，並憑退匯通知書拍發電報通知匯入行。

2. 匯入行的處理手續

匯入行接到匯出行寄來的第二、三聯退匯通知書或通知退匯的電報，如該筆匯款已轉入應解匯款及臨時存款科目，尚未解付的，應向收款人聯繫索回便條。

如該筆匯款業已解付，應在第二、三聯退匯通知書或電報上註明解付情況及日

第八章 銀行支付結算實務

期後,將第二聯退匯通知書或電報留存,以第三聯退匯通知書(或拍發電報)通知匯出行。

3. 匯出行收到的處理手續

匯出行接到匯入行寄來的郵劃貸方報單及第三聯退匯通知書或退匯電報時,應以留存的第四聯退匯通知書註明「退匯款匯回已代進帳」字樣,加蓋轉訖章後作為收帳通知交給原匯款人。

如接到匯入行寄回的第三聯退匯通知書或發來的電報註明匯款業已解付時,應在留存的第四聯退匯通知書上批註解付情況,通知原匯款人。

第七節 托收承付結算方式

一、托收承付的概念及種類

(一)托收承付的概念

托收承付,是指根據購銷合同由收款人發貨後委託銀行向異地付款人收取款項,由付款人向銀行承認付款的結算方式。

(二)托收承付的種類及特點

托收承付按結算款項的劃回方法不同,可分為郵劃和電劃兩種。

托收承付結算具有使用範圍較窄、監督嚴格和信用度較高的特點。

二、托收承付結算憑證及其基本規定

(一)托收承付結算憑證

1. 托收憑證

收款人辦理托收時,應當填寫托收憑證。托收憑證一式五聯:

第一聯是受理回單,由收款人開戶行交給收款人(白紙藍油墨),其內容和格式如圖10-47所示。

第二聯是貸方憑證,由收款人開戶行作為收入傳票(白紙紅油墨),其內容和格式如圖10-48所示。

第三聯是借方憑證,由付款人開戶行作為借方憑證(白紙黑油墨),其內容和格式如圖10-49所示。

第四聯是收帳通知,由收款人開戶行在款項收妥後給收款人的收帳通知(白紙紫油墨),其內容和格式如圖10-50所示。

第五聯是付款通知,由付款人開戶行給付款人按期付款的通知(白紙綠油墨),其內容和格式如圖10-51所示。

2. 托收承付（委託收款）結算全部（部分）拒絕付款理由書

付款人在承付期內提出全部或部分拒絕付款時，應當填寫拒絕付款理由書，其內容和格式如圖10-52所示。拒絕付款理由書一式四聯：

第一聯是回單或付款通知，是付款人開戶行給付款人的回單或付款通知（白紙黑油墨）。

第二聯是借方憑證，由付款人開戶行作為借方憑證（白紙藍油墨）。

第三聯是收帳通知，由收款人開戶行作為貸方憑證或存查（白紙紅油墨）。

第四聯是收帳通知，由收款人開戶行作為收帳通知或全部拒付通知（白紙褐油墨）。

3. 應付帳款證明單

當付款人延期付款時，需要將有關單證退還開戶行，而這些單證又已經做了帳務處理，無法取出時，就應當填寫「應付帳款證明單」，其內容和格式如圖10-53所示。應付帳款證明單一式兩聯（白紙黑油墨）：

第一聯通過銀行轉交收款人作為應收款項的憑據。

第二聯為付款人留存作為應付款項的憑據。

（二）托收承付結算的主要規定

（1）使用托收承付結算方式的收款單位和付款單位，必須是國有企業、供銷合作社以及經營管理較好，並經開戶銀行審查同意的城鄉集體所有制工業企業。

（2）辦理托收承付的款項，必須是商品交易，以及因商品交易而產生的勞務供應的款項。代銷、寄銷、賒銷商品的款項，不得辦理托收承付結算。

（3）收付雙方使用托收承付結算必須簽有符合《中華人民共和國合同法》的購銷合同，並在合同上註明使用托收承付結算方式。

（4）收付雙方辦理托收承付結算，必須重合同、守信用。收款人對同一付款人發貨托收累計三次收不回貨款的，收款人開戶銀行應暫停收款人向該付款人辦理托收；付款人累計三次提出無理拒付的，付款人開戶銀行應暫停其向外辦理托收。

（5）收款人辦理托收，必須具有商品確已發運的證件（包括鐵路、航運、公路等運輸部門簽發的運單、運車副本和郵局包裹回執）。

（6）托收承付結算每筆的金額起點10,000元。新華書店系統每筆的金額起點為1,000元。

（7）簽發托收承付憑證必須記載下列事項：表明「托收承付」的字樣、確定的金額、付款人名稱及帳號、收款人名稱和帳號、付款人開戶銀行名稱、收款人開戶銀行名稱、托收附寄單證張數或冊數、合同名稱、號碼、委託日期、收款人簽章。托收承付憑證上欠缺記載上列事項之一的，銀行不予受理。

三、托收承付結算的辦理

（一）托收承付結算程序

托收承付結算流程如圖8-11所示。

第八章 銀行支付結算實務

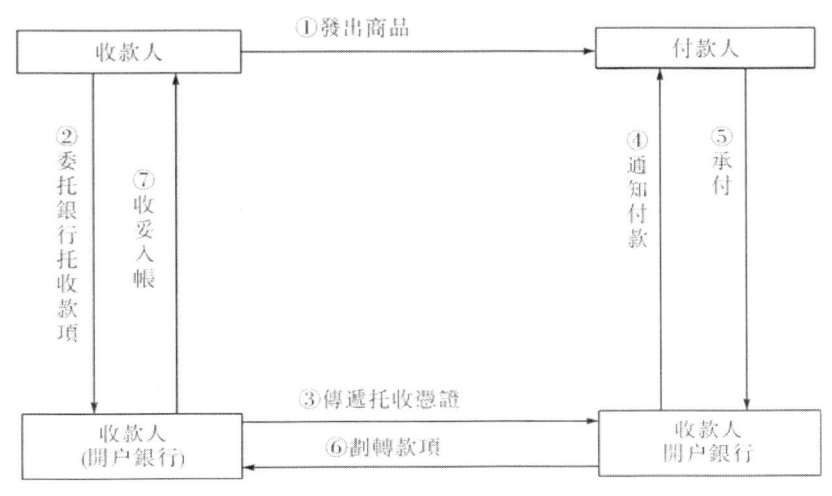

圖 8-11 托收承付結算流程圖

（1）收款單位按合同發貨。

（2）收款單位委託開戶行收取貨款。收款人辦理托收時，填制一式五聯的托收憑證，銀行受理後在第一聯回單上蓋章後退回收款人。

（3）收款人開戶行向付款人開戶行傳遞托收憑證。

（4）付款人開戶行向付款人發出承付通知。通知的方法，可以根據具體情況與付款人簽訂協議，採用付款人來行自取、派人送達或對距離較遠的付款人郵寄等方式。驗單付款的承付期為 3 天，從銀行對付款人發出承付通知日的次日（付款人來行自取的，為銀行收到托收憑證日的次日）算起（承付期內遇法定休假日順延），必須郵寄的，應加郵寄時間；驗貨付款的承付期為 10 天，從運輸部門向付款人發出提貨通知日的次日算起。然後根據郵劃或電劃第三、四聯托收憑證，逐筆登記定期代收結算憑證登記簿，將郵劃或電劃第三、四聯托收憑證專夾保管，將第五聯托收憑證加蓋業務公章，連同交易單證一併及時交給付款人。

（5）付款人承付。

（6）銀行之間劃轉承付的款項。付款人在承付期滿終了前，帳戶有足夠資金支付全部款項的，付款行在次日上午（遇法定休假日順延）進行轉帳。

（7）收款人開戶行通知收款人款項已經收妥。

（二）收款單位的處理

收款單位採用托收承付結算方式，在辦妥托收手續時，應當根據托收憑證第一聯回單及有關的銷售憑證編制轉帳憑證，會計分錄為：

借：應收帳款——某單位
　　貸：主營業務收入——×產品
　　　　應交稅費——應交增值稅（銷項稅額）

219

收到款項時，根據銀行轉來的收款通知聯，出納人員直接登記銀行存款日記帳或由會計據此編制銀行存款收款憑證，會計分錄為：

借：銀行存款
　　貸：應收帳款——某單位
　　　　應交稅費——應交增值稅（銷項稅額）

（三）付款單位的處理

（1）付款單位在承付款項後，出納人員應根據銀行轉來的付款通知聯，登記銀行存款日記帳或由會計據此編制銀行存款付款憑證，會計分錄為：

借：物資採購——×材料
　　應交稅費——應交增值稅（進項稅額）
　　貸：銀行存款

（2）付款單位全部拒付的處理。付款人在承付期內提出全部拒絕付款時，應當填寫四聯全部拒絕付款理由書（如圖10-52所示），連同有關的拒付證明、第五聯托收憑證及所附單證送交開戶行。

銀行要嚴格按照支付結算辦法有關托收承付拒絕付款的規定對付款人提出的拒絕付款進行認真審查。對拒絕付款的手續不全、依據不足、理由不符合規定和不屬於支付結算辦法有關托收承付中七種可以拒絕付款情況的，以及超過承付期拒付或將部分拒付提為全部拒付的，均不得受理。對不同意拒付的，要實行強制扣款。對無理的拒絕付款，增加銀行審查時間的，應從承付期滿日起，為收款人計扣逾期付款賠償金。

對符合規定同意拒付的，經批准後將第一聯拒絕付款理由書加蓋業務公章作為回單退還付款人，將第二聯連同第三聯托收憑證一併留存備查，將第三、四聯連同有關的拒付證明和第四、五聯托收憑證及單證一併寄收款人開戶行。如系電報劃款的，不另拍電報。

（3）付款單位部分拒絕付款的處理。付款人在承付期內提出部分拒絕付款時，應填具四聯部分拒絕付款理由書，連同有關的拒付證明、拒付部分商品清單送交開戶行。開戶行應按照全部拒絕付款的審查程序和要求認真審查。對不符合規定的拒付，不得受理拒付。對符合規定同意拒付的，依照全部拒絕付款的審查手續辦理，並在托收憑證和登記簿備註欄註明「部分拒付」字樣及部分拒付金額。對同意承付部分，以第二聯拒絕付款理由書代借方憑證，第三聯托收憑證作為借方憑證附件，進行轉帳。轉帳後，將第一聯拒絕付款理由書加蓋轉訖章作為支款通知交給付款人，將第三、四聯和第四聯托收憑證連同拒付部分的商品清單和有關證明，隨同聯行郵劃貸方報單一併寄收款人開戶行。如系電報劃款，部分拒付和部分承付，除拍發電報外，另將第三、四聯部分拒絕付款理由書，連同拒付部分的商品清單和有關證明郵寄收款人開戶行。

第八章　銀行支付結算實務

第八節　委託收款結算方式

一、委託收款的概念及特點

（一）委託收款的概念

委託收款是收款人委託銀行向付款人收取款項的結算方式。

（二）委託收款的種類及特點

（1）委託收款按結算款項的劃回方式不同，分為郵寄和電報兩種，由收款人選用。

（2）委託收款結算具有使用範圍廣、靈活、簡便等特點，在同城、異地均可以使用。

二、委託收款結算憑證及其基本規定

（一）委託收款結算憑證

委託收款結算憑證與托收承付結算憑證完全相同，如圖 10-47 至圖 10-53 所示。

（二）委託收款結算的基本規定

（1）單位和個人憑已承兌商業匯票、債券、存單等付款人債務證明辦理款項的結算，均可以使用委託收款結算方式。

（2）簽發委託收款憑證必須記載下列事項：表明「委託收款」的字樣，確定的金額，付款人名稱，收款人名稱，委託收款憑證名稱及附寄單證張數，委託日期，收款人簽章。委託收款憑證上欠缺記載上列事項之一的，銀行不予受理。委託收款以銀行以外的單位為付款人的，委託收款憑證必須記載付款人開戶銀行名稱；以銀行以外的單位或在銀行開立存款帳戶的個人為收款人的，委託收款憑證必須記載收款人開戶銀行名稱；未在銀行開立存款帳戶的個人為收款人的，委託收款憑證必須記載被委託銀行名稱。委託收款憑證上欠缺記載上列事項之一的，銀行不予受理。

（3）銀行不負責審查付款人拒付理由。

（4）委託收款的付款期為 3 天，憑證索回期為 2 天。

三、委託收款結算的辦理

（一）委託收款結算程序

委託收款結算流程如圖 8-12 所示。

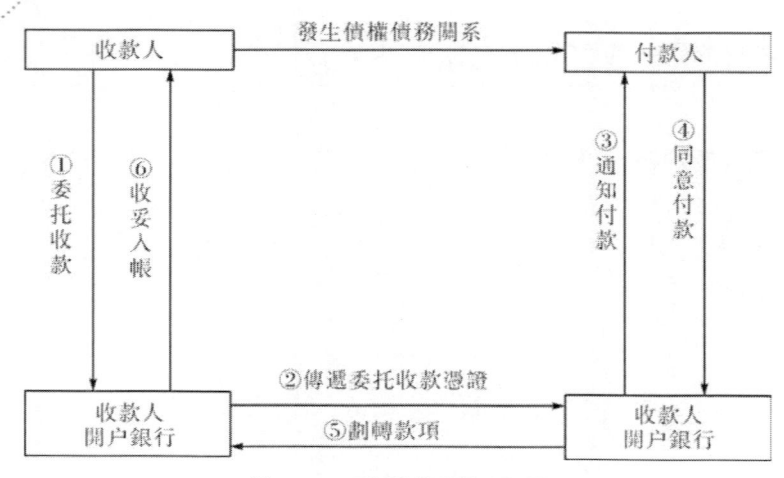

圖 8-12　委託收款結算流程圖

（1）收款人填寫托收憑證，並加蓋預留銀行印鑒並交開戶行委託收款；銀行受理後退回回單。

（2）收款人開戶行向付款人開戶行傳遞委託收款憑證。

（3）付款人開戶行通知付款人付款。

（4）付款人同意付款或拒絕付款。

（5）付款人開戶行劃轉款項或傳遞拒絕付款理由書並傳遞有關債務證明。

（6）收款人開戶行通知收款人已收妥款項或對方拒絕付款。

（二）收款人辦理委託收款

（1）收款人辦理委託收款時，應當填寫「托收憑證」，並持相關的收款依據及證明，在開戶行辦理委託收款手續。收款人應當採用藍色雙面復寫紙將一式五聯的托收憑證一次套寫，在憑證上逐項填明收款人名稱、付款人名稱、帳號、開戶行收款人行號、委託金額、委託收款憑證名稱、附寄單證張數等有關內容。在第二聯「收款人蓋章」處加蓋單位財務專用章後，一併交開戶行。

（2）收款人開戶行經審查同意後，即可辦理委託收款，將「托收憑證」第一聯回單加蓋銀行業務受理章後退回收款人，會計人員據此編制轉帳憑證，會計分錄為：

借：應收帳款

　　貸：其他業務收入（或主營業務收入）

　　　　應交稅費——應交增值稅（銷項稅額）

（3）收款人在收到開戶行轉來的收款通知時，出納人員據此登記銀行存款日記帳，會計人員編制銀行存款收款憑證，會計分錄為：

借：銀行存款

　　貸：應收帳款

　　　　應交稅費——應交增值稅（銷項稅額）

第八章　銀行支付結算實務

（三）付款人承付處理

（1）付款人開戶行接到收款人開戶行寄來的委託收款憑證及有關附件後，經審核無誤後，即可辦理付款手續。

（2）付款人為銀行的，銀行應當於當天將款項劃轉給收款人開戶行。

（3）付款人為銀行客戶的，銀行應當及時通知付款人承付。

（4）付款人接到銀行的付款通知和有關附件後，對銀行轉來的托收憑證和相關附件進行仔細審查。主要審查以下內容：

① 托收憑證填列的付款人是否為本單位。

② 委託收款的項目是否與實際經濟業務相符；所列內容和所附單證是否齊全、正確。

③ 委託收款金額和應付金額是否一致，付款期限是否到期。

如果出納人員審查無誤，應當在收到通知的當天書面通知銀行付款；如果委託收款的金額少於應付金額，應當填寫一式四聯的「多付款理由書」（可用「委託收款拒絕付款理由書」代替），於付款到期前，由出納人員送交銀行。

從付款人開戶行發出付款通知的次日算起（遇節假日順延）3天內付款人未向銀行提出異議，銀行即可視作付款人同意付款，並在第4日（節假日順延）上午銀行開始營業時，將款項劃轉收款人開戶行。

（四）付款人拒絕付款的處理

如果出納人員在審查中發現開戶行轉來的托收憑證不屬於本單位的，應當立即退回銀行。

如果出納人員在審查托收憑證及有關憑證中發現問題，需要拒絕付款的，應當在付款期（3日內）填制一式四聯的拒絕付款理由書，以及付款人持有的債務證明和第五聯委託收款憑證一併交開戶行。經銀行受理後（注意：銀行不負責審查拒付理由），在委託收款憑證和收到委託收款憑證登記簿備註欄註明「拒絕付款」字樣；然後將第一聯拒付理由書加蓋業務公章作為回單退還付款人，將第三、四聯拒付理由書連同付款人提交或本行留存的債務證明和第四、五聯委託收款憑證一併寄收款人開戶行，並轉交收款人。

屬於全部拒付的，付款人將拒付理由書保管備查；屬於部分拒付的，付款單位會計人員據以編制承付部分的銀行存款付款憑證，出納人員根據承付金額登記銀行存款日記帳。

填寫委託收款介紹全部或部分拒絕理由書的注意事項：如果是部分拒付，「部分拒付金額」欄內填寫實際支付的金額，並具體說明拒付的理由，出具拒絕付款部分商品清單；如果是全部拒付，在「拒付金額」欄填寫委託收款金額，「部分付款金額」欄大小寫金額為零。

（五）付款人延期付款的處理

（1）付款人在付款期滿日營業終了前，如果沒有足夠資金支付全部款項，應當

在委託收款憑證上註明「無款支付」字樣，並填寫付款人未付款通知書，連同有關憑證一併交收款人開戶行轉收款人。

（2）如果有關的債務證明留存在付款人開戶行，付款人應當在兩天內，將有關委託收款憑證第五聯付款通知連同有關單證退回開戶行（如單證已做了帳務處理，付款單位出納人員可以填制一式兩聯的「應付帳款證明單」），由開戶行將有關結算憑證連同單證（或「應付帳款證明單」）退回收款人開戶行轉交收款人。

（3）付款人逾期不退回單證的，開戶行按照委託收款的金額，自發出通知的第3天起，每天處以萬分之五但不低於5元的罰金，並暫停付款人委託銀行辦理結算業務，直到退回單證為止。

第九節　互聯網支付結算方式

一、互聯網支付的特點

（一）數字化

網路支付是採用先進的技術通過數字流轉來完成信息傳輸的，其各種支付方式都是採用數字化的方式進行款項支付的；而傳統的支付方式則是通過現金的流轉、票據的轉讓及銀行的匯兌等物理實體的流轉來完成款項支付的。

（二）互聯網平臺

網路支付的工作環境是基於一個開放的互聯網平臺系統，而傳統支付則是在較為封閉的系統中運作。

（三）通信手段

網路支付使用的是最先進的通信手段，如因特網、外聯網，而傳統支付使用的則是傳統的通信媒介。網路支付對軟、硬件設施的要求很高，一般要求有聯網的微機、相關的軟件及其他一些配套設施，而傳統支付則沒有這麼高的要求。

（四）經濟優勢

網路支付具有方便、快捷、高效、經濟的優勢。用戶只要擁有一臺上網的個人電腦，便可足不出戶，在很短的時間內完成整個支付過程。支付費用僅相當於傳統支付的幾十分之一，甚至幾百分之一。網路支付可以完全突破時間和空間的限制，可以滿足24/7（每週7天，每天24小時）的工作模式需求，其效率之高是傳統支付望塵莫及的。

二、互聯網支付的不足

（1）網路技術的安全存在著隱患。網上銀行的支付是在無紙化的情況下進行的，這就需要確保數據的傳輸安全，保證交易數據不被盜取和篡改。因此人們對數

第八章　銀行支付結算實務

據傳輸的安全性等有懷疑。

（2）虛擬交易風險。網上支付的工作是基於開放系統平臺的，而且他們雙方的身分是置於虛擬世界中的。這無疑就增加了電子支付的風險。

三、互聯網支付流程（如圖8-13所示）

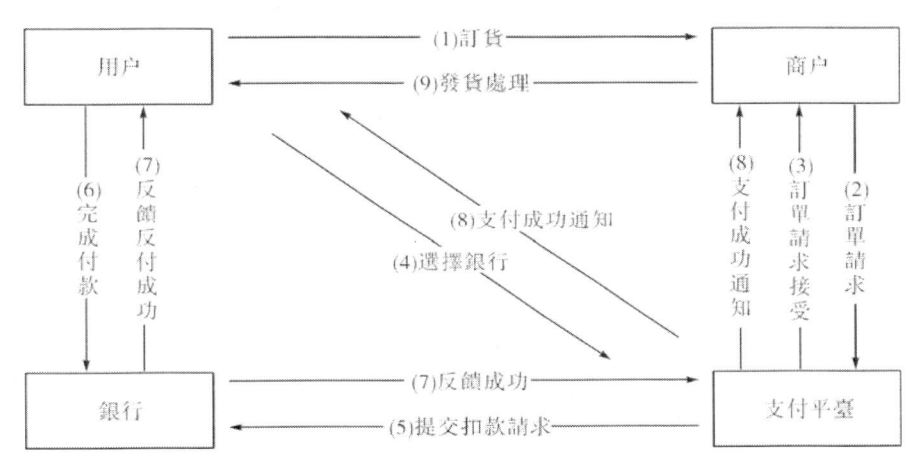

```
         (1)訂貨
用戶 ──────────────→ 商戶
         (9)發貨處理
      ←──────────────

(6)完成付款  (7)反饋付款成功       (8)支付成功通知   (3)訂單請求接受  (2)訂單請求
                      (4)選擇銀行

銀行 ──────(7)反饋成功──────→ 支付平臺
     ←─────(5)提交扣款請求──
```

圖8-13　互聯網支付流程圖

（1）用戶在與商戶進行交易時，申請使用互聯網支付。

（2）商戶生成訂單，並送給支付平臺，將用戶轉向網路支付業務系統。

（3）支付平臺收到訂單請求後，向商戶反饋訂單已接收。

（4）用戶在支付平臺上選擇互聯網支付的銀行，使用銀行卡進行互聯網支付。

（5）網路支付業務系統記錄用戶所選擇的支付方式，並將用戶轉向相應支付系統。

（6）支付平臺把扣款信息發送給銀行，並引導用戶到銀行（和實現方式有關）；用戶在銀行輸入卡、密碼等信息，完成付款；銀行把支付成功的信息反饋給支付平臺、用戶。

（7）支付平臺向用戶提供支付界面；用戶完成帳戶、密碼等信息輸入，完成付款。

（8）支付平臺將支付結果反饋給商戶，商戶收到支付成功通知後進行發貨處理。

（9）支付平臺根據商戶結算週期與商戶進行資金結算，風險識別通過後，將資金結算到商戶之前關聯的銀行帳戶。

四、資金流說明

買方和賣方的最終資金來源於銀行結算帳戶或銀行卡。若買賣雙方開立了支付

帳戶，則通過資金交易的觸發，產生帳戶之間資金及權益所有權的轉移，在不發生充值、提現和退款的情況下，在備付金銀行帳戶的資金不發生轉移；若為銀行帳戶支付模式，則通過網關，由根據約定的交易指令或交易週期將買方資金轉移至賣方銀行帳戶。

（1）買方可以用其管理的銀行卡向其支付帳戶進行充值，也可以將充值的金額從其支付帳戶轉移到其關聯的銀行卡。

（2）買方可以用其支付帳戶完成代收代付資金的支付，系統內部將支付資金從買方支付帳戶轉移到賣方的支付帳戶；買方也可以申請退款，系統內部將支付資金從賣方的支付帳戶轉移到買方支付帳戶。

（3）買方可以用其銀行卡通過互聯網支付完成代收代付資金的支付，系統內部將支付資金從買方銀行卡轉移到賣方的支付帳戶；買方也可以申請退款，系統內部將支付資金從賣方的支付帳戶轉移到買方銀行卡。

（4）同一客戶名下的不同支付帳戶之間可以進行轉帳，轉帳資金從轉出方支付帳戶流入轉入方支付帳戶。

（5）通過結算業務，可將賣方支付帳戶中的需要結算的資金轉入其關聯銀行帳戶。

五、客戶開通、充值、退款流程

（一）開通流程

客戶開戶時，需要選擇合同約定的業務類型。客戶在開戶時將相關信息填寫完成，並接受客戶開戶相關協議後，客戶開戶狀態為待審核狀態，經審核通過後，客戶開戶才算正式完成。客戶開戶信息同時保存為個人客戶信息和機構客戶信息。若收款方為企業客戶，開戶時需要參與技術聯調測試環節，即我司提供標準接入接口給企業客戶收款方，企業客戶按接口開發接入支付平臺模塊後進行聯調測試包括企業客戶申請、資質審核、關聯銀行卡、開通業務等主要操作。

（1）客戶申請註冊，填寫基本信息，提交資質證明。

（2）進行反洗錢實名認證，支付平臺相關人員錄入資質等基本信息，並做出風險審核。

（3）支付平臺相關人員錄入客戶關聯銀行信息。

（4）支付平臺申請銀行帳戶驗證。

（5）銀行處理驗證並將結果反饋給支付平臺。

（6）支付平臺做銀行關聯處理、銀行帳戶實名認證處理。

（7）支付平臺開通支付帳戶並通知客戶。

（8）支付平臺相關人員將客戶協議歸檔。

（二）充值流程

（1）客戶提交充值請求。

第八章　銀行支付結算實務

（2）選擇付款銀行和充值金額。

（3）平臺創建充值訂單，對是否是風險交易進行判斷。若為風險交易且滿足交易拒絕條件，則通知客戶交易被拒絕，提示客戶聯繫客服人員，否則進行下一步操作。

（4）客戶被引導到對應銀行的網關頁面，根據銀行業務流程完成支付。

（5）銀行向平臺發送處理結果，同時向客戶展示支付結果頁面。

（6）若支付成功，則平臺提交充值入帳請求，進行入帳處理，通知客戶充值成功。

（三）退款業務流程

（1）客戶提出退款申請，同意退款。

（2）平臺收到請求後與原支付訂單匹配，創建退款訂單。

（3）平臺對是否是風險交易進行判斷。若為風險交易且滿足交易拒絕條件，則通知客戶交易被拒絕，提示客戶聯繫客服人員，否則進行下一步操作。

（4）平臺修改原交易狀態，向銀行提交退款請求。

（5）銀行處理退款請求。

（6）平臺進行資金退款處理。

（7）系統記錄退款結果，通知客戶退款成功。

六、常見的互聯網支付手段

（一）二維碼支付

打開手機上的支付客戶端，其中有一項二維碼識別的功能，可以用來拍攝和識別印製在各種物體上的二維碼商品信息。識別後，你直接點擊付款，完成交易。

（二）NFC 手機錢包

通過在手機中植入近場通信（NFC）芯片或在手機外增加 NFC 貼片等方式，將手機變成真正的錢包。在付錢時，需要商戶提供相應的接收器，這樣，大家才能拿著手機去完成「刷一下」這個動作，便捷付款。整個過程很像是在刷公交卡。

（三）搖一搖轉帳

打開支付客戶端，拿出手機「搖一搖」，對方的帳號就自動跑到你的手機上，接下來就是輸入金額和收款付款了。

（四）短信支付

短信支付是通過發送一串字符到指定號碼，完成手機充值、網上交水、電、氣費等。

（五）語音支付

電視廣告中已經嵌入了特定的語音命令，而手機上則安裝了相應的支付應用。當你在看電視時，把支付應用打開，就能接收和識別廣告裡嵌入的語音波段，並主

動詢問用戶是否需要購買此商品並完成付款。

（六）隨身刷卡器

隨身刷卡器可以用來識別各種銀行卡，從而實現隨時刷卡消費或繳費的目的。刷卡器很小，呈正方形或長方形，可以輕鬆插入手機中的耳機插孔，安裝後，打開應用就可以刷卡了。

（七）條碼支付

這個支付方式更像是「條碼收款」。通過安裝支付客戶端，用戶的第三方支付帳戶可以生成一個條形碼，而收銀員用條碼槍在用戶的手機上一掃，用戶點下「同意支付」的按鍵，一次付款就完成了。

思考題

1. 試比較三種票據結算方式的特點及適用範圍。如何正確選擇應用？
2. 銀行匯票結算流程是怎樣的，出納人員及會計人員怎樣進行會計處理？
3. 商業匯票有哪幾種？它們的區別與聯繫是什麼？
4. 如何進行票據貼現？
5. 有幾種支票，如何正確使用支票結算？
6. 何為托收承付？怎樣正確辦理托收承付並進行正確的會計處理？
7. 委託收款與托收承付有何異同？

討論題

出納人員以及會計人員在實際工作中應當怎樣正確選擇結算方式對企業更有利？

实验项目

實驗項目一名稱：辦理銀行匯票結算

（一）實驗目的及要求

1. 通過本實驗掌握銀行匯票結算的基本技能，達到熟練辦理銀行匯票結算的目的。

2. 要求同學們完成一項經濟業務的銀行匯票結算全過程，並正確進行會計處理。

第八章　銀行支付結算實務

(二) 實驗設備、資料
1. 銀行匯票、銀行匯票申請書、進帳單等銀行結算單證和印章;
2. 記帳憑證;
3. 企業經濟業務:

成都市大海企業採購人員要到上海市 K 公司去採購物資 A, 使用銀行匯票結算。
(1) 2014 年 9 月 1 日, 出納人員到銀行辦理了金額為 10 萬元的銀行匯票。
(2) 2014 年 9 月 2 日～10 日, 採購人員持匯票到上海採購 A 物資 10 噸, 單價為 8,000 元/噸, 採購人員將匯票交給 K 公司的出納人員, 該出納人員持匯票到開戶銀行辦理了結算。
(3) 2014 年 9 月 15 日, 物資運抵企業並驗收入庫, 採購人員到會計部門辦理了結算。
(4) 2014 年 9 月 15 日, 接開戶行通知, 匯票多餘款項已入帳。

(三) 實驗內容與步驟
1. 每個同學準備銀行匯票及進帳單各 2 份。
2. 兩位同學為一組, 分別扮演兩個公司的出納人員角色進行實驗。
3. 同學們共同熟悉企業經濟業務。
4. 根據經濟業務填制銀行匯票及進帳單等銀行結算憑證並編制記帳憑證。
5. 完成該業務的會計處理程序。

(四) 實驗結果 (結論)
1. 瞭解銀行匯票的基本知識。
2. 熟悉銀行匯票結算的基本方法及程序。
3. 掌握銀行匯票的結算技能。

實驗項目二名稱: 填制支票

(一) 實驗目的及要求
1. 通過本實驗掌握支票結算的基本技能, 達到熟練辦理支票結算的目的。
2. 要求同學們正確、完整地填制現金支票和轉帳支票及進帳單。

(二) 實驗設備、資料
1. 現金支票和轉帳支票各兩份。
2. 相關印鑒。
3. 企業經濟業務:
(1) 成都市大海企業在本市採購物資 100 件, 單價為 100 元/件, 採用轉帳支票結算。
(2) 採購人員青化借支差旅費 5,000 元, 出納人員開出現金支票一張。

(三) 實驗內容與步驟
1. 每個同學準備現金支票、轉帳支票和進帳單各 2 份。

2. 兩位同學為一組進行實驗。

3. 同學們共同熟悉企業經濟業務。

4. 根據經濟業務填製支票和進帳單。

（四）實驗結果（結論）

1. 瞭解支票的基本知識。

2. 熟悉支票結算的基本程序。

3. 掌握支票及進帳單的填製技能。

第九章　出納辦稅實務

依法納稅是每個企業和單位應盡的義務，辦理納稅有關事務是單位會計或出納的基本業務之一。出納人員必須掌握必要的稅收知識和辦稅的基本常識及方法，才能正確、合理地進行報稅與納稅工作。

● 第一節　企業納稅基本知識

一、納稅人的含義

（一）納稅人

納稅人亦稱納稅義務人，是指稅法上規定的直接負有納稅義務的單位和個人。負有納稅義務的單位是指具有法人資格的社會組織，如公司企業、社會團體等；負有納稅義務的個人是指在法律上可以享有民事權利並承擔民事義務的公民。

（二）扣繳義務人

扣繳義務人亦稱代扣代繳義務人，是指稅法規定的，在經營活動中負有代扣稅款並向國庫繳納稅款義務的單位和個人。扣繳義務人主要有以下兩類：一類是向納稅人支付收入的單位，如個人所得稅實行源泉扣繳辦法時，則由向個人支付應納稅收入的支付者為代繳義務人；另一類是為納稅人辦理匯款的單位，如中外合資經營企業的外國合作者在將利潤匯給國外時，由承辦匯款的單位按匯出額扣繳應納的所得稅。

（三）代收代繳義務人

代收代繳義務人是指有義務借助經濟往來關係向納稅人收取應納稅款並代為繳

納的企業或單位。如企業在向個體農戶收購農副產品時，則成為農業特產稅的代收代繳義務人。

代收代繳單位不同於代扣代繳單位。代扣代繳單位直接持有納稅人收入，可以從中扣除納稅人的應納稅款；代收代繳單位不直接持有納稅人的收入，只能在與納稅人的經濟往來中收取納稅人的應納稅款並代為繳納。

二、徵稅對象和稅率

（一）徵稅對象

徵稅對象，亦稱課稅對象，是指徵稅的標的物。一般稱納稅人為課稅主體，稱課稅對象為課稅客體。納稅人表明對誰徵稅，課稅對象則表明對什麼客體徵稅。

（二）稅率

稅率，是對徵稅對象徵稅的比例或額度。它可以分為比例稅率、累進稅率和定額稅率三種。

1. 比例稅率

比例稅率是指應納稅額與納稅對象數量之間的等比關係。這種稅率不會因納稅數量的多少而變化，即對同一納稅對象不論數額大小，只規定同一比率納稅。

2. 累進稅率

累進稅率是隨納稅對象數額增大而提高的稅率，即按納稅對象數額的大小，劃分若干等級，每個等級由低到高規定相應的稅率，納稅對象數額越大，稅率越高。累進稅率與納稅對象的比，表現為稅額增加幅度大於納稅數量增長幅度。

3. 定額稅率

定額稅率，又叫固定稅率，是稅率的一種特殊形式。它是按納稅對象的一定計量單位規定固定稅額，而不是規定納稅比例。

三、計稅依據、計稅標準和計稅價格

（一）計稅依據

計稅依據是計算應納稅額的根據，是徵稅對象量的表現。徵稅對象解決的是對什麼徵稅，而計稅依據則是在確定徵稅對象之後，解決如何計量問題。如消費稅的徵稅對象是列舉的產品，而計稅依據則是應稅消費品的銷售額和銷售數量。作為所得稅徵稅對象的「所得」，只是說明納稅人的所得需要徵稅；而作為計稅依據的所得額，則是從納稅人全部所得中依法扣除有關項目之後的餘額，即應納稅所得額。

（二）計稅標準

計稅標準是徵稅對象數額的計量標準，分為以貨幣為單位的計稅標準和以實物為單位的計稅標準。如資源稅的計稅標準是「噸」和「立方米」「千立方米」；增值稅、營業稅的計稅標準是「元」。

第九章　出納辦稅實務

(三) 計稅價格

計稅價格是從價計徵的稅種在計算應納稅時須用的價格，包括含稅價格和不含稅價格兩大類。含稅價格是指包括應納稅在內的價格，由成本、利潤、應納稅金三部分組成；不含稅價格則只由成本、利潤兩部分組成，不包含應納稅金。在現行稅種中，除增值稅為按不含稅價格的銷售額計徵外，其餘稅種大多為按含稅價格計徵的。二者的換算公式為：

$$含稅價格 = 不含稅價格 \times (1+稅率)$$

$$不含稅價格 = 含稅價格 \div (1-稅率)$$

四、納稅期限和納稅地點

(一) 納稅期限

納稅期限是指納稅人依法向國家繳納稅款的時間限制。納稅期限的確定大體可分為兩種情況：

1. 按期納稅

按期納稅是以納稅人發生納稅義務的一定時期如1天、3天、5天、10天、1個月、1年等作為納稅期限。

2. 按次納稅

按次納稅以納稅人發生納稅義務的次數作為納稅期限。

(二) 納稅地點

納稅地點是指納稅人在什麼地方完成繳納稅款的義務，大體分為以下三種情況：

一是納稅人在其從事生產經營活動的所在地繳納稅款；

二是納稅人在其納稅行為發生地繳納稅款；

三是對於既有總機構又有分支機構並且不在同一行政區域內的納稅人，其稅款的繳納，既可以由總機構與分支機構分別在各自所在地稅務機構辦理，也可以經國家或省級稅務機構批准後，由總機構匯總在總機構所在地繳納。

五、減稅免稅

減稅免稅是納稅製度中對某些納稅人和課稅對象給予鼓勵和照顧的一種規定。減稅是對應納稅額少繳納一部分稅額，免稅是對應納稅額全部予以免徵。減稅免稅包括以下三項內容：

(一) 起徵點

起徵點是課稅達到徵稅數額開始徵稅的界限。課稅對象的數額未達到起徵點的不徵稅，達到或者超過起徵點的，就課稅對象的全部數額徵稅。

(二) 免徵額

免徵額是稅法規定在課稅對象總額中免予徵稅的數額，是按照一定標準從全部課

稅對象總額中預先減除的部分。免徵額部分不徵稅，只就超過免徵額的部分徵稅。

(三) 減稅免稅規定

減稅免稅規定是對特定的納稅人和特定的課稅對象所做的某種程序的減徵稅款或全部免徵稅款的規定。

第二節　與企業關係密切的常見稅種及分類

一、與企業關係密切的稅種

1994年中國進行了稅制改革，隨後又進行了一系列的改革，目前與企業關係密切的稅種如表9-1所示。

表9-1　　　　　　　　與企業關係密切的常見稅種

徵收機關	稅種
稅務機關	增值稅、消費稅、資源稅、企業所得稅、個人所得稅、印花稅、土地增值稅、城鎮土地使用稅、房產稅、屠宰稅、筵席稅、車船稅、城市維護建設稅、土地增值稅、菸葉稅
海　　關	關稅、船舶噸稅
財政機關	耕地占用稅、契稅

二、中國稅收基本分類

中國稅收按課稅對象的不同分為五類：

(一) 商品勞務課稅即流轉課稅

商品勞務課稅是以商品勞務為對象，按其價值量計徵的貨幣稅，由於它是在商品勞務的流轉過程中徵收的稅，又稱為流轉稅。它是中國納稅收入的支柱，也是企業應納的主要稅種，具體包括五種：

1. 增值稅

增值稅是對從事商品生產和經營的單位和個人，就其經營的商品或提供勞務服務時實現的增值額徵收，並實行稅款抵扣制的一種流轉稅。

2. 消費稅

消費稅是對從事應稅消費品生產和進口的單位和個人，就其生產或進口的應稅消費品徵收的一種商品稅。

3. 營業稅

營業稅是對在中國境內提供勞務、轉讓無形資產和銷售不動產取得的營業收入徵收的一種稅。

第九章　出納辦稅實務

從 2012 年開始，在運輸服務業開始試點營業稅改徵增值稅，自 2016 年 5 月 1 日起在全國範圍內全面推行營業稅改徵增值稅改革試點，現行繳納營業稅的建築業、房地產業、金融業、生活服務業納稅人將改為繳納增值稅，由國家稅務局負責徵收。納稅人銷售取得的不動產和其他個人出租不動產的增值稅，國家稅務局暫委託地方稅務局代為徵收。

2016 年營業稅改徵增值稅最新稅率表如表 9-2 所示。

表 9-2　　　　　　　　　2016 年營業稅改徵增值稅最新稅率表

大類	中類	小類	徵收品目	原營業稅稅率	增值稅稅率
銷售服務	交通運輸服務	陸路運輸服務	鐵路運輸服務	3%	11%
			其他陸路運輸服務		
		水路運輸服務	水路運輸服務		
		航空運輸服務	航空運輸服務		
	郵政服務	管道運輸服務	管道運輸服務	3%	11%
		郵政普遍服務	郵政普遍服務		
		郵政特殊服務	郵政特殊服務		
	電信服務	其他郵政服務	其他郵政服務	3%	11%
		基礎電信服務	基礎電信服務		6%
	建築服務（新增）	增值電信服務	增值電信服務	3%	11%
		工程服務	工程服務		
		安裝服務	安裝服務		
		修繕服務	修繕服務		
		裝飾服務	裝飾服務		
	金融服務（新增）	其他建築服務	其他建築服務	5%	6%
		貸款服務	貸款服務		
		直接收費金融服務	直接收費金融服務		
		保險服務	人壽保險服務		
			財產保險服務		
	現代服務	金融商品轉讓	金融商品轉讓	5%	6%
		研發和技術服務	研發服務		
			合同能源管理服務		
			工程勘察勘探服務		
			專業技術服務（新增）		
		信息技術服務	軟件服務	5%	6%
			電路設計及測試服務		
			信息系統服務		
			業務流程管理服務		
			信息系統增值服務（新增）		

表9-2(續)

大類	中類	小類	徵收品目	原營業稅稅率	增值稅稅率
銷售服務	現代服務	文化創意服務（商標和著作權轉讓重分類至銷售無形資產）	設計服務	3%/5%	6%
			知識產權服務		
			廣告服務		
			會議展覽服務		
		物流輔助服務	航空服務	3%/5%	6%
			港口碼頭服務		
			貨運客運場站服務		
			打撈救助服務		
			裝卸搬運服務		
			倉儲服務		
			收派服務		
		租賃服務	不動產融資租賃（新增）	5%	11%
			不動產經營租賃（新增）		
			有形動產融資租賃		17%
			有形動產經營租賃		
		鑒證諮詢服務	認證服務	5%	6%
			鑒證服務		
			諮詢服務		
		廣播影視服務	廣播影視節目（作品）製作服務	3%/5%	6%
			廣播影視節目（作品）發行服務		
			廣播影視節目（作品）播映服務		
		商務輔助服務（新增）	企業管理服務	5%	6%
			經紀代理服務		
			人力資源服務		
			安全保護服務		
		其他現代服務（新增）	其他現代服務		
	生活服務（新增）	文化體育服務	文化服務	3%/5%，娛樂業5%～20%	6%
			體育服務		
		教育醫療服務	教育服務		
			醫療服務		
		旅遊娛樂服務	旅遊服務		
			娛樂服務		

第九章 出納辦稅實務

表9-2(續)

大類	中類	小類	徵收品目	原營業稅稅率	增值稅稅率
銷售服務	生活服務（新增）	餐飲住宿服務	餐飲服務	3%/5%，娛樂業5%～20%	6%
			住宿服務		
		居民日常服務	居民日常服務		
		其他生活服務	其他生活服務		
銷售無形資產	銷售無形資產（新增）	專利技術和非專利技術	專利技術和非專利技術	5%	6%（除銷售土地使用權適用11%）
		商標	商標		
		著作權	著作權		
		商譽	商譽		
		自然資源使用權	自然資源使用權（含土地使用權）		
		其他權益性無形資產	其他權益性無形資產		
銷售不動產	銷售不動產（新增）	建築物	建築物	5%	11%
		構築物	構築物		

4. 資源稅

資源稅是對在中國境內從事應稅資源的開採、生產的單位和個人，就其開採和生產的應稅資源徵收的一種商品稅。

5. 關稅

關稅是對進出中國關境的貨物和物品由海關在關境線上課徵的一種商品的跨國流通稅。

(二) 所得課稅

所得課稅是以從事生產經營活動獲得的純利潤或個人獲得的各種所得為對象，按所得的數額計徵的納稅。中國屬於這類納稅的稅種有：

1. 企業所得稅

企業所得稅是對中國境內的企業和其他取得收入的組織（統稱企業）從事生產經營取得的所得和其他所得徵收的一種稅。

2. 個人所得稅

個人所得稅是對個人取得的各種所得徵收的一種稅。

(三) 財產課稅

財產課稅是以財產為對象，按財產價值量或實物量計徵的貨幣稅。屬於這類納稅的中國現行稅種有：

1. 房產稅

房產稅是以房屋為對象，按房產價值或房租收入徵收的一種財產稅。

2. 契稅

契稅是在房屋買賣、典當、贈予或交換過程中，發生產權轉移變動，訂立契約時，向產權承受人徵收的一種稅。

(四) 行為課稅

行為課稅是以某些特定行為為對象，按應稅行為涉及的貨幣金額或某些實物數量計徵的納稅。中國現行的行為課稅稅種有：

1. 城鎮土地使用稅

城鎮土地使用稅是對使用國有土地的單位和個人，就其使用的土地按面積定額徵收的一種稅。

2. 車船使用稅

車船使用稅是對在中國境內行駛的車船，按其種類、噸位定額徵收的一種稅。

3. 印花稅

印花稅是對在中國境內因商事、產權等行為所書立或使用的憑證徵收的一種稅。

4. 耕地占用稅

耕地占用稅是對占用耕地從事建房或其他非農業生產的行為，就其占用的耕地按面積定額徵收的一種稅。

(五) 為特定目的的課稅

為特定目的的課稅一般都與商品和土地使用權的流動有關，所以也可以把它們納入流轉稅的範疇。這類稅主要包括兩種：

1. 城市維護建設稅

城市維護建設稅是對從事生產經營活動的單位和個人，按其實際繳納的增值稅、消費稅、營業稅稅額計徵，專門用於城市維護建設的一種特定目的稅。

2. 土地增值稅

土地增值稅是對轉讓國有土地使用權、地上建築物及其附著物取得的收入中就其增值部分徵收的一種稅，其目的在於調節級差收入。

現將納稅企業各期間、各環節的工商納稅分布及主要列支渠道匯總成表，如表 9-3 所示。

表 9-3　　　　主要工商納稅分布及主要列支渠道匯總表

稅　種	工商納稅分布						主要列支渠道										
	投資創建	生產經營			終止清算	進項稅額	銷項稅額	採購成本	長期投資	在建工程	遞延資產	產品銷售稅金	生產成本	委託加工材料	營業稅金	固定資產清理	其他業務支出	管理費用	所得稅	清算損益
		購進	生產	銷售	費用結算	利潤結算															
增值稅		√		√			√	√	√	√										√
消費稅			√	√		√			√				√	√						√
營業稅				√		√									√	√	√			√
資源稅				√									√				√	√		
土地增值稅				√												√	√			√
城市維護建設稅				√	√					√										
房產稅	√				√							√								
土地使用稅	√				√															
車船稅					√															
印花稅	√	√	√	√																
企業所得稅					√	√													√	
個人所得稅					√															

第九章　出納辦稅實務

第三節　辦理稅務登記

一、辦理稅務登記的對象

（一）必須申報辦理稅務登記的納稅人

（1）領取法人營業執照或者營業執照（以下統稱營業執照），有繳納增值稅、消費稅義務的國有企業、集體企業、私營企業、股份制企業、聯營企業、外商投資企業、外國企業以及上述企業在外地設立的分支機構和從事生產、經營的場所。

（2）領取營業執照，有繳納增值稅、消費稅義務的個體工商戶。

（3）經有權機關批准從事生產、經營，有繳納增值稅、消費稅義務的機關、團體、部隊、學校以及其他事業單位。

（4）從事生產經營，按照有關規定不需要領取營業執照，有繳納增值稅、消費稅義務的納稅人。

（5）實行承包、承租經營，有繳納增值稅、消費稅義務的納稅人。

（6）有繳納由國家稅務機關負責徵收管理的企業所得稅、外商投資企業和外國企業所得稅義務的納稅人。

（二）可以不申報辦理稅務登記的納稅人

（1）偶爾取得應當繳納增值稅、消費稅收入的納稅人。

（2）自產自銷免稅農、林、牧、水產品的農業生產者。

（3）縣級以上國家稅務機關規定不需要辦理稅務登記的其他納稅人。

二、開業稅務登記

（一）辦理開業稅務登記的時間

（1）從事生產、經營的納稅人應當自領取營業執照之日起30日內，主動依法向國家稅務機關申報辦理開業稅務登記。

（2）按照規定不需要領取營業執照的納稅人，應當自有關部門批准之日起30日內或者自發生納稅義務之日起30日內，主動依法向主管國家稅務機關申報辦理開業稅務登記。

（二）辦理開業稅務登記的地點

（1）納稅企業和事業單位向當地主管國家稅務機關申報辦理開業稅務登記。

（2）納稅企業和事業單位跨縣（市）、區設立的分支機構和從事生產經營的場所，除總機構向當地主管國家稅務機關申報辦理開業稅務登記外，分支機構還應當向其所在地主管國家稅務機關申報辦理開業稅務登記。

（3）有固定生產經營場所的個體工商戶向經營地主管國家稅務機關申報辦理開業稅務登記；流動經營的個體工商戶，向戶籍所在地主管國家稅務機關申報辦理

開業稅務登記。

（4）對未領取營業執照從事承包、租賃經營的納稅人，向經營地主管國家稅務機關申報辦理開業稅務登記。

（三）辦理開業稅務登記的手續

（1）營業執照或其他核准執業證件及工商登記表或其他核准執業登記表複印件。

（2）有關機關、部門批准設立的文件。

（3）有關合同、章程、協議書。

（4）法定代表人和董事會成員名單。

（5）法定代表人（負責人）或業主居民身分證、護照或者其他證明身分的合法證件。

（6）組織機構統一代碼證書。

（7）銀行帳號證明。

（8）住所或經營場所證明。

（9）委託代理協議書複印件（僅適用於委託稅務代理的單位附送）。

（10）稅務機關需要的其他資料。

（四）填報稅務登記表

納稅人領取稅務登記表一式兩份，稅務機關存一份，納稅人保留一份。納稅人應當按照規定內容逐項如實填寫，並加蓋企業印章，經法定代表人簽字或業主簽字後，將稅務登記表報送主管國家稅務機關。

不同納稅人填報不同的稅務登記表，內資企業填報表9-4所示的稅務登記表，個體經營戶填報表9-5所示的稅務登記表，企業分支機構填報表9-6所示的稅務登記表。

表9-4　　　　　　（DJ001）稅務登記表（適用於內資企業）

納稅人名稱					
法定代表人（負責人）		身分證件名稱		證件號碼	
註冊地址				郵政編碼	
生產經營地址				郵政編碼	
生產經營範圍	主營				
	兼營				
所屬主管單位					

第九章 出納辦稅實務

表9-4(續)

發照工商機關	工商機關名稱				
	營業執照名稱		營業執照字號		
	發照日期	年 月 日	開業日期	年 月 日	
	有效期限	年 月 日至 年 月 日			

開戶銀行名稱	銀行帳號	幣　種	是否繳稅帳號

生產經營期限	年 月 日至 年 月 日		從業人數	
經營方式		登記註冊類型	行　業	
財務負責人		辦稅人員	聯繫電話	
辦稅人員證件名稱			辦稅人員證件號碼	
隸屬關係			註冊資本（幣種）	

投資方名稱	投資金額	投資幣種	與美元匯率比價	所占投資比例	分配比例

會計報表種類	
低值易耗品攤銷方法	
折舊方式	

所屬非獨立核算的分支機構	納稅人識別號	納稅人名稱	生產經營地址	負責人

E-mail(電子郵件)地址	

法定代表人（負責人）簽章：

　　　　　　　　　　　　　　　納稅人（簽章）

　填表日期：　　年　　月　　日
　以下由受理登記稅務機關填寫：
　核准稅務登記日期：　　年　　月　　日　　稅務登記證發放日期：　　年　　月　　日
　納稅人狀態：
　所屬稅務機關（公章）　　　　　　稅務登記經辦人（簽章）

表9-5　　　　　（DJ005）稅務登記表（適用於個體經營）

納稅人名稱							業主照片
註冊地址				郵政編碼			
生產經營地址				郵政編碼			
業主姓名			身分證件名稱		證件號碼		
業主住所				聯繫電話			

合夥人情況	姓名	證件類型	身分證件號碼	聯繫電話	郵政編碼	住所

生產經營範圍	主營	
	兼營	

發照工商機關	工商機關名稱			
	營業執照名稱		營業執照字號	
	發照日期	年　月　日	開業日期	年　月　日
	有效期限	年　月　日至　年　月　日		

銀行種類	開戶銀行名稱	銀行帳號	幣種	是否繳稅帳號

生產經營期限	年　月　日至　年　月　日	從業人數	
經營方式		登記註冊類型代碼		行業代碼	
註冊資本		註冊幣種	
投資總額		投資幣種	
所在市場			
攤位號			
商品貨物存放地址		面積	
E-mail(電子郵件)地址			

納稅人（簽章）

填表日期：　年　月　日

以下由受理登記稅務機關填寫

核准稅務登記日期：　年　月　日　　　稅務登記證發放日期：　年　月　日

納稅人狀況：　　　　　　　　　　　受理登記日期：　年　月　日

所屬稅務機關（公章）　　　　　　　稅務登記經辦人（簽章）

第九章 出納辦稅實務

表 9-6　　　　（DJ003）稅務登記表（適用於企業分支機構）

納稅人名稱					
法定代表人（負責人）		法人證件類型		證件號碼	
註冊地址				郵政編碼	
生產經營地址				郵政編碼	
生產經營範圍	主　營				
	兼　營				
合同（章程）批准機關	批准機關				
	批准文號			批准日期	年　月　日
發照工商機關	工商機關名稱				
	營業執照名稱			營業執照字號	
	發照日期	年　月　日		開業日期	年　月　日
	有效期限	年　月　日至　年　月　日			
生產經營期限	年　月　日至　年　月　日			從業人數	
經營方式代碼		登記註冊類型代碼		行業代碼	
財務負責人		辦稅人員		聯繫電話	
辦稅人員證件名稱				證件號碼	
隸屬關係代碼		註冊資本		註冊資本幣種	
銀行種類	開戶銀行名稱	銀行帳號	幣種	是否繳稅帳號	
會計報表種類					
低值易耗品攤銷方法					
折舊方式					
總機構情況	納稅人識別號				
	納稅人名稱				
	國別				
	註冊地址				
	註冊資本		註冊資本幣種		
	登記註冊類型				
	經營範圍				
	法定代表人				
	主管稅務機關				
E-mail（電子郵件）地址					

法定代表人（負責人）簽章：

　　　　　　　　　　　　　　　　　　　納稅人（簽章）：
　　　　　　　　　　　　　　　　　　　填表日期：　年　月　日

以下由受理登記稅務機關填寫
核准稅務登記日期：　年　月　日　　稅務登記證發放日期：　年　月　日
納稅人狀況：　　　　　　　　　　　受理登記日期：　年　月　日
稅務登記機關（公章）　　　　　　　稅務登記經辦人（簽章）

出納實務教程

(五) 領取稅務登記證件

納稅人報送的稅務登記表和提供的有關證件、資料，經主管國家稅務機關審核後，報有關國家稅務機關批准予以登記的，應當按照規定的期限到主管國家稅務機關領取稅務登記證或者註冊稅務登記證及其副本，並按規定繳付工本管理費。

(六) 開業稅務登記流程

開業稅務登記流程如圖 9-1 所示。

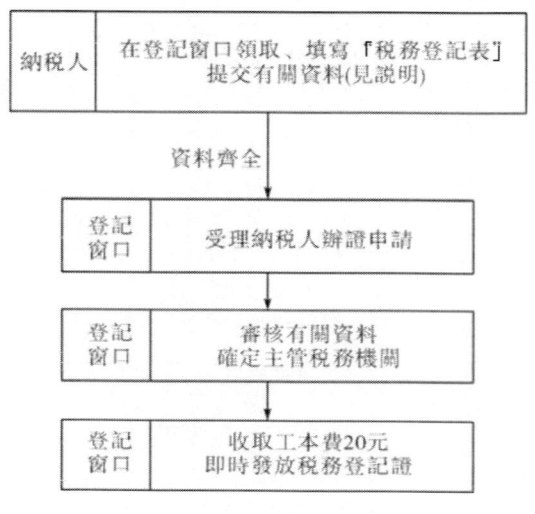

```
┌─────┐   ┌──────────────────────┐
│納稅人│──▶│在登記窗口領取、填寫『稅務登記表』│
│     │   │提交有關資料(見說明)      │
└─────┘   └──────────────────────┘
                    │
                 資料齊全
                    ▼
          ┌─────┐ ┌──────────────┐
          │登記 │ │受理納稅人辦證申請│
          │窗口 │ │              │
          └─────┘ └──────────────┘
                    │
                    ▼
          ┌─────┐ ┌──────────────┐
          │登記 │ │審核有關資料    │
          │窗口 │ │確定主管稅務機關│
          └─────┘ └──────────────┘
                    │
                    ▼
          ┌─────┐ ┌──────────────┐
          │登記 │ │收取工本費20元  │
          │窗口 │ │即時發放稅務登記證│
          └─────┘ └──────────────┘
```

圖 9-1　開業稅務登記流程圖

三、變更稅務登記

(一) 納稅人變更稅務登記的緣由

納稅人改變名稱、法定代表人或者業主姓名、經濟類型、經濟性質、住所或者經營地點（指不涉及改變主管國家稅務機關）、生產經營範圍、經營方式、開戶銀行及帳號等內容的，納稅人應當自工商行政管理機關辦理變更登記之日起 30 日內，持下列有關證件向原主管國家稅務機關提出變更登記書面申請報告：

(1) 企業名稱變更核准通知書及變更登記表（工商部門提供）。

(2) 企業營業執照。

(3) 稅務登記證。

(4) 組織機構代碼。

(5) 金融許可證。

(6) 單位更名時報工商局的所有文件（工商部門提供）。

(7) 產權證或國土證複印件（無國土證的提供出讓合同和稅票，產權未貼完稅花的要提供產權來源的相關資料或稅票）。

第九章 出納辦稅實務

（8）新舊公司章程（工商部門提供）。
（9）主管稅務機關需要的其他資料。
以上資料看原件，收複印件加蓋鮮章。

納稅人按照規定不需要在工商行政管理機關辦理註冊登記的，應當自有關機關批准或者宣布變更之日起 30 日內，持有關證件向原主管國家稅務機關提出變更登記書面申請報告。

（二）填報稅務變更登記表

納稅人辦理變更登記時，應當向主管國家稅務機關領取稅務變更登記表（如表 9-7 所示），一式兩份（稅務機關留一份，企業留一份），按照表格內容逐項如實填寫，加蓋企業或業主印章後，於領取變更稅務登記表之日起 10 日內報送主管國家稅務機關。

表 9-7　　　　　　　　（DJ008）稅務變更登記表

納稅人識別號：
納稅人名稱：

變更登記事項		
序號	變更項目	變更前內容	變更後內容

送繳證件情況：

　　　　　　　　　　　　　　　　　　　　　　納稅人（簽章）
法定代表人（負責人）：　　　**辦稅人員：**　　　年　　月　　日

主管稅務機關審批意見

　　　　　　　　　　　　　　　　　　　　　　　（公章）
負責人：　　　　　　　經辦人：　　　　　　　年　　月　　日

註：（1）涉及稅務登記內容變化的，均應辦理變更登記。
　　（2）本表為 A4 豎式。

出納實務教程

(三) 領取變更稅務登記證件

經主管國家稅務機關核准後，報有關國家稅務機關批准予以變更的，應當按照規定的期限到主管國家稅務機關領取填發的稅務登記證等有關證件，並按規定繳付工本管理費。

(四) 變更稅務登記流程

變更稅務登記流程如圖9-2所示。

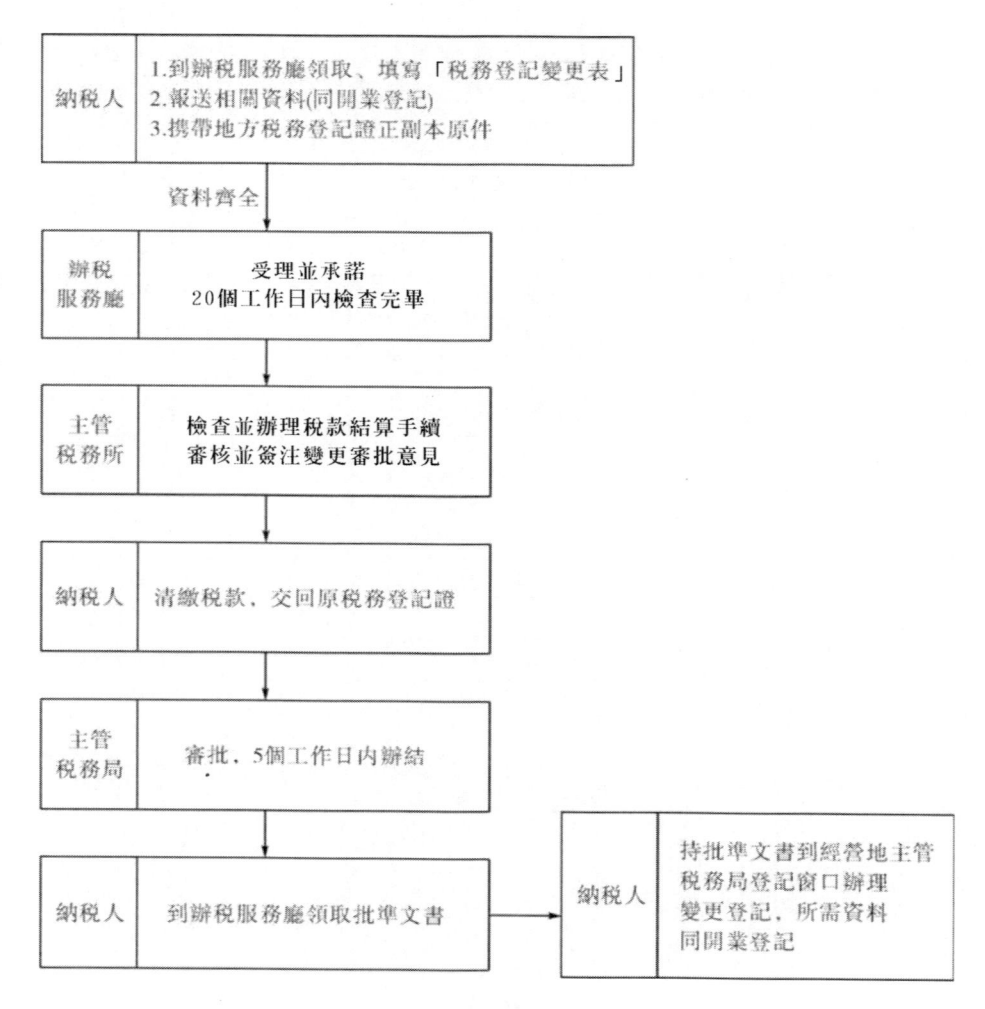

```
┌─────────┬──────────────────────────────────────────┐
│ 納稅人  │ 1.到辦稅服務廳領取、填寫「稅務登記變更表」│
│         │ 2.報送相關資料(同開業登記)                │
│         │ 3.攜帶地方稅務登記證正副本原件            │
└─────────┴──────────────────────────────────────────┘
                    │ 資料齊全
                    ▼
┌─────────┬──────────────────────────────────────────┐
│ 辦稅    │ 受理並承諾                                │
│ 服務廳  │ 20個工作日內檢查完畢                      │
└─────────┴──────────────────────────────────────────┘
                    ▼
┌─────────┬──────────────────────────────────────────┐
│ 主管    │ 檢查並辦理稅款結算手續                    │
│ 稅務所  │ 審核並簽注變更審批意見                    │
└─────────┴──────────────────────────────────────────┘
                    ▼
┌─────────┬──────────────────────────────────────────┐
│ 納稅人  │ 清繳稅款，交回原稅務登記證                │
└─────────┴──────────────────────────────────────────┘
                    ▼
┌─────────┬──────────────────────────────────────────┐
│ 主管    │ 審批，5個工作日內辦結                     │
│ 稅務局  │                                           │
└─────────┴──────────────────────────────────────────┘
                    ▼
┌─────────┬─────────────────────────┐    ┌─────────┬──────────────────────────┐
│ 納稅人  │ 到辦稅服務廳領取批准文書 │───▶│ 納稅人  │ 持批准文書到經營地主管   │
│         │                         │    │         │ 稅務局登記窗口辦理       │
│         │                         │    │         │ 變更登記，所需資料       │
│         │                         │    │         │ 同開業登記               │
└─────────┴─────────────────────────┘    └─────────┴──────────────────────────┘
```

圖9-2 變更稅務登記流程圖

四、註銷稅務登記

（一）註銷登記的對象和時間

（1）納稅人發生破產、解散、撤銷以及其他依法應當終止履行納稅義務的，應當在向工商行政管理機關辦理註銷登記前，持有關證件向原主管國家稅務機關提出註銷稅務登記書面申請報告；未辦理工商登記的，應當自有權機關批准或者宣布終止之日起 15 日內，持有關證件向原主管國家稅務機關提出註銷稅務登記書面申請報告。

（2）納稅人因變動經營地點、住所而涉及改變主管國家稅務機關的，應當在向工商行政機關申報辦理變更或者註銷工商登記前，或者在經營地點、住所變動之前申報辦理註銷稅務登記，同時納稅人應當自遷達地工商行政管理機關辦理工商登記之日起 15 日內或者在遷達地成為納稅人之日起 15 日內重新辦理稅務登記。其程序和手續比照開業稅務登記辦理。

（3）納稅人被工商行政管理機關吊銷營業執照的，應當自營業執照被吊銷之日起 15 日內，向原主管國家稅務機關提出註銷稅務登記書面申報報告。

（二）註銷登記的要求

納稅人在辦理註銷稅務登記前，應當向原主管國家稅務機關繳清應納稅款、滯納金、罰款，繳銷原主管國家稅務機關核發的稅務登記證及其副本、註冊稅務登記證及其副本、未使用的發票、發票領購簿、發票專用章、稅收繳款書和國家稅務機關核發的其他證件。

（三）註銷登記的手續

納稅人辦理註銷稅務登記時，應當向主管國家稅務機關領取註銷稅務登記申請表（如表 9-8 所示），一式兩份，並根據表內的內容逐項如實填寫，加蓋企業印章後，於領取註銷稅務登記表之日起 10 日內報送主管國家稅務機關，經主管國家稅務機關核准後，報有關國家稅務機關批准予以註銷。

表 9-8　　　　　　　　（DJ015）註銷稅務登記申請審批表

納稅人識別號：☐☐☐☐☐☐☐☐☐☐☐☐☐☐☐
納稅人名稱：

聯繫地址				聯繫電話		
註銷原因						
批准機關	名　　稱					
	批准文號及日期					
遷入地稅務機關代碼						
稅務機關名稱						
遷入地址						

　　　　　　　　　　　　　　　　　　　　　　　　　納稅人（簽章）
法定代表人（負責人）：　　　　辦稅人員：　　　　　　　年　　月　　日

以下由稅務機關填寫

稅政環節意見	實際經營期限		已享受稅收優惠		
	負責人：　　　　　經辦人：　　　　　　　　年　　月　　日				
發票管理環節繳銷發票情況	發票代碼				
	發票名稱				
	購領發票數量				
	已使用發票數量				
	結存發票數量				
	起止號碼				
	發票領購簿名稱		證件號碼		
	負責人：　　　　　經辦人：　　　　　　　　年　　月　　日				
稽查環節清算情況	負責人：　　　　　經辦人：　　　　　　　　年　　月　　日				
徵收環節結算清繳稅款情況	負責人：　　　　　經辦人：　　　　　　　　年　　月　　日				
登記管理環節審核意見	稅務登記證正本		稅務登記證副本		其他有關證件
	號碼		數量	號碼	數量　　號碼
	負責人：　　　　　經辦人：　　　　　　　　年　　月　　日				
分支機構納稅人識別號		分支機構名稱	稅務登記註銷情況		主管稅務機關
批准意見	主管稅務機關：　　　　　　　　　　　　　　　　　　　　（公章）　　　　　　　　負責人簽字：　　　　　　　　　　　　　　　年　　月　　日				

註：（1）本表一式兩份，一份稅務機關留存，一份交納稅人。
　　（2）本表為 A4 豎式。

第九章　出納辦稅實務

（四）註銷稅務登記流程

註銷稅務登記流程如圖9-3所示。

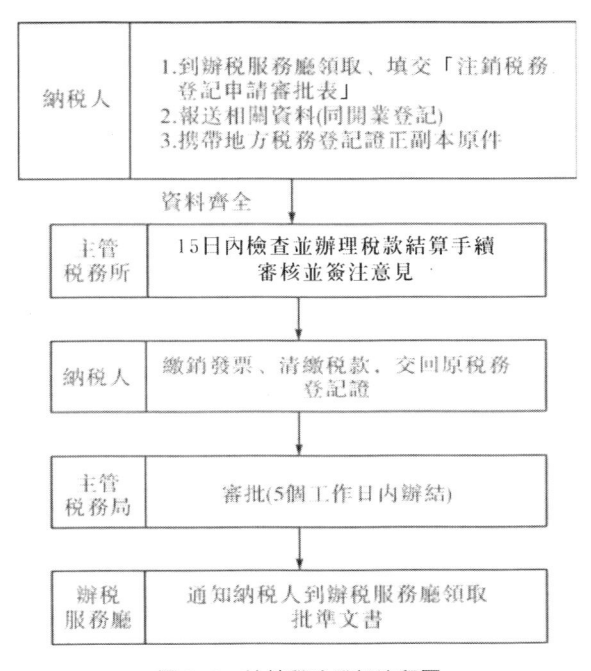

```
┌─────────┐   1.到辦稅服務廳領取、填交「註銷稅務
│ 納稅人  │     登記申請審批表」
│         │   2.報送相關資料(同開業登記)
│         │   3.攜帶地方稅務登記證正副本原件
└─────────┘
     │ 資料齊全
     ▼
┌─────────┐
│ 主管    │   15日內檢查並辦理稅款結算手續
│ 稅務所  │   審核並簽注意見
└─────────┘
     │
     ▼
┌─────────┐
│ 納稅人  │   繳銷發票、清繳稅款，交回原稅務
│         │   登記證
└─────────┘
     │
     ▼
┌─────────┐
│ 主管    │   審批(5個工作日內辦結)
│ 稅務局  │
└─────────┘
     │
     ▼
┌─────────┐
│ 辦稅    │   通知納稅人到辦稅服務廳領取
│ 服務廳  │   批準文書
└─────────┘
```

圖9-3　註銷稅務登記流程圖

五、稅務登記證的使用、管理和驗證、換證

（一）稅務登記證的使用、管理

（1）納稅人領取稅務登記證或者註冊稅務登記證後，應當在其生產、經營場所內明顯易見的地方張掛，亮證經營。出縣（市）經營的納稅人必須持有所在地國家稅務機關填發的「外出經營活動稅收管理證明」、稅務登記證或者註冊稅務登記證的副本，向經營地國家稅務機關報驗登記，接受稅務管理。

（2）納稅人辦理下列事項時必須持稅務登記證副本或者註冊稅務登記證副本：申請減稅、免稅、退稅、先徵稅後返還；申請領購發票；申請辦理「外出經營活動稅收管理證明」；其他有關稅務事項。

（3）稅務登記證件只限納稅人自己使用，不得轉借、塗改、損毀、買賣或者偽造。

（4）納稅人稅務登記證件要妥善保管，如有遺失，應當在登報聲明作廢的同時，及時書面報告主管國家稅務機關，經國家稅務機關審查處理後，可申請補發新證，並按規定繳付工本管理費。

出納實務教程

(二) 稅務登記的驗證、換證

納稅人應當根據國家稅務機關的驗證或者換證通知，在規定的期限內，持有關證件到主管國家稅務機關申請辦理驗證或者換證手續。

六、違反稅務登記規定的法律責任

(一) 未按規定辦理稅務登記的法律責任

納稅人未按照規定申報辦理開業稅務登記、註冊稅務登記、變更或者註銷稅務登記，以及未按規定申報辦理稅務登記驗證、換證的，應當依照主管國家稅務機關的通知按期改正。逾期不改正的，由國家稅務機關處以 2,000 元以下的罰款；情節嚴重的處以 2,000 元以上 10,000 元以下的罰款。

(二) 未按規定使用稅務登記證件的法律責任

納稅人未按規定使用稅務登記證件或者轉借、塗改、損毀、買賣、偽造稅務登記證件的，由國家稅務機關處以 2,000 元以下的罰款；情節嚴重的處以 2,000 元以上 10,000 元以下的罰款。

● 第四節　納稅申報

一、納稅申報的對象和期限

(一) 納稅申報的對象

下列納稅人或者扣繳義務人、代徵人應當按期向主管國家稅務機關辦理納稅申報或者代扣代繳、代收代繳稅款報告、委託代徵稅款報告：

(1) 依法已向國家稅務機關辦理稅務登記的納稅人。他們包括：各項收入均應當納稅的納稅人；全部或部分產品、項目或者稅種享受減稅、免稅照顧的納稅人；當期營業額未達起徵點或沒有營業收入的納稅人；實行定期定額納稅的納稅人；應當向國家稅務機關繳納企業所得稅以及其他稅種的納稅人。

(2) 按規定不需向國家稅務機關辦理稅務登記，以及應當辦理而未辦理稅務登記的納稅人。

(3) 扣繳義務人和國家稅務機關確定的委託代徵人。

(二) 納稅申報的期限

1. 各稅種的申報期限

繳納增值稅、消費稅的納稅人，以一個月為一期納稅的，於期滿後 10 日內申報，以 1、3、5、10、15 日為一期納稅的，自期滿之日起 5 日內預繳稅款，於次月 1 日起 10 日內申報並結算上月應納稅款。

繳納企業所得稅的納稅人應當在月份或者季度終了後 15 日內，向其所在地主管國

第九章 出納辦稅實務

家稅務機關辦理預繳所得稅申報；內資企業在年度終了後 45 日內，外商投資企業和外國企業在年度終了後 4 個月內向其所在地主管國家稅務機關辦理所得稅申報。

其他稅種，稅法已明確規定納稅申報期限的，按稅法規定的期限申報。

稅法未明確規定納稅申報期限的，按主管國家稅務機關根據具體情況確定的期限申報。

2. 申報期限的順延

納稅人辦理納稅申報的期限最後一日，如遇公休、節假日的，可以順延。

3. 延期辦理納稅申報

納稅人、扣繳義務人、代收代繳義務人按照規定的期限辦理納稅申報或者報送代扣代繳、代收代繳稅款報告表、委託代徵稅款報告表確有困難，需要延期的，應當在規定的申報期限內向主管國家稅務機關提出書面延期申請，經主管國家稅務機關核准，在核准的期限內辦理。納稅人、扣繳義務人、代徵人因不可抗力情形，不能按期辦理納稅申報或者報送代扣代繳、代收代繳稅款或委託代徵稅款報告的，可以延期辦理。但是，應當在不可抗力情形消除後立即向主管國家稅務機關報告。

二、納稅申報方式

(一) 上門申報

納稅人、扣繳義務人、代徵人應當在納稅申報期限內到主管國家稅務機關辦理納稅申報、代扣代繳、代收代繳稅款或委託代徵稅款報告。

上門申報繳稅流程如圖 9-4 所示。

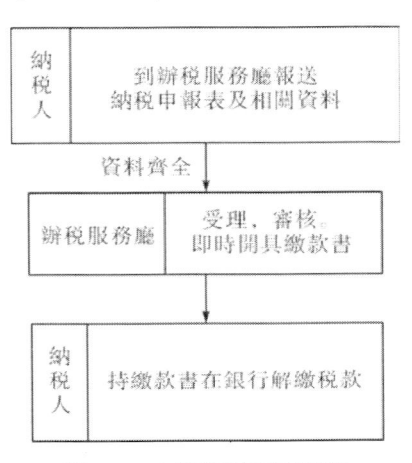

```
┌─────┬──────────────────────┐
│ 納  │  到辦稅服務廳報送     │
│ 稅  │  納稅申報表及相關資料  │
│ 人  │                      │
└─────┴──────────────────────┘
          │ 資料齊全
          ▼
┌─────────┬──────────────────┐
│ 辦稅服務廳 │  受理、審核、    │
│          │  即時開具繳款書   │
└─────────┴──────────────────┘
          │
          ▼
┌─────┬──────────────────────┐
│ 納  │                      │
│ 稅  │  持繳款書在銀行解繳稅款 │
│ 人  │                      │
└─────┴──────────────────────┘
```

圖 9-4 上門申報繳稅流程圖

(二) 郵寄申報

郵寄申報，是指經稅務機關批准的納稅人使用統一規定的納稅申報特快專遞專用信封，通過郵政部門辦理交寄手續，並向郵政部門索取收據作為申報憑據的方式。

出納實務教程

納稅人採取郵寄方式辦理納稅申報的，應當使用統一的納稅申報專用信封，並以郵政部門的收據作為申報憑據。郵寄申報以寄出的郵戳日期為實際申報日期。

(三) 數據電文申報

數據電文，是指經稅務機關確定的電話語音、電子數據交換和網路傳輸等電子方式。例如目前納稅人的網上申報，就是數據電文申報方式的一種形式。

以數據電文方式辦理納稅申報的，以稅務機關計算機網路系統收到該數據電文的時間為申報日期。

網上申報繳稅流程如圖9-5所示。

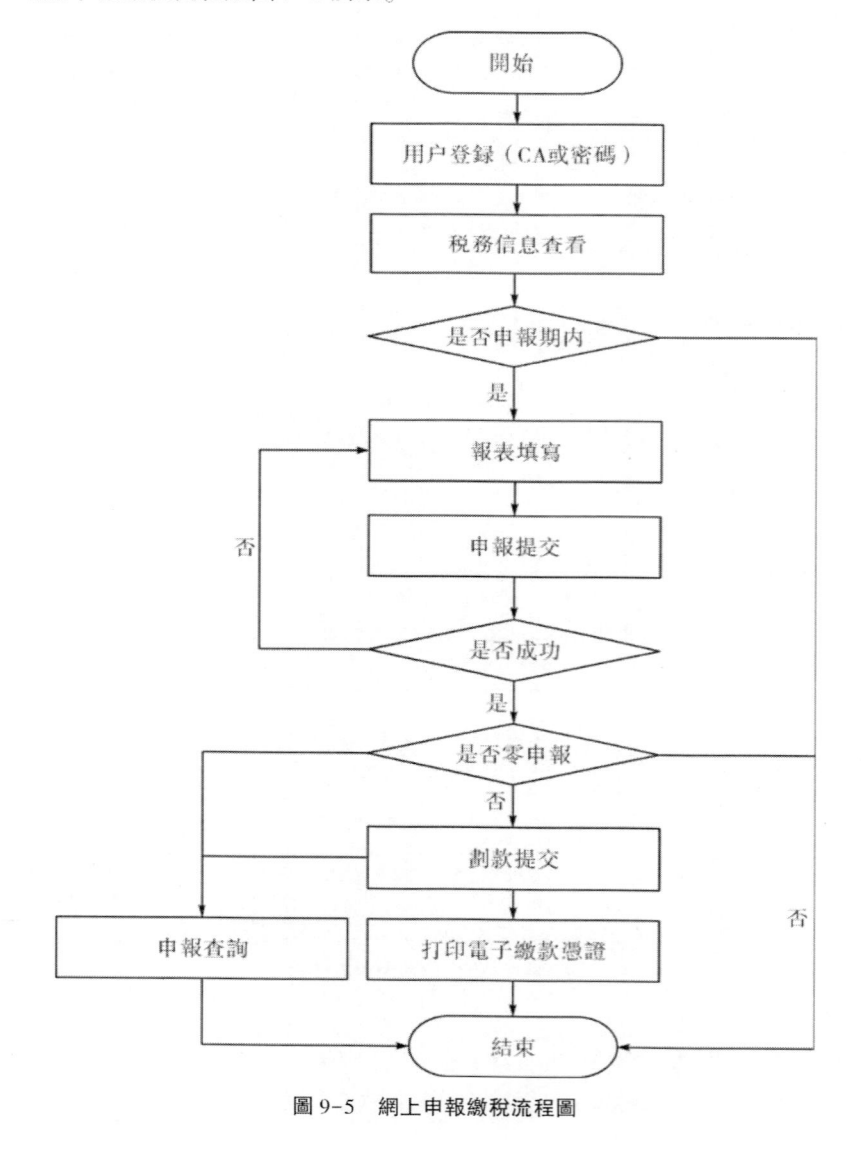

圖9-5 網上申報繳稅流程圖

第九章 出納辦稅實務

納稅人郵寄或電傳申報的須填寫郵寄（電子）申報申請審批表，如表9-9所示。

表9-9　　　　　　　　（HD011）郵寄（電子）申報申請審批表

納稅人識別號：☐☐☐☐☐☐☐☐☐☐☐☐☐☐☐

納稅人名稱：

郵政編碼		聯繫電話	
生產經營地址		填表日期	
申請期限			
申請郵寄（電子）申報的報表名稱			
申請郵寄（電子）申報的理由： 法定代表人（負責人）：　　　辦稅人員：　　　　（簽章）年　月　日			
主管稅務機關意見： 稅務所所長：　　　　　經辦人：　　　　　（公章）年　月　日			

註：（1）本表一式一份，由稅務機關留存。
　　（2）本表為A4豎式。

（四）現場申報

對臨時取得應稅收入以及在市場內從事經營的納稅個人，經主管國家稅務機關批准，可以在經營現場口頭向主管國家稅務機關（人員）申報。

253

三、納稅申報的要求

（一）領取並填寫稅收申報表

納稅人、扣繳義務人、代收代繳義務人應當到當地國家稅務機關購領納稅申報表或者代扣代繳、代收代繳稅款報告表、委託代徵稅款報告表，按照表格內容全面、如實填寫，並按規定加蓋印章。

（二）納稅人辦理納稅申報時應提供的有關資料

納稅人辦理納稅申報時，應根據不同情況提供下列有關資料和證件：

（1）財務、會計報表及其說明材料；

（2）增值稅專用發票領、用、存月報表，增值稅銷項稅額和進項稅額明細表；

（3）增值稅納稅人先徵後返還申請表；

（4）外商投資企業超稅負返還申請表；

（5）與納稅有關的經濟合同、協議書、聯營企業利潤轉移單；

（6）未建帳的個體工商戶，應當提供收支憑證粘貼簿、進貨銷貨登記簿；

（7）外出經營活動稅收管理證明；

（8）境內或者境外公證機構出具的有關證明文件；

（9）國家稅務機關規定應當報送的其他證件、資料。

（三）扣繳義務人或者代收代繳義務人申報納稅

扣繳義務人或者代收代繳義務人應當按照規定報送代扣代繳、代收代繳稅款的報告表或者委託代徵稅款報告表，代扣代繳、代收代繳稅款或者委託代徵稅款的合法憑證，與代扣代繳、代收代繳稅款或者委託代徵稅款有關的經濟合同、協議書。

四、違反納稅申報規定的法律責任

（1）納稅人未按照規定的期限辦理納稅申報的，或者扣繳義務人、代收代繳義務人未按照規定的期限向國家稅務機關報送代扣代繳、代收代繳稅款報告表的，由國家稅務機關責令限期改正，並可以處以 2,000 元以下的罰款；逾期不改正的，可以處以 2,000 元以上 10,000 元以下的罰款。

（2）一般納稅人不按規定申報並核算進項稅額、銷項稅額和應納稅額的，除按前款規定處罰外，在一定期限內還可取消其進項稅額抵扣資格和專用發票使用權，其應納增值稅，一律按銷售額和規定的稅率計算徵稅。

第五節　稅款繳納

一、稅款繳納與支付的方式

（一）稅款繳納方式

納稅人應當按照主管國家稅務機關確定的徵收方式繳納稅款。稅款繳納的方式主要有自核自繳、申報核實繳納、申報查定繳納和定額申報繳納四種。

1. 自核自繳

生產經營規模較大、財務製度健全、會計核算準確、一貫依法納稅的企業，經主管國家稅務機關批准，企業依照稅法規定，自行計算應納稅款，自行填寫、審核納稅申報表，自行填寫稅收繳款書（如表9-9所示），到開戶銀行解繳應納稅款，並按規定向主管國家稅務機關辦理納稅申報並報送納稅資料和財務會計報表。

2. 申報核實繳納

生產經營正常，財務製度基本健全、帳冊、憑證完整、會計核算較準確的企業，依照稅法規定計算應納稅款，自行填寫納稅申報表，按照規定向主管國家稅務機關辦理納稅申報，並報送納稅資料和財務會計報表。經主管國家稅務機關審核，並填開稅收繳款書，納稅人按規定期限到開戶銀行繳納稅款。

3. 申報查定繳納

財務製度不夠健全、帳簿憑證不完備的固定業戶，應當如實向主管國家稅務機關辦理納稅申報並提供其生產能力、原材料、能源消耗情況及生產經營情況等，經主管國家稅務機關審查測定或實地查驗後，填開稅收繳款書或者完稅證，納稅人按規定期限到開戶銀行或者稅務機關繳納稅款。

4. 定額申報繳納

生產經營規模較小、確無建帳能力或者帳證不健全、不能提供準確納稅資料的固定業戶，按照國家稅務機關核定的營業（銷售）額和徵收率，按規定期限向主管國家稅務機關申報繳納稅款。納稅人實際營業（銷售）額與核定額相比升降幅度在20%以內的，仍按核定營業（銷售）額計算申報繳納稅款；對當期實際營業（銷售）額上升幅度超過20%的，按當期實際營業（銷售）額計算申報繳納稅款；當期實際營業（銷售）額下降幅度超過20%的，當期仍按核定營業（銷售）額計算申報繳納稅款，經主管國家稅務機關調查核實後，其多繳稅款可在下期應納稅款中予以抵扣。需要調整定額的，向主管國家稅務機關申請調升或調降定額。但是對定額的調整規定不適用實行起點定額或保本定額繳納稅款的個體工商戶。

（二）稅款支付的方式

1. 轉帳支付

轉帳支付是指納稅人根據稅務機關填制的繳款書通過開戶銀行轉帳繳納稅款的

出納實務教程

方式。

2. 專用信用卡支付

專用信用卡支付是指納稅人用信用卡繳納稅款的方式。

3. 現金支付

現金支付是指納稅人用現金繳納稅款的方式。

二、稅款繳納流程

(一) 自核自繳式稅款繳納流程

1. 自核自繳式稅款繳納

自核自繳式，是一種由納稅人自行計稅、自行填票、自行繳款的稅款繳納方式，其核心是稅收繳款書由納稅人自行填寫。該方式的報稅程序如圖9-6所示。

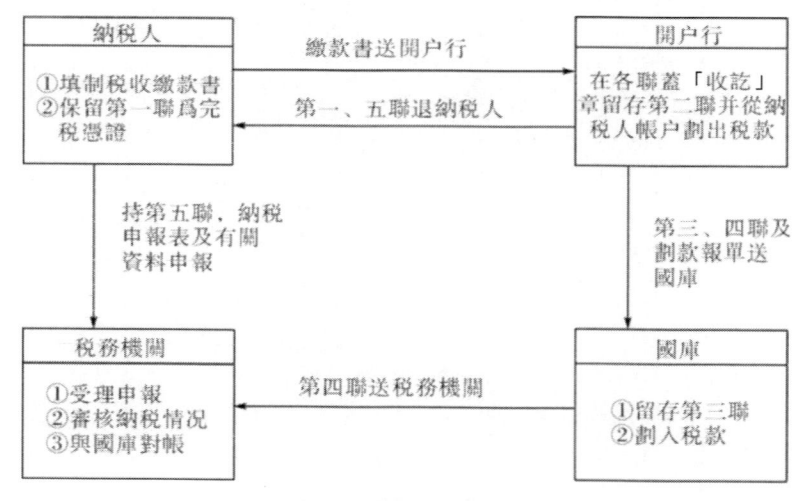

```
┌─────────────────┐   繳款書送開戶行    ┌─────────────────┐
│     納稅人      │ ──────────────→    │     開戶行      │
│ ①填制稅收繳款書 │                    │ 在各聯蓋「收訖」│
│ ②保留第一聯為完 │ ←──────────────   │ 章留存第二聯并從│
│   稅憑證        │  第一、五聯退納稅人 │ 納稅人帳戶劃出稅款│
└─────────────────┘                    └─────────────────┘
        │                                       │
   持第五聯，納稅                         第三、四聯及
   申報表及有關                           劃款報單送
   資料申報                               國庫
        ↓                                       ↓
┌─────────────────┐                    ┌─────────────────┐
│   稅務機關      │ ←──────────────    │     國庫        │
│ ①受理申報      │  第四聯送稅務機關   │ ①留存第三聯    │
│ ②審核納稅情況  │                    │ ②劃入稅款      │
│ ③與國庫對帳    │                    │                 │
└─────────────────┘                    └─────────────────┘
```

圖9-6　自核自繳流程圖

2. 自核自繳式稅款繳納具體操作程序

（1）企業領取稅收繳款書（如表9-10所示），按表中項目自行計算應納稅款，並逐項填寫，一式五聯。

（2）企業將稅收繳款書送開戶銀行。

（3）銀行收到稅收繳款書後，在繳款書的各聯加蓋「收訖」的印章，並當即將第一聯（收據聯）和第五聯（報查聯）退回給小企業經辦人，留存第二聯（支付憑證聯），並從企業帳戶中劃出稅款；同時將第三聯（收款憑證聯）和第四聯（回執聯）及劃款報單送國庫。

（4）國庫留存第三聯作為國庫的收入憑證，表示稅款已經入庫，將第四聯隨預算收入日報表退回同級稅務機關，作為稅務機關掌握稅款入庫的憑證。

第九章 出納辦稅實務

（5）企業保存第一聯為完稅憑證，並持第五聯和納稅申報表及相關資料到稅務機關申報。

（6）稅務機關受理小企業的納稅申報，審核納稅情況，並與國庫對帳。

表 9-10　　　　　　　　　中華人民共和國稅收繳款書

隸屬關係：　　　　　　　　　　　　　　　　　　（　）國繳　號
經濟類型：　　　　　填發日期：　年　月　日　　　徵收機關

繳款單位（人）	識別號									預算科目	款									第一聯（收據）國庫經收處收款蓋章後退繳款單位人作完稅憑證
	全稱										項									
	開戶銀行										級次									
	帳號									收繳國庫										

無銀行收訖章無效	稅款所屬時期　年　月　日				稅款限繳日期　年　月　日					
	品目名稱	課稅數量	計稅金額或銷售收入	稅率或單位稅額	已繳或扣除額	實繳金額				
	金額合計	（大寫）億 仟 佰 拾 萬 仟 佰 拾 元 角 分								
	繳款單位（人）（蓋章）　　經辦人（章）	稅務機關（蓋章）　　填票人（章）	上列款項已收妥並劃轉收款單位帳戶國庫（銀行）（蓋章）　年　月　日			備註				

第二聯

繳款單位（人）（蓋章）　　經辦人（章）	稅務機關（蓋章）　　填票人（章）	上列款項已從繳款單位（人）帳戶支付並劃轉收款單位帳戶　　國庫（銀行）（蓋章）　年　月　日	會計分錄　借方：　貸方：　轉帳日期　　　年　月　日　復核員　記帳員	備註：

逾期不繳按稅法規定加收滯納金

第三聯

繳款單位（人）（蓋章）	稅務機關（蓋章）	上列款項已收入收款單位帳戶 國庫（銀行）（蓋章） 年　月　日	會計分錄 借方： 貸方： 復核員　記帳員	備註：
經辦人（章）	填票人（章）			

逾期不繳按稅法規定加收滯納金

第四聯

繳款單位（人）（蓋章）	稅務機關（蓋章）	上列款項已核收記入收款單位帳戶 國庫（銀行）蓋章　　年　月　日	備註：
經辦人（章）	填票人（章）		

逾期不繳按稅法規定加收滯納金

第五聯

繳款單位（人）（蓋章）	稅務機關（蓋章）	上列款項已被收記入收款單位帳戶 國庫（銀行）蓋章　　年　月　日	備註：
經辦人（章）	填票人（章）		

逾期不繳按稅法規定加收滯納金

第六聯

繳款單位（人）（蓋章）	稅務機關（蓋章）	上列款項已核收記入收款單位帳戶 國庫（銀行）蓋章　　年　月　日	備註：
經辦人（章）	填票人（章）		

逾期不繳按稅法規定加收滯納金

（二）自報核繳式稅款繳納流程

　　自報核繳式，又稱稅務機關開票式，這是目前運用最廣的稅款繳納方式。該方

第九章　出納辦稅實務

式是以稅務機關根據納稅人的納稅申報表填開稅收繳款書為核心進行的，其程序如圖 9-7 所示。

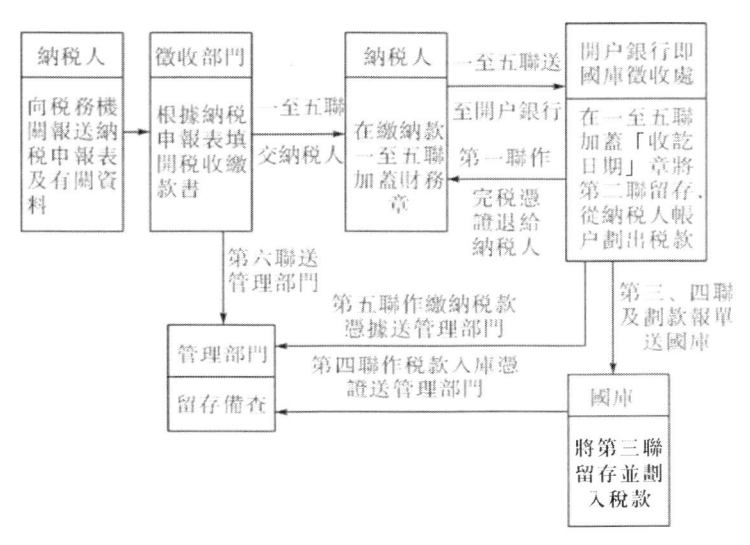

圖 9-7　自報核繳流程圖

自報核繳式稅款繳納具體操作程序如下：

（1）企業領取納稅申報表並按表中項目逐項填寫。

（2）企業到基層稅務機關送交納稅申報表，基層稅務機關根據納稅申報表填開一式六聯的稅收繳款書，將第六聯（存根聯）留存，並將其餘五聯全部交企業。

（3）企業在繳款書各聯上加蓋企業的財務專用章後，自行送上開戶銀行。如果是用現金繳納的，還應當將現金送指定銀行。

（4）銀行收到稅收繳款書後，在繳款書的各聯加蓋「收訖」的印章，並當即將第一聯（收據聯）退回給企業經辦人，作為企業的完稅憑證；第二聯（支付憑證聯）代替支票由開戶銀行留存，作為繳款人存款帳戶的支付憑證或現金收入傳票；銀行將第三聯（收款憑證聯）和第四聯（回執聯）與銀行劃款報單一起上劃其管轄支行，再由支行當天劃轉國庫，第三聯作為國庫的收入憑證，表示稅款已經入庫，第四聯由國庫將其隨預算收入日報表退回同級稅務機關，作為稅務機關掌握稅款入庫的憑證；第五聯（報查聯）直接由開戶銀行退送基層稅務機關，作為基層稅務機關掌握各個納稅人稅款入庫的憑證。

（三）銀行信用卡繳稅方式

銀行信用卡繳稅方式，是指納稅人必須按照稅務機關的要求到指定銀行提前存入足額的款項，然後攜帶「儲蓄卡」「納稅卡」、納稅申報表和有關納稅資料到稅務機關辦理納稅手續的繳稅方式。其報稅程序如圖 9-8 所示。

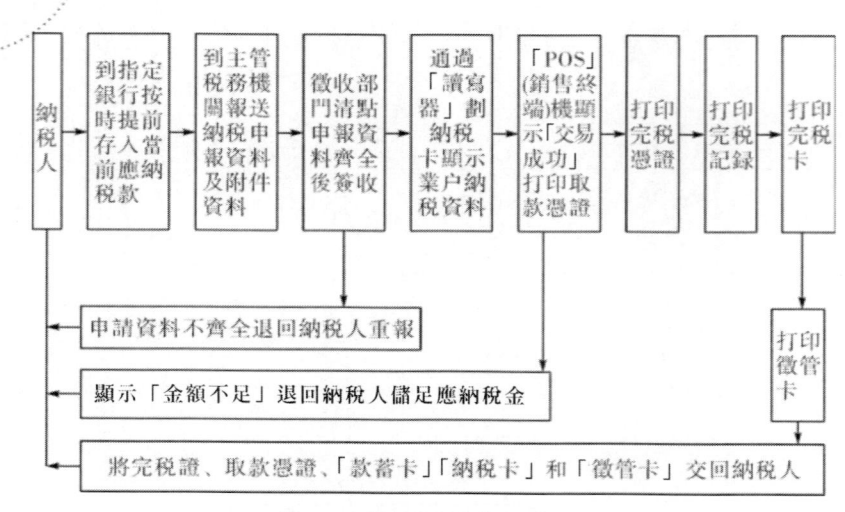

圖 9-8　銀行信用卡繳稅流程圖

銀行信用卡繳稅具體操作程序如下：
（1）企業經辦人員到稅務機關指定的銀行，提前存入當期的應納稅款。
（2）企業經辦人員到主管稅務機關報送納稅申報資料及附件資料。
（3）稅務機關徵收部門審核申報資料，初審合格簽收，不齊全的退回，企業重報。
（4）通過「讀寫器」劃「納稅卡」，顯示納稅人的納稅資料。
（5）通過「POS」機劃儲蓄卡顯示「交易成功」，則打印取款憑證；若顯示「餘額不足」，稅務機關則將儲蓄卡退回納稅人，待存足款項後再辦理。
（6）通過電腦打印完稅憑證和打印徵管卡。

思考題

1. 中國目前主要的稅種有哪些？
2. 出納人員如何辦理變更稅務登記？
3. 中國目前納稅申報的方式有哪些？
4. 中國目前稅款繳納的方式有哪些？

第九章　出納辦稅實務

討論題

出納人員在工作中可能會參與哪些稅務事項？應當掌握哪些知識和技能才能正確辦理各種稅務事項？

實驗項目

實驗項目名稱：網上報稅

（一）實驗目的及要求

通過本實驗掌握網上報稅基本技能。

要求同學們至少完成一種稅的網上報稅全部操作過程。

（二）實驗設備、資料

1. 計算機。
2. 企業稅收資料。

（三）實驗內容與步驟

1. 將同學們按每5位一組進行分組，每組同學準備一套企業稅收資料。
2. 登錄四川省地方稅務局網上申報系統。
3. 用戶登錄。
4. 納稅申報：

（1）徵期內申報繳款提示；

（2）申報表填寫；

（3）申報提交；

（4）劃款提交；

（5）申報查詢；

（6）申報期內補報；

（7）劃款狀態查詢；

（8）打印電子繳款憑證。

（四）實驗結果（結論）

1. 瞭解網上報稅的基本知識。
2. 熟悉網上報稅的基本程序。
3. 掌握網上報稅的基本方法與技巧。

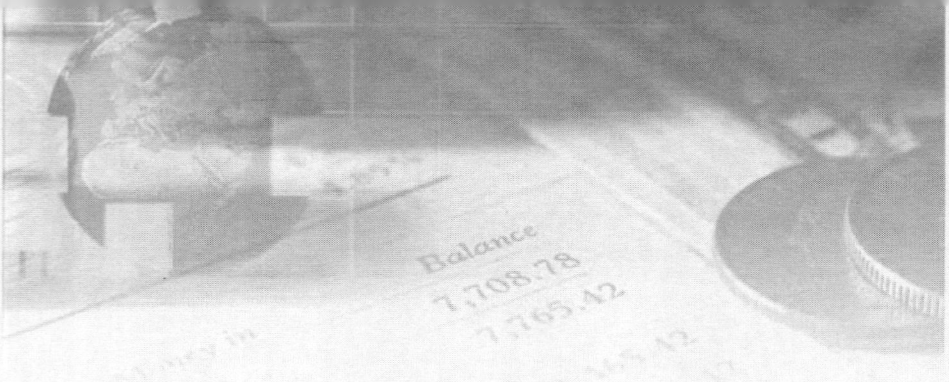

第十章　票據和結算憑證式樣

第一節　銀行匯票及相關憑證式樣

一、銀行匯票

銀行匯票一式四聯，式樣如圖 10-1、圖 10-2、圖 10-3、圖 10-4、圖 10-5 所示。

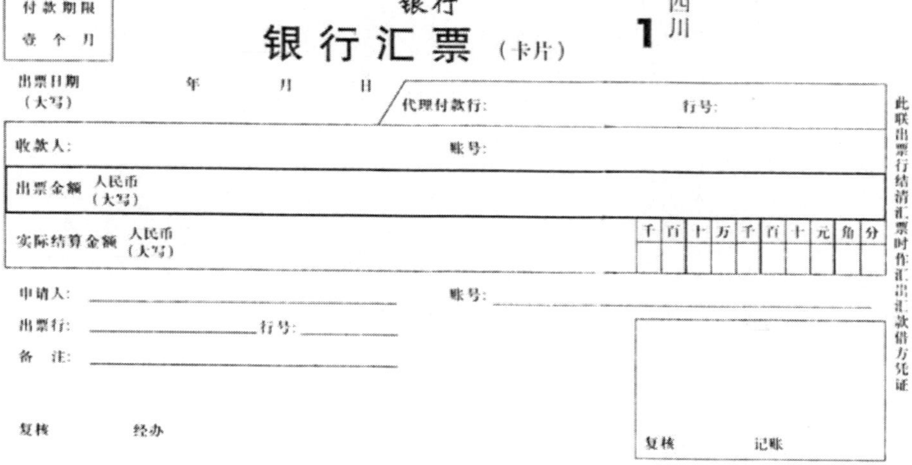

付款期限
壹 个 月

银行
银行汇票（卡片）　1　四川

出票日期（大写）　年　月　日

代理付款行：		行号：									
收款人：		账号：									
出票金额 人民币（大写）											
实际结算金额 人民币（大写）		千	百	十	万	千	百	十	元	角	分

申请人：＿＿＿＿　账号：＿＿＿＿

出票行：＿＿＿＿行号：＿＿＿＿

备　注：＿＿＿＿

复核　经办

复核　记账

此联出票行结清汇票时作汇出汇款借方凭证

圖 10-1　銀行匯票第一聯

第十章 票據和結算憑證式樣

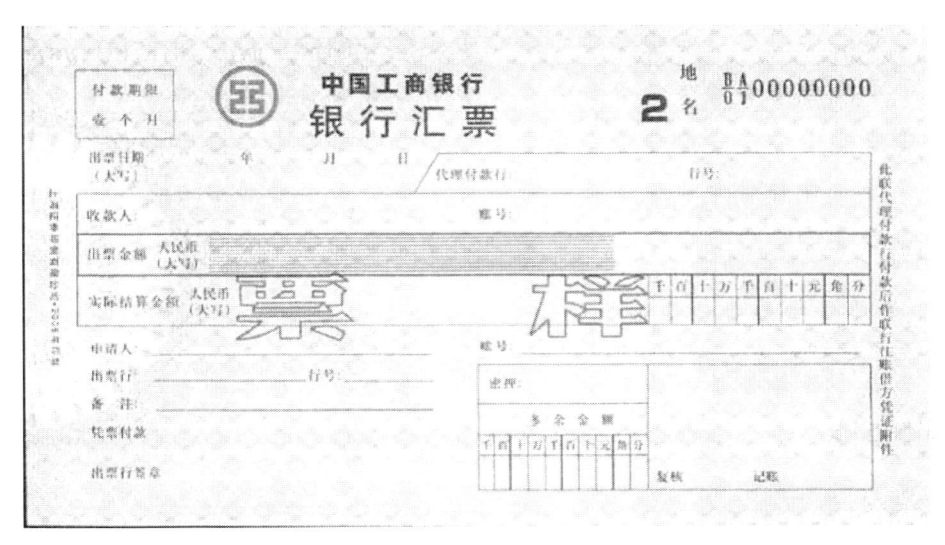

圖 10-2 銀行匯票第二聯

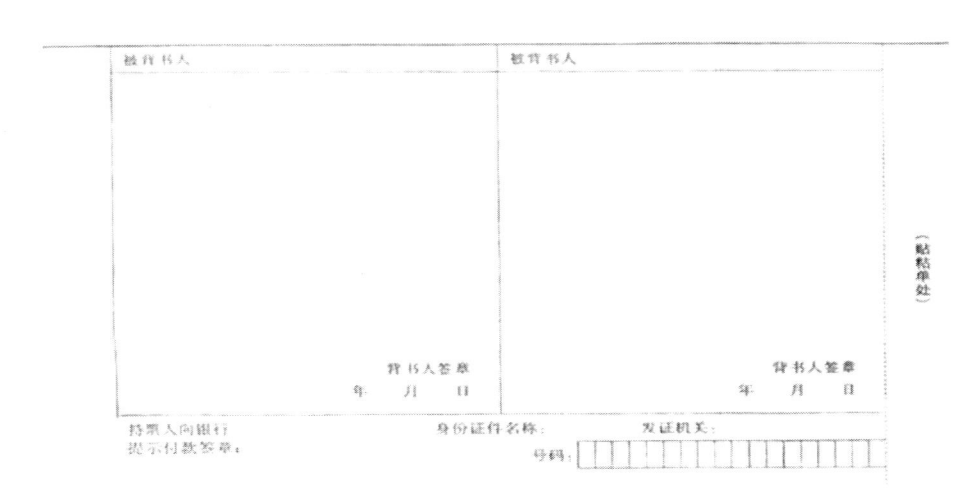

圖 10-3 銀行匯票第二聯背面

263

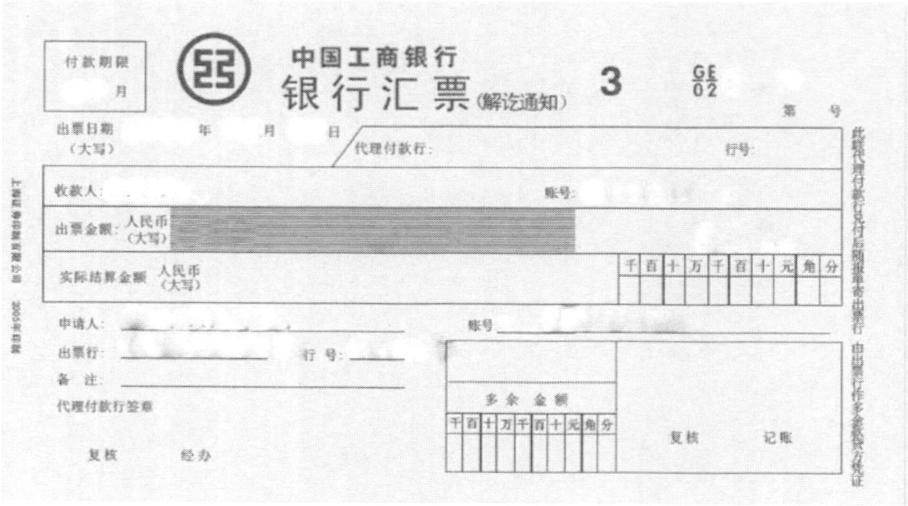

圖 10-4　銀行匯票第三聯

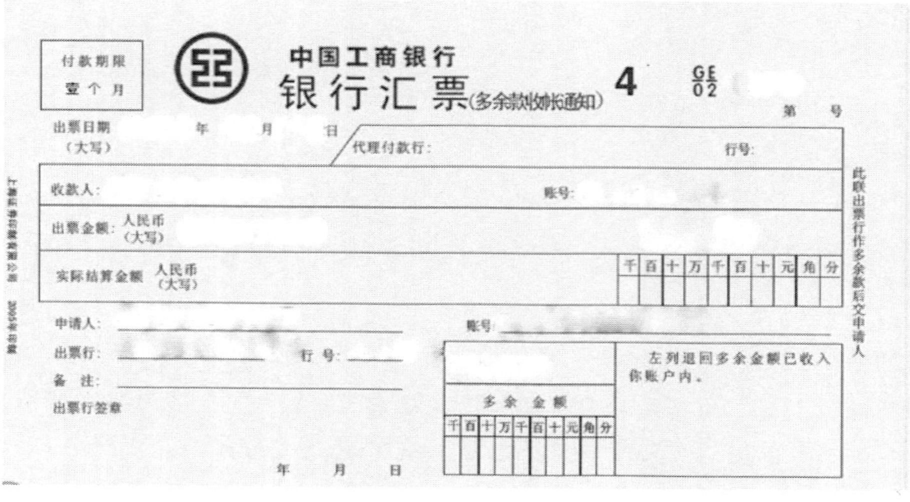

圖 10-5　銀行匯票第四聯

第十章　票據和結算憑證式樣

二、銀行匯票相關憑證

（1）銀行匯票申請書一式三聯，式樣如圖 10-6、圖 10-7、圖 10-8 所示。

圖 10-6　銀行匯票申請書第一聯

圖 10-7　銀行匯票申請書第二聯

265

中国工商银行汇票申请书(贷方凭证)　第　　　号

申请日期　　年　月　日

申请人		收款人	
账　号或地址		账　号或地址	
用途		代　理付款行	
汇款金额	人民币（大写）		千百十万千百十元角分
备注：		科　目(借) 对方科目(贷) 转账日期　　　年　月　日 复核　　　　　记账	

此联出票行作汇出汇款贷方凭证

图 10-8　银行汇票申请书第三联

（2）粘单式样如图 10-9 所示。

粘单

被背书人	被背书人
     背书人签章 年　月　日	 背书人签章 年　月　日

图 10-9　粘单

（3）挂失止付通知书式样如图 10-10 所示。

挂失止付通知书　1

填写日期　　年　　月　　日

挂失止付人：	丧失票据记载的主要内容	票据种类	
票据丧失时间：		号　码	
票据丧失地点：		金　额	
票据丧失事由： 失票人签章 年　月　日		付款人	
		收款人	
		出票日期	
		付款日期	
	挂失止付人联系地址(电话)：		

此联是银行给挂失止付人的受理回单

圖 10-10　掛失止付通知書

（4）銀行匯票掛失電報格式式樣如圖 10-11 所示。

××银行　银行汇票挂失电报格式

收报行行号即电报挂号	收报行地名	事由	汇票号码	收款人	出票金额	出票日期	通知止付人	发报行行号
×××××	△△	汇票挂失	××××	△△△	（ ）	（ ）	△△△	×××××

圖 10-11　銀行匯票掛失電報

第二節　商業匯票及相關憑證式樣

一、商業承兌匯票

商業承兌匯票一式三聯，式樣如圖 10-12、圖 10-13、圖 10-14、圖 10-15 所示。

商业承兑汇票(卡片)　　1

汇票号码

出票日期（大写）　　年　　月　　日

第　　号

付款人	全　称			收款人	全　称			
	账　号				账　号			
	开户银行		行号		开户银行		行号	
出票金额	人民币（大写）					千百十万千百十元角分		
汇票到期日				交易合同号码				
出票人签章				备注：				

此联承兑人留存

圖 10-12　商業承兌匯票第一聯

商业承兑汇票　　2

汇票号码

出票日期（大写）　　年　　月　　日

第　　号

付款人	全　称			收款人	全　称			
	账　号				账　号			
	开户银行		行号		开户银行		行号	
出票金额	人民币（大写）					千百十万千百十元角分		
汇票到期日				交易合同号码				
本汇票已经承兑，到期无条件支付票款 承兑人签章 承兑日期　　年　　月　　日				本汇票请予以承兑于到期日付款 出票人签章				

此联持票人开户行随委托收款凭证寄付款人开户行作借方凭证附件

圖 10-13　商業承兌匯票第二聯正面

第十章　票據和結算憑證式樣

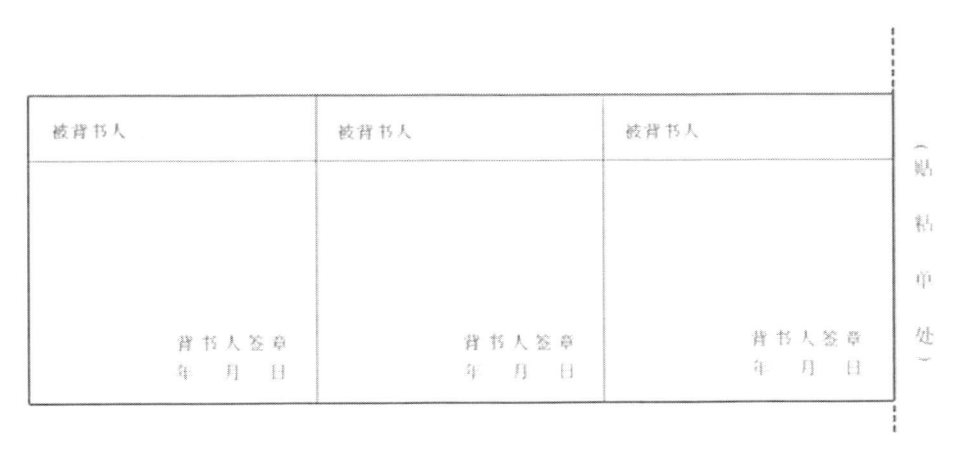

圖 10-14　商業承兌匯票第二聯背面

圖 10-15　商業承兌匯票第三聯

二、銀行承兌匯票

銀行承兌匯票一式三聯，式樣如圖 10-16、圖 10-17、圖 10-18 所示。

银行承兑汇票（卡片）　1　GE/02 68791083

出票日期（大写）　年　月　日

出票人全称		收款人	全称	
出票人账号			账号	
付款行全称			开户银行	
出票金额	人民币（大写）			亿 千 百 十 万 千 百 十 元 角 分
汇票到期日（大写）		付款行	行号	
承兑协议编号			地址	
本汇票请你行承兑，此项汇票款我单位按承兑协议于到期前足额交存你行，到期请予支付。 出票人签章		备注：		复核　经办

此联承兑行留存备查　到期支付票款时作借方凭证附件

上海证券印刷有限公司·2005年印制

圖 10-16　銀行承兌匯票第一聯

银行承兑汇票　2　GE/02 68791083

出票日期（大写）　年　月　日

出票人全称		收款人	全称	
出票人账号			账号	
付款行全称			开户银行	
出票金额	人民币（大写）			亿 千 百 十 万 千 百 十 元 角 分
汇票到期日（大写）		付款行	行号	
承兑协议编号			地址	
本汇票请你行承兑，到期无条件付款。 出票人签章		本汇票已经承兑，到期日由本行付款。 承兑行签章 承兑日期　年　月　日 备注：		

此联收款人开户行随托收凭证寄付款行作借方凭证附件

上海证券印刷有限公司·2005年印制

圖 10-17　銀行承兌匯票第二聯正面

銀行承兌匯票第二聯背面與商業承兌匯票第二聯背面相同，如圖 10-14 所示。

银行承兑汇票（存根）　3　$\frac{GE}{02}$ 68791083

出票日期（大写）　年　月　日

出票人全称		收款人	全　称	
出票人账号			账　号	
付款行全称			开户银行	
出票金额	人民币（大写）		亿 千 百 十 万 千 百 十 元 角 分	
汇票到期日（大写）		付款行	行号	
承兑协议编号			地址	
		备注：		复核　经办

此联由出票人存查

圖 10-18　銀行承兌匯票第三聯

三、商業匯票相關憑證

（1）銀行承兌協議一式三聯，式樣如圖 10-19 所示。

銀行承兌協議　1

編號：＿＿＿＿＿＿＿＿

銀行承兌匯票的內容：

出票人全稱＿＿＿＿＿＿＿＿＿＿　收款人全稱＿＿＿＿＿＿＿＿＿＿

開 戶 銀 行＿＿＿＿＿＿＿＿＿＿　開 戶 銀 行＿＿＿＿＿＿＿＿＿＿

帳　　　號＿＿＿＿＿＿＿＿＿＿　帳　　　號＿＿＿＿＿＿＿＿＿＿

匯 票 號 碼＿＿＿＿＿＿＿＿＿＿　匯票金額（大寫）＿＿＿＿＿＿＿＿

出票日期＿＿＿年＿＿月＿＿日　　到期日期＿＿＿年＿＿月＿＿日

以上匯票經銀行承兌，出票人願意遵守《支付結算辦法》的規定及下列條款：

一、出票人於匯票到期日前將應付票款足額交存承兌銀行。

二、承兌手續費按票面金額千分之（　）計算，在銀行承兌時一次付清。

三、出票人與持票人如發生任何交易糾紛，均由其雙方自行處理，票款於到期前仍按第一條辦理不誤。

四、承兌匯票到期日，承兌銀行憑票無條件支付票款。如到期日之前出票人不能足額交付票款時，承兌銀行對不足支付部分的票款轉作出票申請人逾期貸款，並按照有關規定計收罰息。

五、承兌匯票款付清後，本協議自動失效。

承兌銀行蓋章　　　　　　　出票人簽章

訂立承兌協議日期＿＿＿＿年＿＿＿月＿＿＿日

此聯出票人存執一聯，在「銀行承兌協議」之後，第二聯加印 2，第三聯加印（副本）字樣。

圖 10-19　銀行承兌協議第一聯

（2）貼現憑證一式五聯，式樣如圖 10-20 和圖 10-21 所示。

贴 现 凭 证（代申请书） ①

填写日期　　年　月　日　　第 23550322 号

贴现汇票	种 类	号码	申请人	名 称	
	出 票 日	年 月 日		账 号	
	到 期 日	年 月 日		开户银行	
汇票承兑人（或银行）	名称	账号		开户银行	
汇 票 金 额（即贴现金额）	人 民 币（大写）			千 百 十 万 千 百 十 元 角 分	
贴 现 率 每 月	‰	贴现利息 千 百 十 万 千 百 十 元 角 分		实付贴现金额	千 百 十 万 千 百 十 元 角 分
兹根据《银行结算办法》的规定，附送承兑汇票申请贴现，请审核。 此致 ＿＿＿＿（贴现银行） 申请人盖章	银行审批	负责人　信贷员		科目（借）＿＿＿ 对方科目（贷）＿＿＿ 复核　记账	

此联银行作贴现借方凭证

圖 10-20　貼現憑證第一聯

贴 现 凭 证（贷方凭证） ②

填写日期　　年　月　日　　第 23550322 号

贴现汇票	种 类	号码	申请人	名 称	
	出 票 日	年 月 日		账 号	
	到 期 日	年 月 日		开户银行	
汇票承兑人（或银行）	名称	账号		开户银行	
汇 票 金 额（即贴现金额）	人 民 币（大写）			千 百 十 万 千 百 十 元 角 分	
贴 现 率 每 月	‰	贴现利息 千 百 十 万 千 百 十 元 角 分		实付贴现金额	千 百 十 万 千 百 十 元 角 分
备注：				科目（贷）＿＿＿ 对方科目（借）＿＿＿ 复核　记账	

此联银行作贴现申请人账户贷方凭证

圖 10-21　貼現憑證第二聯

（3）承兌匯票申請書一式三聯，式樣如圖 10-22 所示。

第十章　票據和結算憑證式樣

銀行
承兌匯票申請書

編號：

我單位遵守中國人民銀行《商業匯票辦法》的一切規定，向貴行申請承兌。票據內容如下：

申請單位全稱		開戶銀行全稱		賬號	
匯票號碼					
匯票金額(大寫)					
出票日期(大寫)					
匯票到期日(大寫)					
承兌單位或承兌銀行					
收款人資料	收款人全稱				
	收款人開戶行				
	收款人賬戶				
申請承兌合計金額					
申請承兌的原因和用途：					

申請單位　　　　　　　　法人代表
（公章）　　　　　　　　簽　章：

年　月　日

第一聯：人民銀行留存

注：本申請書一式叁份，兩份提交銀行，壹份由申請單位自留。

圖 10-22　承兌匯票申請書第一聯

第三節　銀行本票及相關憑證式樣

一、銀行本票

銀行本票一式兩聯，式樣如圖 10-23 和圖 10-24 所示。

273

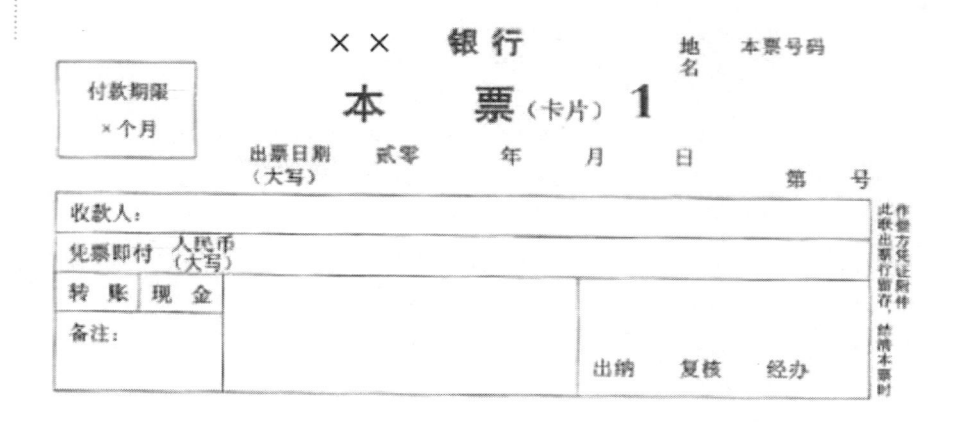

圖 10-23　銀行本票第一聯

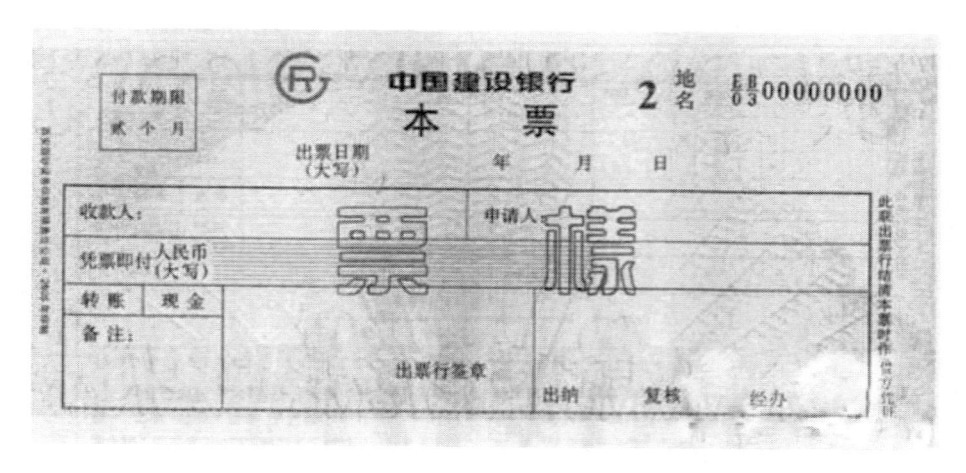

圖 10-24　銀行本票第二聯正面

銀行本票第二聯背面與銀行匯票第二聯背面相同。

二、本票申請書

本票申請書一式三聯，式樣如圖 10-25 和圖 10-26 所示。

第十章　票據和結算憑證式樣

圖 10-25　銀行本票申請書第一聯

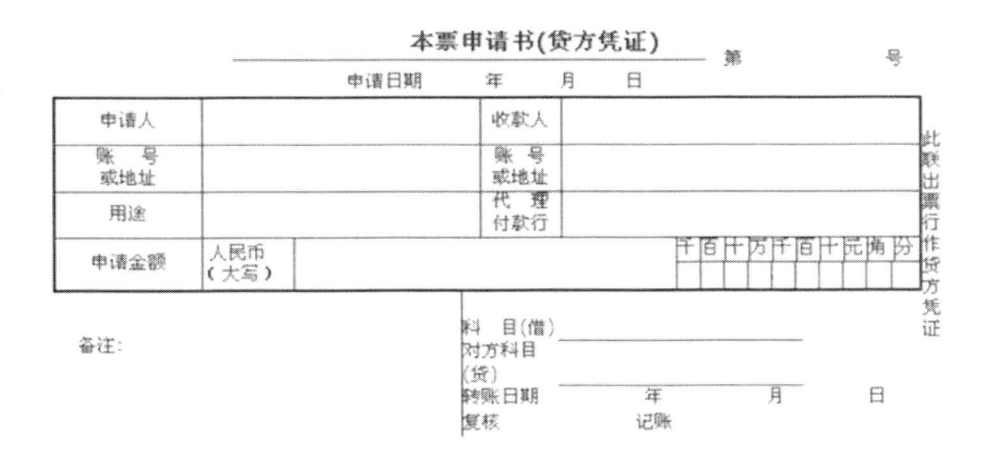

圖 10-26　銀行本票申請書第二聯

● 第四節　支票及相關憑證式樣

一、現金支票

現金支票式樣如圖 10-27 和圖 10-28 所示。

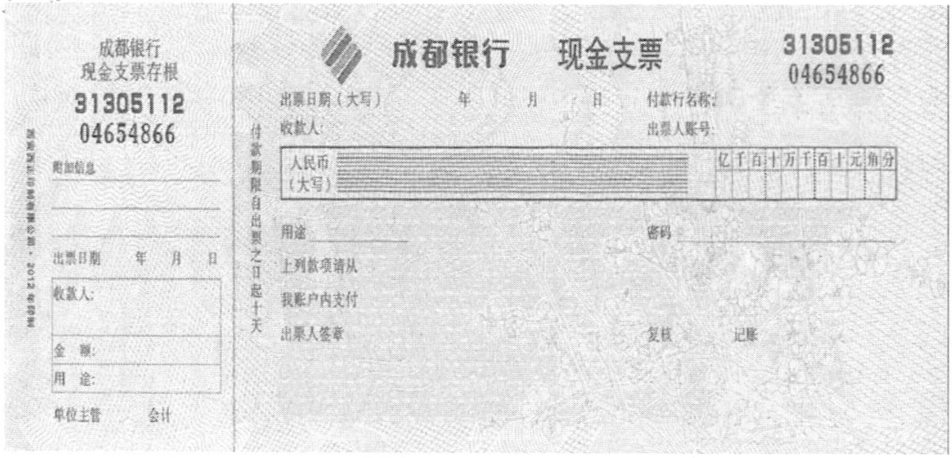
成都银行
现金支票存根
31305112
04654866
附加信息
出票日期 年 月 日
收款人:
金 额:
用 途:
单位主管 会计

付款期限自出票之日起十天

成都银行 现金支票
31305112
04654866
出票日期（大写） 年 月 日 付款行名称:
收款人: 出票人账号:
人民币（大写） 亿 千 百 十 万 千 百 十 元 角 分
用途 密码
上列款项请从
我账户内支付
出票人签章 复核 记账

圖 10-27 現金支票正面

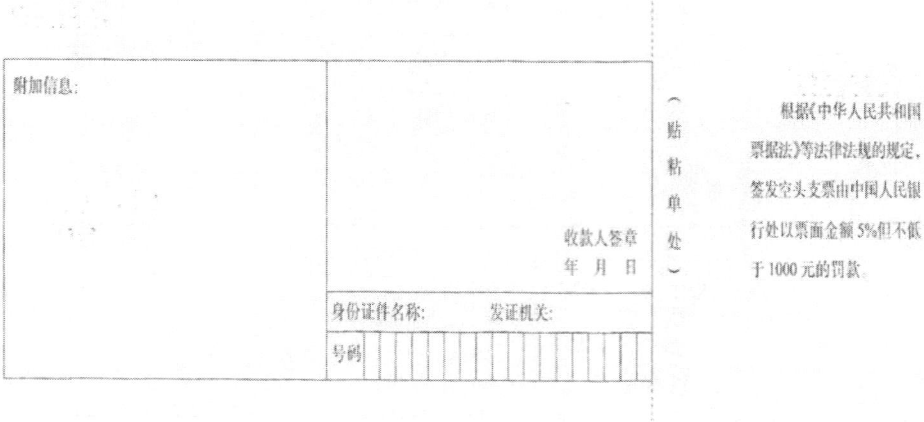
附加信息:
收款人签章
年 月 日
身份证件名称: 发证机关:
号码
（贴粘单处）
根据《中华人民共和国票据法》等法律法规的规定，签发空头支票由中国人民银行处以票面金额5%但不低于1000元的罚款。

圖 10-28 現金支票背面

二、轉帳支票

轉帳支票式樣如圖 10-29 和圖 10-30 所示。

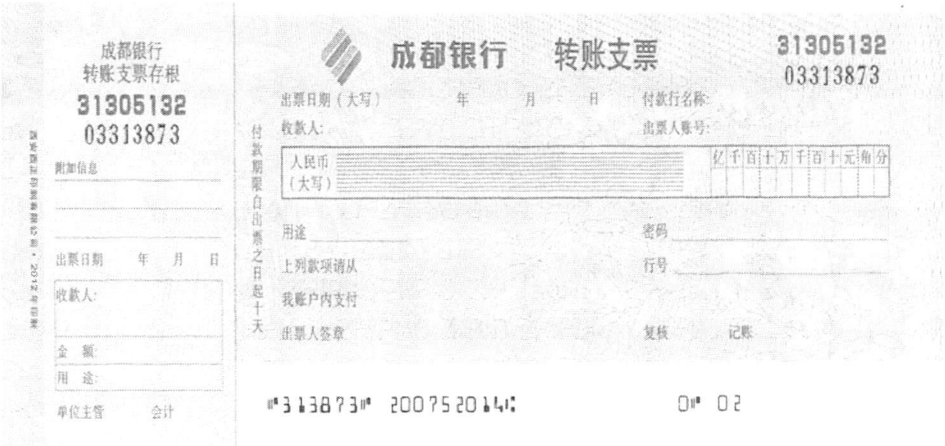
成都银行
转账支票存根
31305132
03313873
附加信息
出票日期　年　月　日
收款人:
金　额:
用　途:
单位主管　会计

成都银行　转账支票　31305132
03313873
出票日期（大写）　年　月　日　付款行名称:
收款人:　出票人账号:
人民币（大写）　亿 千 百 十 万 千 百 十 元 角 分
付款期限自出票之日起十天
用途　密码
上列款项请从　行号
我账户内支付
出票人签章　复核　记账

圖 10-29　轉帳支票正面

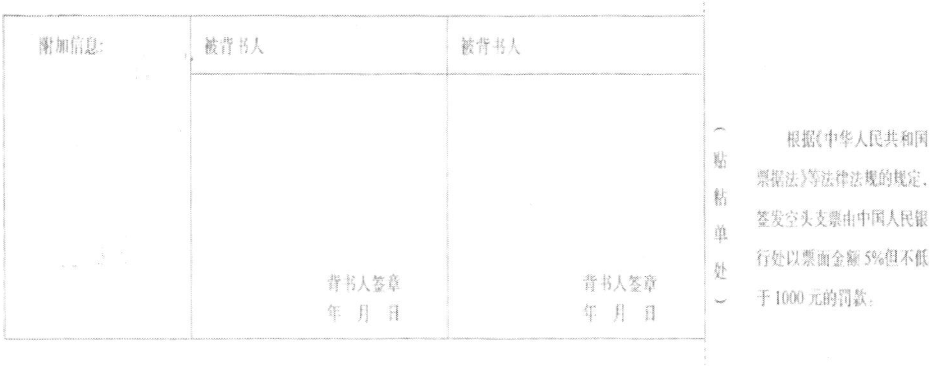
附加信息:
被背书人　被背书人
背书人签章　年　月　日
背书人签章　年　月　日
（粘贴单处）
根据《中华人民共和国票据法》等法律法规的规定，签发空头支票由中国人民银行处以票面金额5%但不低于1000元的罚款。

圖 10-30　轉帳支票背面

三、普通支票

普通支票正面式樣如圖 10-31 所示，普通支票背面與轉帳支票背面相同。

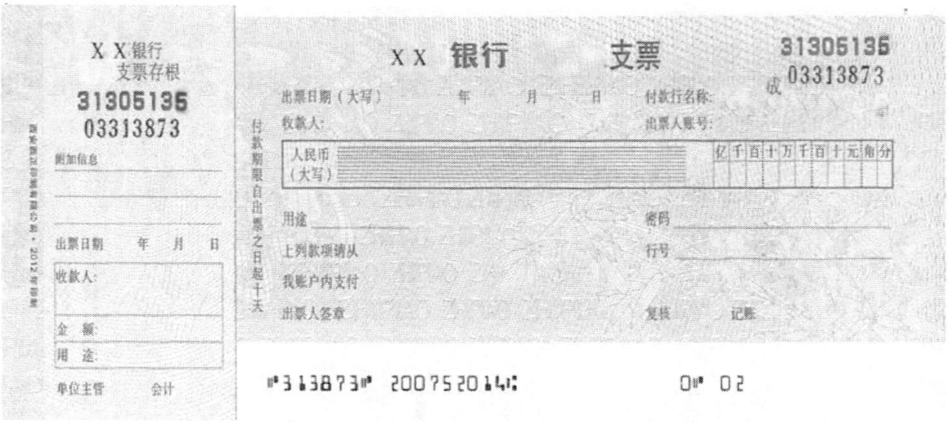

圖 10-31　普通支票正面

四、進帳單

進帳單一式三聯，式樣如圖 10-32、圖 10-33、圖 10-34 所示。

成都银行 进账单（回　单）　**1**

年　月　日

出票人	全　称		收款人	全　称													
	账　号			账　号													
	开户银行			开户银行													
金额	人民币（大写）					亿	千	百	十	万	千	百	十	元	角	分	
票据种类		票据张数															
票据号码																	
复核　记账				开户银行签章													

此联是开户银行交给持（出）票人的回单

圖 10-32　進帳單第一聯

第十章 票據和結算憑證式樣

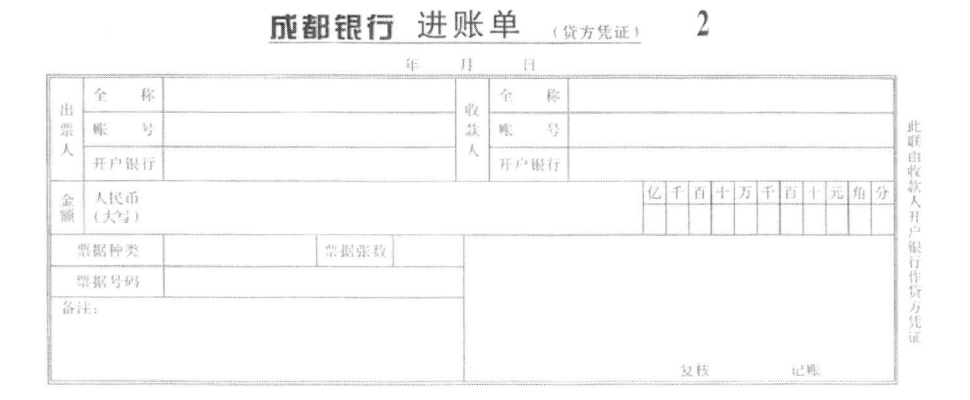

圖 10-33 進帳單第二聯

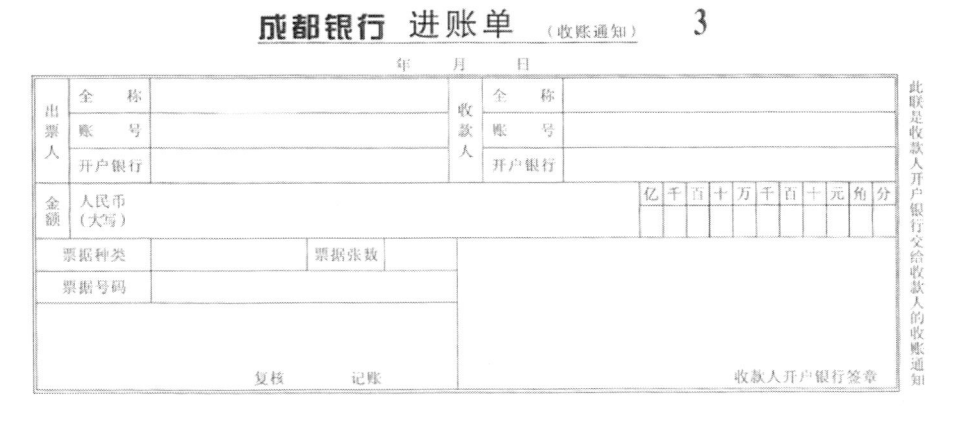

圖 10-34 進帳單第三聯

第五節 信用卡及相關憑證式樣

一、匯計單

匯計單一式三聯，式樣如圖 10-35 所示。

```
          （行徽）  ×  ×   银 行
                 ×  ×卡
                  汇计单
    特约单位名称、代号

    _____

    编号 0000000
```

日 期 _____
签购单总份数 _____ 份
总计金额(¥) _____
手续费 _____ %
净计金额(¥) _____

第一联：银行盖章后退特约单位作交费收据

圖 10-35　匯計單第一聯

二、簽購單

（1）簽購單封面式樣如圖 10-36 所示。

```
          （行徽）  ×  ×   银 行

                     注  意
   × × 卡      1. 核对信用卡有效期限。
    签购单      2. 核对信用卡号码是否被列入"止付名单"。
               3. 将信用卡上资料压印在签购单上并检查是否清晰。
               4. 填明收款单位名称、交易金额、日期、摘要及身份证号码。
               5. 核对持卡人签名及身份证件。
               6. 如索要授权，请将授权号码填入有关栏目。

    编号 0000000    在压卡前请勿将此页撕去
```

圖 10-36　簽購單封面

（2）簽購單一式四聯，式樣如圖 10-37 所示。

第十章　票據和結算憑證式樣

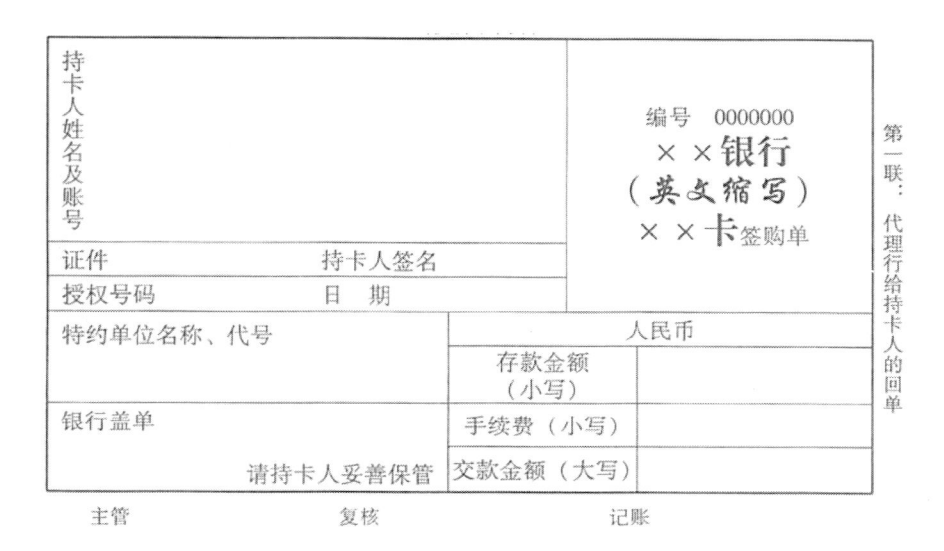

持卡人姓名及賬號		編號 0000000 ××銀行 （英文縮寫） ××卡 簽购单	第一聯：代理行給持卡人的回單
證件　　　　持卡人簽名			
授權號碼　　　　日　期			
特約單位名稱、代號	人民幣		
	存款金額（小寫）		
銀行蓋單	手續費（小寫）		
請持卡人妥善保管	交款金額（大寫）		

主管　　　　　復核　　　　　　　記賬

圖 10-37　簽購單第一聯

三、取現單

（1）取現單封面式樣如圖 10-38 所示。

（行徽）　×　×　銀　行

注　意

××卡 取現單

1. 核對信用卡有效期限。
2. 核對信用卡號碼是否被列入"止付名單"。
3. 將信用卡上資料壓印在取現單上并檢查是否清晰。
4. 填明代理行名稱、取現金額、日期、摘要及身份證件號碼。
5. 核對持卡人簽名及身份證件。
6. 如索要授權，請將授權號碼填入有關欄目。

編號　0000000　　在壓卡前請勿將此頁撕去

圖 10-38　取現單封面

（2）取現單一式四聯，式樣如圖 10-39 所示。

281

持卡人姓名及賬号		编号 0000000 ××银行 （英文缩写） ××卡取现单
证 件	持卡人签名	
授权号码	日 期	
代理行名称、代号	人 民 币	
	取现金额（小写）	
银行盖章	手续费（小写）	
	实付金额（大写）	
请持卡人妥善保管	摘 要	

第一联：代理行给持卡人的回单

复核 记账 复核 出纳

圖 10-39 取現單第一聯

四、存款單

（1）存款單封面式樣如圖 10-40 所示。

（行徽） × × 银 行

× × 卡
存款单

编号 0000000

注 意
1. 核对信用卡有效期限。
2. 将信用卡上资料压印在存款单上并检查是否清晰。
3. 填明代理行名称、存款金额、日期及摘要。
4. 核对持卡人签名。
5. 如不压卡，请将有关内容填写正确。
在压卡前请勿将此页撕去

圖 10-40 存款單封面

（2）存款單一式四聯，式樣如圖 10-41 所示。

第十章　票據和結算憑證式樣

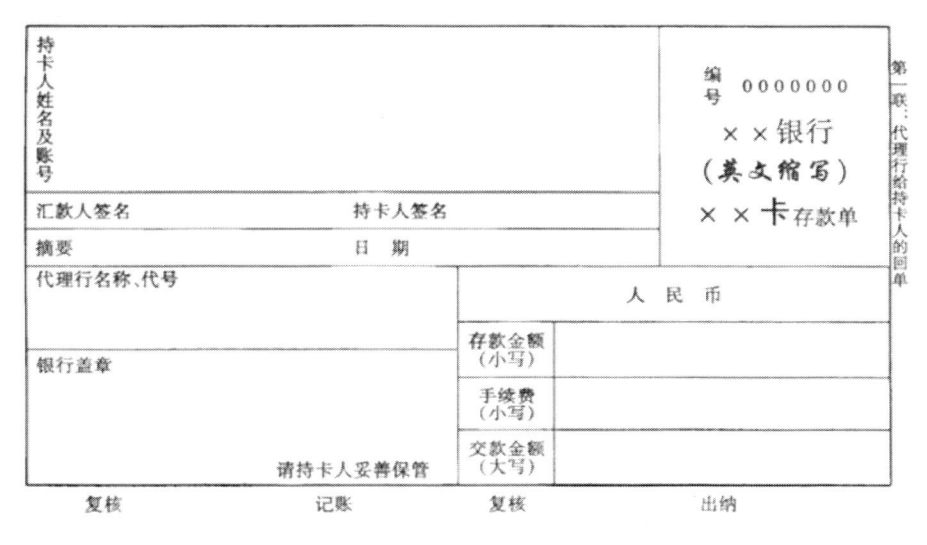

圖 10-41　存款單第一聯

五、轉帳單

（1）轉帳單封面式樣如圖 10-42 所示。

圖 10-42　轉帳單封面

（2）轉帳單一式四聯，式樣如圖 10-43 所示。

283

圖 10-43　轉帳單第一聯

第六節　匯兌結算憑證式樣

一、匯兌結算

（1）信匯結算憑證一式四聯，式樣如圖 10-44 所示。

圖 10-44　信匯結算憑證第一聯

第十章 票據和結算憑證式樣

（2）電匯結算憑證一式四聯，式樣如圖 10-45 所示。

××银行 电汇 凭证（回单）　　1

委托日期　　年　月　日

汇款人	全称		收款人	全称			此联汇出行给汇款人的回单
	账号			账号			
	汇出地点	省　　市/县		汇入地点	省　　市/县		
汇出行名称							
金额	人民币（大写）				亿千百十万千百十元角分		
			支付密码				
			附加信息及用途				
	汇出行签章			复核　　记账			

圖 10-45　電匯結算憑證第一聯

二、支付結算通知（查詢查復）書

支付結算通知（查詢查復）書一式四聯，式樣如圖 10-46 所示。

支付结算 通知／查询查复 书（第　联）

主送：　　　　填发日期　年　月　日
抄送：

结算种类		凭证号码	
凭证日期		凭证金额	
付款人名称		收款人名称	
通知（或 查询／查复）事由：		复核　　记账	

说明：本联作支付结算通知书时，将"查询查复"字样划去；作查询书时，将"通知"、"查复"字样划去；作查复书时，将"通知"、"查询"字样划去。

圖 10-46　支付結算通知（查詢查復）書

285

第七節　托收承付和委託收款結算憑證式樣

一、托收憑證

托收憑證一式五聯，式樣如圖 10-47 至圖 10-51 所示。

托收凭证　（受理回单）　1

委托日期　年　月　日

业务类型	委托收款（□邮划、□电划）　托收承付（□邮划、□电划）				
付款人	全称		收款人	全称	
	账号			账号	
	地址	省　市县　开户行		地址	省　市县　开户行
金额	人民币（大写）			亿 千 百 十 万 千 百 十 元 角 分	
款项内容		托收凭据名称		附寄单证张数	
商品发运情况			合同名称号码		
备注： 复核　记账		款项收妥日期 年　月　日		收款人开户银行签章 年　月　日	

此联作收款人开户银行给收款人的受理回单

圖 10-47　托收憑證第一聯

托收凭证　（贷方凭证）　2

委托日期　　年　月　日

业务类型	委托收款（□邮划、□电划）　托收承付（□邮划、□电划）							
付款人	全称			收款人	全称			
	账号				账号			
	地址	省　市县	开户行		地址	省　市县	开户行	
金额	人民币（大写）					亿 千 百 十 万 千 百 十 元 角 分		
款项内容		托收凭据名称		附寄单证张数				
商品发运情况			合同名称号码					
备注： 收款人开户银行收到日期 年　月　日	上列款项随附有关债务证明，请予办理。 收款人签章		复核　　记账					

此联收款人开户银行作贷方凭证

圖 10-48　托收憑證第二聯

托收凭证　（借方凭证）　3

委托日期　　年　月　日　　付款期限　　年　月　日

业务类型	委托收款（□邮划、□电划）　托收承付（□邮划、□电划）							
付款人	全称			收款人	全称			
	账号				账号			
	地址	省　市县	开户行		地址	省　市县	开户行	
金额	人民币（大写）					亿 千 百 十 万 千 百 十 元 角 分		
款项内容		托收凭据名称		附寄单证张数				
商品发运情况			合同名称号码					
备注： 付款人开户银行收到日期 年　月　日	收款人开户银行签章 年　月　日		复核　　记账					

此联付款人开户银行作借方凭证

圖 10-49　托收憑證第三聯

托收凭证 （汇款依据或收账通知） 4

委托日期　年　月　日　　　付款期限　年　月　日

业务类型	委托收款（□邮划、□电划） 托收承付（□邮划、□电划）				
付款人	全称		收款人	全称	
	账号			账号	
	地址	省　市县　开户行		地址	省　市县　开户行
金额	人民币（大写）			亿 千 百 十 万 千 百 十 元 角 分	
款项内容		托收凭据名称		附寄单证张数	
商品发运情况			合同名称号码		
备注： 复核　记账		上列款项已划回收入你方账户内 收款人开户银行签章 年　月　日			

此联付款人开户银行凭以汇款或收款人开户银行作收账通知

圖 10-50　托收憑證第四聯

托收凭证 （付款通知） 5

委托日期　年　月　日　　　付款期限　年　月　日

业务类型	委托收款（□邮划、□电划） 托收承付（□邮划、□电划）				
付款人	全称		收款人	全称	
	账号			账号	
	地址	省　市县　开户行		地址	省　市县　开户行
金额	人民币（大写）			亿 千 百 十 万 千 百 十 元 角 分	
款项内容		托收凭据名称		附寄单证张数	
商品发运情况			合同名称号码		
备注： 付款人开户银行收到日期 年　月　日 复核　记账		付款人开户银行签章 年　月　日		付款人注意：1.根据支付结算办法，上列委托收款（托收承付）款项在付款期限内未提出拒付，即视为同意付款，以此代付款通知。2.如需提出全部或部分拒付，应在规定期限内，将拒付理由书并附债务证明退交开户银行。	

此联付款人开户银行给付款人按期付款通知

圖 10-51　托收憑證第五聯

二、托收承付（委託收款）結算全部（部分）拒絕付款理由書

托收承付（委託收款）結算全部（部分）拒絕付款理由書一式四聯，式樣如圖 10-52 所示。

托收承付/委托收款 结算 全部/部分 拒绝付款理由书（回单或付款通知）　1

拒付日期　年　月　日　　　　原托收号码：

付款人	全称			收款人	全称		
	账号				账号		
	开户银行		行号		开户银行		行号

托收金额		拒付金额		部分付款金额	千	百	十	万	千	百	十	元	角	分
附寄单证	张	部分付款金额（大写）												
拒付理由： 付款人盖章														

此联是银行给付款人的回单或付款通知

圖 10-52　托收承付（委託收款）結算全部（部分）拒絕付款理由書第一聯

三、應付帳款證明單

應付帳款證明單一式兩聯，式樣如圖 10-53 所示。

应付账款证明单

年　月　日　　　　第　号

付款人名称		收款人名称	
单证名称		单证编号	
单证日期		单证内容	
单证未退回原因		我单位应付款项： 人民币（大写） 付款人盖章	

注：一式两联。第二联付款人留存作为应付款项的凭据。

圖 10-53　應付帳款證明單

```
┌─────────────────────────────────────────────────────────┐
│ 國家圖書館出版品預行編目(CIP)資料                          │
│                                                          │
│ 中國出納實務教程 / 胡世強等主編. -- 第二版. -- 臺北市     │
│  ： 崧博出版 ： 財經錢線文化發行，2018.10                │
│                                                          │
│    面 ；   公分                                         │
│ ISBN 978-957-735-508-9(平裝)                            │
│                                                          │
│ 1. 會計                                                 │
│                                                          │
│ 495      107015475                                      │
└─────────────────────────────────────────────────────────┘
```

書　名：中國出納實務教程

作　者：胡世強、楊明娜、劉金彬、王積慧 主編

發行人：黃振庭

出版者：崧博出版事業有限公司

發行者：財經錢線文化事業有限公司

E-mail：sonbookservice@gmail.com

粉絲頁　　　　　　網　址：

地　址：台北市中正區延平南路六十一號五樓一室

8F.-815, No.61, Sec. 1, Chongqing S. Rd., Zhongzheng Dist., Taipei City 100, Taiwan (R.O.C.)

電　話：(02)2370-3310　傳　真：(02) 2370-3210

總經銷：紅螞蟻圖書有限公司

地　址：台北市內湖區舊宗路二段 121 巷 19 號

電　話：02-2795-3656　　傳真：02-2795-4100　網址：

印　刷 ：京峯彩色印刷有限公司（京峰數位）

　　本書版權為西南財經大學出版社所有授權崧博出版事業有限公司獨家發行電子書繁體字版。若有其他相關權利及授權需求請與本公司聯繫。

定價：500 元

發行日期：2018 年 10 月第二版

◎ 本書以POD印製發行